U0159682

应用型本科高校系列教材

概率统计学习指导

主　编　胡　骏　杨　芝
副主编　杨姣仕　马　倩

西安电子科技大学出版社

内 容 简 介

本书根据教育部制定的工科类本科数学基础课程教学基本要求(概率论与数理统计课程部分),结合编者多年教学实践经验编写而成.全书共七章,内容包括随机事件与概率、随机变量及其分布、随机变量的数字特征、大数定律与中心极限定理、数理统计的基本概念、参数估计、假设检验,各章均由基本要求、基本内容、释疑解难、典型例题、习题选解五个部分组成.本书以提高学生数学素养和能力为目的,帮助学生释疑解难,理解概率统计的基本概念和理论,掌握基本解题方法和技巧.

本书可作为高等院校"概率论与数理统计"课程配套的学习指导书,也可作为自学者及考研者的参考书.

图书在版编目(CIP)数据

概率统计学习指导/胡骏,杨芝主编. —西安:西安电子科技大学出版社,2023.2(2025.1重印)

ISBN 978 - 7 - 5606 - 6722 - 5

Ⅰ.①概… Ⅱ.①胡… ②杨… Ⅲ.①概率统计—高等学校—教学参考资料 Ⅳ.①O211

中国国家版本馆 CIP 数据核字(2023)第 009784 号

策　　划　杨丕勇
责任编辑　杨丕勇
出版发行　西安电子科技大学出版社(西安市太白南路2号)
电　　话　(029)88202421　88201467　　　邮　　编　710071
网　　址　www.xduph.com　　　　　电子邮箱　xdupfxb001@163.com
经　　销　新华书店
印刷单位　陕西日报印务有限公司
版　　次　2023年2月第1版　2025年1月第3次印刷
开　　本　787毫米×1092毫米　1/16　印张10.75
字　　数　251千字
定　　价　32.00元
ISBN 978 - 7 - 5606 - 6722 - 5

XDUP 7024001 - 3

＊＊＊如有印装问题可调换＊＊＊

前　　言

党的二十大报告指出："教育、科技、人才是全面建设社会主义现代化国家的基础性、战略性支撑""加强基础学科、新兴学科、交叉学科建设，加快建设中国特色、世界一流的大学和优势学科"，这为教育、科技、人才工作带来了新使命新任务。"概率论与数理统计"作为一门重要的公共基础课，能够为后续学习其他专业课程提供概率统计的相关数学基础知识，学好概率统计对于培养学生思维严密性、求真的执着精神、探索精神和创新精神都有重要意义。

"概率论与数理统计"是一门重要的大学基础课程，也是全国理工类和经管类硕士研究生入学考试数学科目的重要部分。本课程具有较强的抽象性，如概率、随机变量的概念等，一些学生总觉得不太好理解，做起题来也无从下手。为了帮助学生更好地掌握"概率论与数理统计"这门课程的相关知识和解题方法与技巧，我们结合教学中的一些实践经验，编写了本书。本书的内容编排参照的是杨姣仕、熊萍主编的《概率统计及其应用》（西安电子科技大学出版社出版）一书，因此本书可作为《概率统计及其应用》配套辅导书，也可作为研究生入学考试数学科目的复习参考书。

本书共七章，每章均由基本要求、基本内容、释疑解难、典型例题、习题选解五部分组成。"基本要求"部分给出了相应内容要达到的学习要求；"基本内容"部分总结了每章的主要定义、公式、定理、结论等，重点突出，条理清晰，有助于学生梳理本章的知识点；"释疑解难"部分采用问答的形式，对概念中的难点进行了解释与阐述，可帮助学生辨析学习中似是而非的问题；"典型例题"部分对本章中学生要掌握的代表性题型进行了讲解，有助于学生巩固基础知识，掌握基本解题方法；"习题选解"部分对配套教材中的部分习题进行了解答，供学生参考。

本书第一章由杨姣仕编写，第二章至第四章由杨芝编写，第五章、第六章和练一练由胡骏编写，第七章由马倩编写。全书由胡骏统稿定稿。本书的编写是武汉城市学院"概率论与数理统计"课程建设项目工作的一部分，学校领导十分关心、支持该课程的建设工作，教务处领导及公共课部领导对本书编写工作给予了大力的支持和帮助，尹水仿教授对本书进行了细致的审阅，数理教学中心的老师们也给本书提出了宝贵的意见和建议，在此，一并表示感谢！

由于编者水平有限，不足之处在所难免，恳请读者批评指正。

编　者
2023 年 7 月

目　　录

第一章　随机事件与概率

一、基本要求

1. 理解随机现象、随机试验、样本空间、随机事件的概念.
2. 掌握事件之间的关系与运算,理解事件运算的 Venn 图表示方法.
3. 理解频率和概率的概念,掌握概率的基本性质.
4. 掌握简单的古典概型的概率计算.
5. 理解条件概率的概念,掌握条件概率的计算方法和乘法公式.
6. 了解样本空间划分的概念,掌握全概率公式和贝叶斯公式.
7. 理解事件独立性的概念,掌握利用独立性计算事件概率的方法.

二、基本内容

1. 随机试验、样本空间与随机事件

(1) 随机试验:具有以下三个特点的试验称为随机试验,记为 E.

① 试验可在相同的条件下重复进行;

② 每次试验的可能结果不止一个,但在试验之前,能明确试验的所有可能结果;

③ 每次试验之前不能确定哪一个结果会出现.

(2) 样本空间:随机试验 E 的所有可能结果组成的集合称为 E 的样本空间,记为 S.试验的每一个可能结果,即 S 中的元素,称为样本点,记为 e.

(3) 随机事件:在一定条件下,可能出现也可能不出现的事件称为随机事件,简称事件;也可表述为事件就是样本空间的子集.必然事件记为 S,不可能事件记为 $\varnothing$.

2. 事件的关系

(1) 包含关系:"事件 A 发生必导致事件 B 发生",记为 $A \subset B$ 或 $B \supset A$.

(2) 相等关系:$A = B \Leftrightarrow A \subset B$ 且 $B \subset A$.

(3) 互不相容关系:$AB = \varnothing$.

(4) A,B 互为对立事件:$AB = \varnothing$ 且 $A \cup B = S$.

(5) 独立性:

① 两个事件的独立性:设 A,B 为事件,若有 $P(AB) = P(A)P(B)$,则称事件 A 与 B 相互独立.

② 多个事件的独立性:设有 n 个事件 A_1,A_2,$\cdots$,A_n,对于任意的整数 k($k = 2$,3,$\cdots$,n)都有

$$P(A_{i_1} A_{i_2} \cdots A_{i_k}) = P(A_{i_1})P(A_{i_2})\cdots P(A_{i_k}), \quad 1 \leqslant i_1 < i_2 \cdots < i_k \leqslant n$$

则称 A_1，A_2，$\cdots$，A_n 相互独立.

3. 事件的运算

（1）和事件（并）："事件 A 与 B 至少有一个发生"，称为事件 A 与 B 的和事件或并事件，记为 $A \cup B$.

（2）积事件（交）："事件 A 与 B 同时发生"，称为事件 A 与 B 的积事件或交事件，记为 $A \cap B$ 或 AB.

（3）差事件："事件 A 发生而 B 不发生"，称为事件 A 与 B 的差事件，记为 $A-B$. 易知：$A-B=A\overline{B}$.

4. 事件的运算规律

（1）交换律：$A \cup B=B \cup A$，$AB=BA$.

（2）结合律：$A \cup (B \cup C)=(A \cup B) \cup C$，$(AB)C=A(BC)$.

（3）分配律：$(A \cup B)C=AC \cup BC$，$(AB) \cup C=(A \cup C)(B \cup C)$.

（4）对偶律：$\overline{A \cup B}=\overline{A}\,\overline{B}$，$\overline{AB}=\overline{A} \cup \overline{B}$.

对偶律可推广到有限个事件：$\overline{\bigcup\limits_{i=1}^{n} A_i}=\bigcap\limits_{i=1}^{n} \overline{A_i}$，$\overline{\bigcap\limits_{i=1}^{n} A_i}=\bigcup\limits_{i=1}^{n} \overline{A_i}$.

5. 概率的概念

（1）概率的公理化定义：设 S 是随机试验 E 的样本空间，如果对于其中每一个事件 A，存在一个实数 $P(A)$，其满足下列条件：

① 非负性：对于任意事件 A，有 $P(A) \geqslant 0$；

② 规范性：对于必然事件 S，有 $P(S)=1$；

③ 可列可加性：若事件 A_1，A_2，$\cdots$，A_n，$\cdots$ 两两不相容，则

$$P(\bigcup\limits_{i=1}^{\infty} A_i) = \sum\limits_{i=1}^{\infty} P(A_i)$$

则称 $P(A)$ 为事件 A 的概率.

（2）古典概型：设古典模型的样本空间 S 包含 n 个样本点，随机事件 A 中含有 $k(k \leqslant n)$ 个样本点，则随机事件 A 发生的概率为

$$P(A)=\frac{k}{n}=\frac{A \text{ 包含的样本点数}}{S \text{ 包含的样本点数}}$$

6. 概率的基本性质

（1）不可能事件的概率为 0，即 $P(\varnothing)=0$.

（2）有限可加性：对于 n 个两两互不相容的事件 A_1，A_2，$\cdots$，A_n，有

$$P(A_1 \cup A_2 \cup \cdots \cup A_n)=P(A_1)+P(A_2)+\cdots+P(A_n)$$

（3）对任意一个事件 A，有 $P(\overline{A})=1-P(A)$.

（4）当事件 A，B 满足 $B \subset A$ 时，有

$$P(A-B)=P(A)-P(B)$$

（5）对于任一事件 B，总有 $P(B) \leqslant 1$.

（6）任意事件 A，B 满足加法公式，即

$$P(A \bigcup B) = P(A) + P(B) - P(AB)$$

加法公式可以推广到任意 n 个事件的概率计算：

若 A_1，A_2，$\cdots$，A_n 为 n 个事件，则

$$P(A_1 \bigcup A_2 \bigcup \cdots \bigcup A_n) = \sum_{i=1}^{n} P(A_i) - \sum_{1 \leqslant i < j \leqslant n} P(A_i A_j) + \sum_{1 \leqslant i < j < k \leqslant n} P(A_i A_j A_k) + \cdots + (-1)^{n-1} P(A_1 A_2 \cdots A_n)$$

7. 条件概率

设 A，B 是两个事件，且 $P(B) > 0$，则称

$$P(A \mid B) = \frac{P(AB)}{P(B)}$$

为事件 B 发生的条件下事件 A 发生的条件概率.

8. 乘法公式、全概率公式与贝叶斯(Bayes)公式

（1）乘法公式：设 A，B 是两个事件，且 $P(B) > 0$，则有

$$P(AB) = P(B)P(A \mid B)$$

类似地，若 $P(A) > 0$，则有

$$P(AB) = P(A)P(B \mid A)$$

（2）全概率公式：设 B_1，B_2，$\cdots$，B_n 为样本空间 S 的一个完备事件组，且 $P(B_i) > 0$（$i = 1, 2, \cdots, n$），则对于任意的随机事件 A，有

$$P(A) = \sum_{i=1}^{n} P(B_i)P(A \mid B_i)$$

（3）贝叶斯(Bayes)公式：设 B_1，B_2，$\cdots$，B_n 为 S 的一个完备事件组，且 $P(B_i) > 0$（$i = 1, 2, \cdots, n$），则对于任意的随机事件 A，有

$$P(B_i \mid A) = \frac{P(B_i)P(A \mid B_i)}{\sum_{j=1}^{n} P(B_j)P(A \mid B_j)} \quad (j = 1, 2, \cdots, n)$$

三、释疑解难

1. 两个事件互不相容和互为对立是不是一回事？

答　不是一回事. 由定义知，当两个事件 A，B 互为对立（即 $\overline{A} = B$）时，必然互不相容（即 $AB = \varnothing$）. 但反之不然，即两个互不相容的事件未必互为对立事件.

2. 在古典概型中如何计算事件的概率？

答　古典概型的样本空间只有有限个样本点，每个样本点的出现是等可能的，只需求出样本空间所包含的样本点数目 n 和事件所包含的样本点数目 k，就可以得到事件发生的概率. 而 n 与 k 的计算需要使用排列、组合的知识与技巧.

需要注意的是，计算样本点数目和事件所包含的样本点数目时，可以采用多种计数方式，计算方法不是唯一的，但必须保证对两者采用同一种计数方式.

3. 如何理解条件概率?

答　在不附加任何限制条件的情况下,事件 A 发生的概率 $P(A)$ 称为无条件概率,简称概率. 如果加上"事件 B 发生"的条件之后求事件 A 发生的概率,就是条件概率 $P(A|B)$. 条件概率也是概率,满足概率的所有性质. 计算条件概率的方法有两种:一种方法是利用定义,即先求作为条件的事件 B 发生的概率,再求事件 A,B 同时发生的概率 $P(AB)$,二者的比值即为事件 B 发生的条件下事件 A 发生的条件概率 $P(A|B)$;另一种方法是缩小样本空间,即在缩小的样本空间 S_B 中直接计算事件 A 发生的概率,即为 $P(A|B)$.

4. 全概率公式和贝叶斯公式有什么区别和联系?

答　全概率公式把一个复杂事件 B 的概率分成若干个简单事件的概率之和. 在分析问题的过程中,B 可视为结果,A_i 可看成是 B 发生的原因,而 $P(A_i)$ 和 $P(B|A_i)$ 是容易求得的,从而可求出 $P(B) = \sum_{i=1}^{n} P(A_i)P(B|A_i)$. 这是由"原因"求出"结果".

贝叶斯公式也称为后验概率公式或逆概率公式,它实际上是条件概率,是在已知结果发生的情况下,求导致结果的某种原因的概率,如 $P(A_i|B)$. 这是由"结果"求"原因".

它们之间的联系是运用贝叶斯公式时,往往要用到全概率公式. 例如,求 $P(A_i|B)$ 时,需要求出 $P(A_iB)$ 和 $P(B)$,而求 $P(B)$ 时经常要用到全概率公式.

5. 实际应用中,如何判断事件的独立性?

答　事件的独立性有严格的定义,它的直观意义是,一个事件的发生与否不影响另一个事件发生的概率. 但在实际应用中,事件的独立性不是用定义来判断的,而是根据问题的实际意义和性质来判断的.

四、典型例题

例 1　以 A,B,C 分别表示某城市居民订阅日报、晚报和体育报。试用 A,B,C 表示以下事件:

(1) 只订阅日报;　　　　　　　　　　(2) 只订阅日报和晚报;

(3) 只订阅一种报纸;　　　　　　　　(4) 正好订阅两种报纸;

(5) 至少订阅一种报纸;　　　　　　　(6) 不订阅任何报纸;

(7) 至多订阅一种报纸;　　　　　　　(8) 三种报纸都订阅;

(9) 三种报纸不全订阅.

解　(1) $A\bar{B}\bar{C}$;　　　　　　　　　　(2) $AB\bar{C}$;

(3) $A\bar{B}\bar{C} \cup \bar{A}B\bar{C} \cup \bar{A}\bar{B}C$;　　　(4) $AB\bar{C} \cup A\bar{B}C \cup \bar{A}BC$;

(5) $A \cup B \cup C$;　　　　　　　　　(6) $\overline{ABC}$;

(7) $\bar{A}\bar{B}\bar{C} \cup A\bar{B}\bar{C} \cup \bar{A}B\bar{C} \cup \bar{A}\bar{B}C$ 或 $\overline{AB} \cup \overline{AC} \cup \overline{BC}$;

(8) ABC;　　　　　　　　　　　　(9) $\bar{A} \cup \bar{B} \cup \bar{C}$.

例 2　若事件 $ABC = \varnothing$,是否一定有 $AB = \varnothing$?

解　不一定. 因为 $ABC = \varnothing$ 发生有多种情况,如:

(1) A,B,C 中两两互不相容;

(2) A，B，C 中有两个相容但与第三个都不相容；

(3) A，B，C 中两两相容，但其交不含任一样本点；

(4) A 与 B 相容，A 与 C 相容，但 B 与 C 不相容.

例 3　为了防止意外，在矿内同时装有两种报警系统Ⅰ和Ⅱ.两种报警系统单独使用时，系统Ⅰ和Ⅱ有效的概率分别为 0.92 和 0.93，在系统Ⅰ失灵的条件下，系统Ⅱ仍有效的概率为 0.85，求：

(1) 两种报警系统Ⅰ和Ⅱ都有效的概率；

(2) 系统Ⅱ失灵而系统Ⅰ有效的概率；

(3) 在系统Ⅱ失灵的条件下，系统Ⅰ仍有效的概率.

解　令 A 表示事件"系统Ⅰ有效"，B 表示事件"系统Ⅱ有效"，则
$$P(A)=0.92,\ P(B)=0.93,\ P(B|\overline{A})=0.85$$

(1) $P(AB)=P(B-\overline{A}B)=P(B)-P(\overline{A}B)=P(B)-P(\overline{A})P(B|\overline{A})$
$$=0.93-(1-0.92)\times0.85=0.862.$$

(2) $P(\overline{B}A)=P(A-AB)=P(A)-P(AB)=0.92-0.862=0.058.$

(3) $P(A|\overline{B})=\dfrac{P(A\overline{B})}{P(\overline{B})}=\dfrac{0.058}{1-0.93}\approx0.8286.$

例 4　对任意的事件 A，B，C，证明：$P(AB)+P(AC)-P(BC)\leqslant P(A)$.

证明
$$P(A)\geqslant P(A(B\cup C))$$
$$=P(AB\cup AC)$$
$$=P(AB)+P(AC)-P(ABC)$$
$$\geqslant P(AB)+P(AC)-P(BC)$$

例 5　设事件 A 与 B 相互独立，两个事件只有 A 发生的概率与只有 B 发生的概率都是 $\dfrac{1}{4}$，求 $P(A)$ 和 $P(B)$.

解　由题意知 $P(\overline{A}B)=P(A\overline{B})=\dfrac{1}{4}$，又因为 A 与 B 相互独立，所以
$$P(\overline{A}B)=P(\overline{A})P(B)=[1-P(A)]P(B)=\frac{1}{4}$$
$$P(A\overline{B})=P(A)P(\overline{B})=P(A)[1-P(B)]=\frac{1}{4}$$
故
$$P(A)=P(B),\ P(A)-P^2(A)=\frac{1}{4}$$
即
$$P(A)=P(B)=\frac{1}{2}$$

例 6　每个路口有红、绿、黄三色指示灯，假设各色灯的开闭是等可能的，一个人骑车经过三个路口.试求下列事件的概率：A 表示事件"三个都是红灯，即全红"；B 表示事件"全绿"；C 表示事件"全黄"；D 表示事件"无红"；E 表示事件"无绿"；F 表示事件"三个颜

色相同"; G 表示事件"三个颜色全不相同"; H 表示事件"三个颜色不全相同".

解
$$P(A) = P(B) = P(C) = \frac{1 \times 1 \times 1}{3 \times 3 \times 3} = \frac{1}{27}$$

$$P(D) = P(E) = \frac{2 \times 2 \times 2}{3 \times 3 \times 3} = \frac{8}{27}$$

$$P(F) = \frac{1}{27} + \frac{1}{27} + \frac{1}{27} = \frac{1}{9}$$

$$P(G) = \frac{3!}{3 \times 3 \times 3} = \frac{2}{9}$$

$$P(H) = 1 - P(F) = 1 - \frac{1}{9} = \frac{8}{9}$$

例 7　将 3 个球随即放入 4 个杯子中，求杯子中球的最大个数是 2 的概率.

解　将 3 个球随机放入 4 个杯子中，易知共有 4^3 种放置方法. 以 A 表示事件"杯子中球的最大个数是 2". 易知当 3 个球放在同一个杯子时，有 4 个杯子可以任意选择，共有 C_4^1 种放置方法；当每个杯子最多放 1 个球时，共有 A_4^3 种放置方法，于是利用对立事件可求得

$$P(A) = 1 - \frac{C_4^1}{4^3} - \frac{A_4^3}{4^3} = \frac{9}{16}$$

例 8　从数字 1，2，…，9 中可重复地任取 n 次，求 n 次所取数字的乘积能被 10 整除的概率.

解　记事件 A 为"至少取到一次 5"，事件 B 为"至少取到一次偶数"，则所求概率为 $P(AB)$. 因为

$$P(\overline{A}) = \frac{8^n}{9^n}, \ P(\overline{B}) = \frac{5^n}{9^n}, \ P(\overline{A} \cap \overline{B}) = \frac{4^n}{9^n}$$

所以

$$P(AB) = 1 - P(\overline{A} \cup \overline{B}) = 1 - P(\overline{A}) - P(\overline{B}) + P(\overline{A} \cap \overline{B}) = 1 - \frac{8^n + 5^n - 4^n}{9^n}$$

例 9　已知事件 A 与 B 互不相容，且 $P(\overline{A}) \neq 0$，求 $P(B | \overline{A})$.

解　因为事件 A 与 B 互不相容，所以 $P(AB) = 0$，从而

$$P(B | \overline{A}) = \frac{P(\overline{A}B)}{P(\overline{A})} = \frac{P(B) - P(AB)}{1 - P(A)} = \frac{P(B)}{1 - P(A)}$$

例 10　已知 A，B 为两个事件，$P(A) = P(B) = \frac{1}{3}$，$P(A | B) = \frac{1}{6}$，求 $P(\overline{A} | \overline{B})$.

解　由条件概率的性质知

$$P(\overline{A} | \overline{B}) = 1 - P(A | \overline{B}) = 1 - \frac{P(A\overline{B})}{P(\overline{B})} = 1 - \frac{P(A) - P(AB)}{1 - P(B)} = 1 - \frac{\frac{1}{3} - \frac{1}{3} \times \frac{1}{6}}{\frac{2}{3}} = \frac{7}{12}$$

例 11　口袋中有一个球，不知它的颜色是黑的还是白的. 现再往口袋中放入一个白球，然后从口袋中任意取出一个，发现取出的是白球，试问：口袋中原来那个球是白球的可能性为多少？

解　记事件 A 为"取出的是白球"，事件 B 为"原来那个球是白球". 容易看出：

$P(A|\overline{B})=1$，$P(A|\overline{B})=0.5$. 由于对袋中原来那个球的颜色一无所知，故设 $P(B)=P(\overline{B})=0.5$ 是合理的. 由贝叶斯公式得

$$P(B|A)=\frac{P(B)P(A|B)}{P(B)P(A|B)+P(\overline{B})P(A|\overline{B})}=\frac{0.5\times1}{0.5\times1+0.5\times0.5}=\frac{2}{3}$$

例 12　12 个兵兵球全是新的，每次比赛时取出 3 个，用完后放回去. 问：在第三次取到的 3 个球都是新球的条件下，第二次取到几个新球的概率最大？

解　以 $A_i(i=0,1,2,3)$ 表示事件"第二次比赛时取到 i 个新球"，以 $B_i(i=0,1,2,3)$ 表示事件"第三次比赛时取到 i 个新球"，则由全概率公式有

$$P(B_3)=\sum_{i=0}^{3}P(A_i)P(B_3|A_i)=\sum_{i=0}^{3}\frac{C_9^iC_3^{3-i}}{C_{12}^3}\cdot\frac{C_{9-i}^3}{C_{12}^3}=0.146$$

由贝叶斯公式有

$$P(A_0|B_3)=\frac{P(B_3|A_0)P(A_0)}{P(B_3)}=\frac{84}{7056}$$

$$P(A_1|B_3)=\frac{P(B_3|A_1)P(A_1)}{P(B_3)}=\frac{1512}{7056}$$

$$P(A_2|B_3)=\frac{P(B_3|A_2)P(A_2)}{P(B_3)}=\frac{3780}{7056}$$

$$P(A_3|B_3)=\frac{P(B_3|A_3)P(A_3)}{P(B_3)}=\frac{1680}{7056}$$

故在第三次取到的 3 个球都是新球的条件下，第二次取到 2 个新球的概率最大.

例 13　已知事件 A 与 B 独立，且 $P(\overline{A}\overline{B})=\frac{1}{9}$，$P(A\overline{B})=P(\overline{A}B)$，求 $P(A)$，$P(B)$.

解　因事件 A 与 B 独立，故事件 A 与 $\overline{B}$ 独立，事件 $\overline{A}$ 与 B 独立，事件 $\overline{A}$ 与 $\overline{B}$ 独立. 于是

$$P(\overline{A}\overline{B})=P(\overline{A})P(\overline{B})=[1-P(A)][1-P(B)]=\frac{1}{9} \tag{1}$$

$$P(A\overline{B})=P(A)P(\overline{B})=P(A)[1-P(B)]=P(\overline{A}B)=P(B)[1-P(A)] \tag{2}$$

联立式(1)和式(2)，解得 $P(A)=P(B)=\frac{2}{3}$.

例 14　已知每门高射炮击中飞机的概率为 0.3，若独立同时射击时，要以 99% 的把握击中飞机，需要几门高射炮？

解　设共需要 n 门高射炮，记事件 $A_i(i=1,2,\cdots,n)$ 为"第 i 门高射炮击中飞机"，则 $P(A_i)=0.3$，而

$$P(击中飞机)=P(A_1\bigcup A_2\bigcup\cdots\bigcup A_n)$$
$$=1-P(\overline{A_1})P(\overline{A_2})\cdots P(\overline{A_n})$$
$$=1-(1-0.3)^n\geqslant0.99$$

由此得到 $0.7^n\leqslant0.01$，所以可以取 $n=13$，即需要 13 门高射炮，就可以有 99% 的把握击中飞机.

五、习题选解

习题 1. 2

1. 设 A，B 为两个事件，$P(AB)=P(\overline{A}\,\overline{B})$，$P(A)=p$，求 $P(B)$.

解　$P(\overline{A}\,\overline{B})=P(\overline{A\cup B})=1-P(A\cup B)=1-P(A)-P(B)+P(AB)=P(AB)$

因此 $P(A)+P(B)=1$，从而 $P(B)=1-p$.

2. 设 A，B 仅发生一个的概率为 0.3，且 $P(A)+P(B)=0.5$，求 A，B 至少有一个不发生的概率.

解　A，B 仅发生一个的概率为 0.3，即
$$P(\overline{A}B\cup A\overline{B})=0.3$$
而
$$P(\overline{A}B\cup A\overline{B})=P(\overline{A}B)+P(A\overline{B})=P(B)-P(AB)+P(A)-P(AB)$$
$$=P(B)+P(A)-2P(AB)$$

解得 $P(AB)=0.1$. 于是 A，B 至少有一个不发生的概率为
$$P(\overline{A}\cup\overline{B})=P(\overline{AB})=1-P(AB)=0.9$$

3. 设随机事件 A，B 同时发生，C 也必然会发生，则下列选项必然成立的是_____.

(A) $P(C)<P(A)+P(B)-1$ 　　　　(B) $P(C)\geqslant P(A)+P(B)-1$

(C) $P(C)=P(AB)$ 　　　　　　　　(D) $P(C)=P(A\cup B)$

解　由于随机事件 A，B 同时发生，C 也必然会发生，因此 $P(C|AB)=1$，从而
$$\frac{P(ABC)}{P(AB)}=1$$
于是
$$P(C)\geqslant P(ABC)=P(AB)=P(A)+P(B)-P(A\cup B)\geqslant P(A)+P(B)-1$$
故答案选 (B).

4. 设 A，B 为任意两个随机事件，则_____.

(A) $P(AB)\leqslant P(A)P(B)$ 　　　　(B) $P(AB)\geqslant P(A)P(B)$

(C) $P(AB)\leqslant\dfrac{P(A)+P(B)}{2}$ 　　　　(D) $P(AB)\geqslant\dfrac{P(A)+P(B)}{2}$

解　由于 $AB\subset(A\cup B)$，因此
$$P(AB)\leqslant P(A\cup B)$$
将其代入加法公式
$$P(A\cup B)=P(A)+P(B)-P(AB)$$
得到
$$P(AB)\leqslant P(A)+P(B)-P(AB)$$
即
$$P(AB)\leqslant\frac{P(A)+P(B)}{2}$$

故答案选(C).

5. 设随机事件 A，B 互不相容，则_____.

(A) $P(\overline{AB}) = 0$　　　　　　　　(B) $P(AB) = P(A)P(B)$

(C) $P(A) = 1 - P(B)$　　　　　　　　(D) $P(\overline{A} \bigcup \overline{B}) = 1$

解　因为随机事件 A，B 互不相容，所以 $AB = \varnothing$. 选项(B)是 A，B 相互独立的定义. 如果 A，B 为对立事件，选项(C)就成立. 所以，选项(B)、(C)均不成立.

对于选项(A)，$P(\overline{AB}) = 1 - P(A \bigcup B)$ 在 $AB = \varnothing$ 时不能保证 $P(A \bigcup B) = 1$，故选项(A)也不成立.

对于选项(D)，$AB = \varnothing$，$P(\overline{A} \bigcup \overline{B}) = P(\overline{AB}) = 1 - P(AB) = 1$，故选项(D)成立. 答案选(D).

习题 1.3

1. 电话号码为 86493940，但只知道前面的 6 位数，求一次拨对该号码的概率.

解　$P_r = \dfrac{1 \times 1}{10 \times 10} = \dfrac{1}{100}$.

2. 从 5 双不同的鞋子中任取 4 只，问：这 4 只中至少有 2 只配成一双的概率是多少？

解　基本事件总数为 A_{10}^4，设 A 事件为"4 只中至少有 2 只配成一双"，考虑 $\overline{A}$，其包含的基本事件数为 $10 \times 8 \times 6 \times 4$. 因此 $\overline{A}$ 的概率为

$$P(\overline{A}) = \frac{10 \times 8 \times 6 \times 4}{10 \times 9 \times 8 \times 7} = \frac{8}{21}$$

故 $P(A) = 1 - P(\overline{A}) = \dfrac{13}{21}$.

3. 将 6 只球随机地放入 3 只盒子中，求每只盒子都有球的概率.

解　设 A 表示事件"每只盒子都有球". 一只球可以放入 3 只盒子的任一盒子中去，样本点的个数为 $(C_3^1)^6 = 3^6$. 每只盒子都有球，盒子中的球的数目分为三种情况：4，1，1；3，2，1；2，2，2. 因此，有

$$P(A) = \frac{C_6^4 C_3^1 C_2^1 + C_6^3 C_3^1 C_3^2 C_2^1 + C_6^2 C_4^2}{3^6} = \frac{540}{3^6} = \frac{20}{27}$$

4. 袋中有 N 个球，其中有 N_1 个白球，其余为红球.

(1) 从中一次取 n 个球（$n < N_1$），求恰取到 k 个白球的概率 p；

(2) 从中一次取 1 个球，不放回取 n 次，求恰取到 k 个白球的概率 q；

(3) 从中一次取 1 个球，不放回取 n 次，求前 k 次取到白球的概率 r.

解　(1) $p = \dfrac{C_{N_1}^k C_{N-N_1}^{n-k}}{C_N^n}$.

(2) 该随机试验为不放回抽样.

将球编号，且将球号顺序不同的结果作为不同的样本点，总样本点数为 A_N^n，事件"恰取到 k 个白球"所含样本点个数为 $C_{N_1}^k C_{N-N_1}^{n-k} n!$，所以

$$q = \frac{C_{N_1}^k C_{N-N_1}^{n-k} n!}{A_N^n} = \frac{C_{N_1}^k C_{N-N_1}^{n-k}}{C_N^n}$$

（3）该随机试验仍然为不放回抽样.

将球编号，且将球号顺序不同的结果作为不同的样本点，总样本点数为 A_N^n，事件"恰取到 k 个白球"所含样本点个数为 $A_{N_1}^k A_{N-N_1}^{n-k}$，所以

$$r=\frac{A_{N_1}^k A_{N-N_1}^{n-k}}{A_N^n}$$

5. 设 10 个运动队平均分成两组预赛，计算最强的两个队被分在同一组的概率.

解　设事件 A 表示"最强的两个队被分在同一组"，则

$$P(A)=\frac{C_2^2 C_8^3 C_2^1}{C_{10}^5}=\frac{4}{9}$$

6. 设袋中有红、白、黑球各一个，从中有放回地取球，每次取一个，直到三种颜色的球都取到时停止，则取球次数恰好为 4 的概率为_____.

解　本题为古典概型.

计算 n：恰好取 4 次停止，每次取球有 3 种不同颜色，又是有放回的，所以总的情况 $n=3^4$.

计算 k：第 4 次颜色一定与前 3 次不同，前 3 次必定已有且仅有 2 种不同颜色，这样第 4 次抽到第 3 色才凑够 3 种颜色，所以 $k=C_3^2 C_2^1 C_3^1$.

$$P(A)=\frac{k}{n}=\frac{C_3^2 C_2^1 C_3^1}{3^4}=\frac{2}{9}$$

7. 设有 30 名新生，要随机平均地分配到 3 个班中去. 这 30 名新生中，有 6 名党员. 试求如下事件的概率.

A：6 名党员新生平均分配到 3 个班中；

B：6 名党员新生被分配在同一班中.

解　这是一个多组合问题. 样本点总数即为 30 名新生平均分配到 3 个班中的分法数目：

$$\binom{30}{10}\binom{20}{10}\binom{10}{10}=\frac{30!}{10!\ 10!\ 10!}$$

事件 A 所包含的样本点数就是每个班中各分到 2 名党员新生和 8 名非党员新生的分法数目：

$$\binom{24}{8}\cdot\binom{6}{2}\cdot\binom{16}{8}\cdot\binom{4}{2}\cdot\binom{8}{8}\cdot\binom{2}{2}=\frac{24!}{8!\ 8!\ 8!}\cdot\frac{6!}{2!\ 2!\ 2!}$$

故

$$P(A)=\frac{24!}{8!\ 8!\ 8!}\cdot\frac{6!}{2!\ 2!\ 2!}\bigg/\frac{30!}{10!\ 10!\ 10!}=0.1535$$

事件 B 所包含的样本点数就是某个班级分到 6 名党员新生和 4 名非党员新生，且这个班级可以是 3 个班中的任一个，而其余 2 个班各分到 10 名非党员新生的分法数目：

$$\binom{3}{1}\binom{6}{6}\binom{24}{4}\cdot\binom{20}{10}\binom{10}{10}=\frac{3\times24!}{10!\ 10!\ 4!}$$

故

$$P(B)=\frac{3\times24!}{10!\ 10!\ 4!}\bigg/\frac{30!}{10!\ 10!\ 10!}=0.0011$$

习题 1.4

1. 朋友自远方来访，他乘火车、轮船、汽车、飞机来的概率分别是 0.3、0.2、0.1、0.4.已知他乘火车、轮船、汽车迟到的概率分别是 $\frac{1}{4}$、$\frac{1}{3}$、$\frac{1}{12}$，而乘飞机不会迟到．结果他迟到了，试问：他乘火车来的概率是多少？

解　用 A_1，A_2，A_3，A_4 分别表示事件"他乘火车来""他乘轮船来""他乘汽车来""他乘飞机来"，用 B 表示事件"他迟到"，则
$$P(A_1)=0.3, P(A_2)=0.2, P(A_3)=0.1, P(A_4)=0.4$$
从而
$$P(B|A_1)=\frac{1}{4}, P(B|A_2)=\frac{1}{3}, P(B|A_3)=\frac{1}{12}, P(B|A_4)=0$$

用全概率公式可求得他迟到的概率为
$$P(B)=P(A_1)P(B|A_1)+P(A_2)P(B|A_2)+P(A_3)P(B|A_3)+P(A_4)P(B|A_4)$$
$$=0.3\times\frac{1}{4}+0.2\times\frac{1}{3}+0.1\times\frac{1}{12}+0.4\times0=0.15$$

用贝叶斯公式可求得他乘火车的概率为
$$P(A_1|B)=\frac{P(A_1)P(B|A_1)}{P(B)}=\frac{0.3\times\frac{1}{4}}{0.15}=\frac{1}{2}$$

2. 设有两箱同种零件，第一箱内装 50 件，其中 10 件一等品；第二箱内装 30 件，其中 18 件一等品．先从两箱中随机挑选一箱，然后从该箱中先后随机取出两个零件（取出的零件均不放回），试求：

（1）先取出的零件是一等品的概率；

（2）在先取出的是一等品的条件下，后取出的零件仍然是一等品的概率．

分析　由于是从两箱中随意挑出一箱，然后从该箱中"不放回"先后取出两个零件，因此"先取出的零件是一等品"这一事件相当于"从第一箱中取得一等品或从第二箱中取得一等品"的事件，于是运用全概率公式可求得其概率．

解　设 $H_i(i=1,2)$ 为事件"被挑出的是第 i 箱"，$A_j(j=1,2)$ 为事件"第 j 次取得的零件是一等品"．由题设知 $P(H_1)=P(H_2)=\frac{1}{2}$，$P(A_1|H_1)=\frac{1}{5}$，$P(A_1|H_2)=\frac{3}{5}$，由全概率公式知

（1）$P(A_1)=P(H_1)P(A_1|H_1)+P(H_2)P(A_1|H_2)=\frac{1}{2}\times\frac{1}{5}+\frac{1}{2}\times\frac{3}{5}=\frac{2}{5}$.

（2）由条件概率公式知 $P(A_2|A_1)=\frac{P(A_1A_2)}{P(A_1)}$，计算 $P(A_1A_2)$ 时可再次利用全概率公式，即
$$P(A_1A_2)=P(H_1)P(A_1A_2|H_1)+P(H_2)P(A_1A_2|H_2)$$
$$=\frac{1}{2}\times\frac{10\times9}{50\times49}+\frac{1}{2}\times\frac{18\times17}{30\times29}\approx0.194$$

故

$$P(A_2 \mid A_1) = \frac{0.194}{0.4} = 0.485$$

3. 一道单项选择题同时列出 4 个答案,一个考生可能真正理解而选对答案,也可能乱猜一个. 假设他知道正确答案的概率为 $\frac{1}{3}$,猜对的概率为 $\frac{1}{4}$. 如果已知他选对了,求他确实知道正确答案的概率.

解　本例求的是条件概率,涉及事件"知道正确答案""选对答案". 设事件 A 表示"知道正确答案",事件 B 表示"选对答案",则 $P(A) = \frac{1}{3}$,要求 $P(A \mid B)$.

$$P(A \mid B) = \frac{P(AB)}{P(B)} = \frac{P(A)P(B \mid A)}{P(A)P(B \mid A) + P(\overline{A})P(B \mid \overline{A})} = \frac{\frac{1}{3} \times 1}{\frac{1}{3} \times 1 + \frac{2}{3} \times \frac{1}{4}} = \frac{2}{3}$$

习题 1.5

1. 设 $P(A) = 0.4$,$P(A \cup B) = 0.7$,在以下情况中求 $P(B)$:
(1) 若 A,B 互不相容;
(2) 若 A,B 相互独立;
(3) 若 $A \subset B$.

解　由加法公式 $P(A \cup B) = P(A) + P(B) - P(AB)$ 有 $P(B) - P(AB) = 0.3$.
(1) 若 A,B 互不相容,则 $P(AB) = 0$,因此 $P(B) = 0.3$.
(2) 若 A,B 相互独立,则 $P(AB) = P(A)P(B)$,因此 $P(B) = 0.5$.
(3) 若 $A \subset B$,则 $P(AB) = P(A)$,因此 $P(B) = 0.7$.

2. 若 A,B 相互独立,$P(A) = 0.2$,$P(B) = 0.45$,试求 $P(\overline{A} \cap \overline{B})$,$P(\overline{A} \cup \overline{B})$.

解　由 A,B 相互独立知 $\overline{A}$ 与 $\overline{B}$ 相互独立,则
$$P(\overline{A} \cap \overline{B}) = P(\overline{A})P(\overline{B}) = 0.8 \times 0.55 = 0.44$$
$$P(\overline{A} \cup \overline{B}) = P(\overline{A}) + P(\overline{B}) - P(\overline{AB}) = 0.8 + 0.55 - 0.44 = 0.91$$

3. 甲、乙、丙三人对同一目标进行 3 次独立的射击,他们的命中率分别为 0.5、0.6、0.8. 对目标的 3 次射击中,分别求恰有 1 人命中目标和至少有 1 人命中目标的概率.

解　设 A,B,C 分别表示甲、乙、丙各自命中目标的事件,则由题设条件知 $P(A) = 0.5$,$P(B) = 0.6$,$P(C) = 0.8$,且 A,B,C 三事件相互独立. 故

$P(恰有 1 人命中目标) = P(A\overline{B}\,\overline{C} \cup \overline{A}B\overline{C} \cup \overline{A}\,\overline{B}C) = P(A\overline{B}\,\overline{C}) + P(\overline{A}B\overline{C}) + P(\overline{A}\,\overline{B}C)$
　　　　　　　　　$= P(A)P(\overline{B})P(\overline{C}) + P(\overline{A})P(B)P(\overline{C}) + P(\overline{A})P(\overline{B})P(C)$
　　　　　　　　　$= 0.26$

$P(至少有 1 人命中目标) = P(A \cup B \cup C) = 1 - P(\overline{A \cup B \cup C}) = 1 - P(\overline{A}\,\overline{B}\,\overline{C})$
　　　　　　　　　　$= 1 - P(\overline{A})P(\overline{B})P(\overline{C}) = 0.96$

4. 设每个人的血清中含肝炎病毒的概率为 0.4%,求来自不同地区的 100 个人的血清混合液中含有肝炎病毒的概率.

解　设 $A_i(i = 1, 2, \cdots, 100)$ 表示第 i 人的血清中含肝炎病毒,由题设条件知 A_1,A_2,$\cdots$,

A_{100} 相互独立，$P(A_i)=0.4\%(i=1,2,\cdots,100)$. 因此

$$P(\bigcup_{i=1}^{100} A_i) = 1 - P(\overline{\bigcup_{i=1}^{100} A_i}) = 1 - P(\bigcap_{i=1}^{100} \overline{A_i})$$

$$= 1 - \prod_{i=1}^{100} P(\overline{A_i}) = 1 - (1-0.4\%)^{100} \approx 0.33$$

5. 设 $A，B，C$ 为三个随机事件，且 A 与 C 相互独立，B 与 C 相互独立，则 $A\cup B$ 与 C 相互独立的充要条件是_____.

(A) A 与 B 相互独立   (B) A 与 B 互不相容

(C) AB 与 C 相互独立   (D) AB 与 C 互不相容

解 若 $A\cup B$ 与 C 相互独立，则

$$P((A\cup B)\cap C) = P(A\cup B)P(C)$$

而

$$P((A\cup B)\cap C) = P(AC\cup BC)$$
$$= P(AC)+P(BC)-P(AC\cap BC)$$
$$= P(AC)+P(BC)-P(ABC)$$
$$P(A\cup B)P(C) = [P(A)+P(B)-P(AB)]P(C)$$
$$= P(A)P(C)+P(B)P(C)-P(AB)P(C)$$

所以 $A\cup B$ 与 C 相互独立的充要条件为 $P(ABC)=P(AB)P(C)$，即 AB 与 C 相互独立. 故答案选(C).

6. 设事件 $A，B，C$ 两两独立，则事件 $A，B，C$ 相互独立的充分必要条件是_____.

(A) A 与 BC 相互独立   (B) AB 与 $A\cup C$ 相互独立

(C) AB 与 AC 相互独立   (D) $A\cup B$ 与 $A\cup C$ 相互独立

解 事件 $A，B，C$ 相互独立的充分必要条件是 $A，B，C$ 两两独立，且

$$P(ABC)=P(A)P(B)P(C)$$

故答案选(A).

7. 设随机事件 $A，B，C$ 相互独立，且 $P(A)=P(B)=P(C)=\dfrac{1}{2}$，则 $P(AC|A\cup B)$ =_____.

解 $P(AC|A\cup B) = \dfrac{P(AC(A\cup B))}{P(A\cup B)}$，其中

$$P(AC(A\cup B)) = P(AC\cup ABC) = P(AC) = P(A)P(C) = \frac{1}{2}\times\frac{1}{2} = \frac{1}{4}$$

$$P(A\cup B) = P(A)+P(B)-P(AB) = \frac{1}{2}+\frac{1}{2}-P(A)P(B) = \frac{3}{4}$$

所以

$$P(AC|A\cup B) = \frac{\dfrac{1}{4}}{\dfrac{3}{4}} = \frac{1}{3}$$

总习题一

一、填空题

1. 设两个相互独立事件 A 和 B 都不发生的概率为 $\dfrac{1}{9}$，A 发生 B 不发生的概率与 B 发生 A 不发生的概率相等，则 $P(A)=$ _____.

解 依题意有 $P(A\bar{B})=P(\bar{A}B)$，$P(AB)+P(A\bar{B})=P(AB)+P(\bar{A}B)$，即 $P(A)=P(B)$，又因 A 与 B 独立，于是有

$$P(\bar{A}\bar{B})=P(\bar{A})P(\bar{B})=[P(\bar{A})]^2=\frac{1}{9}$$

解得 $P(\bar{A})=\dfrac{1}{3}$，故 $P(A)=\dfrac{2}{3}$.

2. 设 A，B，C 为三个随机事件，A 与 C 互不相容，$P(AB)=\dfrac{1}{2}$，$P(C)=\dfrac{1}{3}$，则 $P(AB|\bar{C})=$ _____.

解 因为 A 与 C 互不相容，即有 $A\subset\bar{C}$，所以

$$P(AB|\bar{C})=\frac{P(AB\bar{C})}{P(\bar{C})}=\frac{P(AB)}{1-P(C)}=\frac{\dfrac{1}{2}}{1-\dfrac{1}{3}}=\frac{3}{4}$$

二、选择题

1. 设 A，B，C 为任意三个随机事件，事件 D 表示 A，B，C 至少有一个发生，则与 D 不相等的是 _____.

(A) $A\cup B\cup C$ 　　　　　　　　　　(B) $S-\bar{A}\,\bar{B}\,\bar{C}$

(C) $A\cup(B-A)\cup(C-(A\cup B))$ 　　(D) $A\bar{B}\bar{C}\cup\bar{A}B\bar{C}\cup\bar{A}\bar{B}C$

解 事件 A，B，C 至少有一个发生，等价于和事件 $A\cup B\cup C$ 发生，显然选项(A)与 D 相等.

对于选项(B)，$S-\overline{\bar{A}\bar{B}\bar{C}}=S\overline{\bar{A}\bar{B}\bar{C}}=\overline{\bar{A}\bar{B}\bar{C}}=\bar{\bar{A}}\cup\bar{\bar{B}}\cup\bar{\bar{C}}=A\cup B\cup C$，故选项(B)与 D 相等.

对于选项(C)，因为 $A\cup(B-A)=A\cup B$，$(A\cup B)\cup(C-(A\cup B))=A\cup B\cup C$，所以选项(C)与 D 相等.

选项(D)为事件 A，B，C 恰有一个发生，故与 D 不相等.

故答案选(D).

2. 设 A，B 为两个随机事件，若 $0<P(A)<1$，$0<P(B)<1$，则 $P(A|\bar{B})<P(A|B)$ 的充要条件是 _____.

(A) $P(B|A)>P(B|\bar{A})$ 　　　　　　(B) $P(B|A)<P(B|\bar{A})$

(C) $P(\bar{B}|A)>P(B|\bar{A})$ 　　　　(D) $P(\bar{B}|A)<P(B|\bar{A})$

解 $P(A|\bar{B})<P(A|B)$ 等价于

$$\frac{P(AB)}{P(B)}>\frac{P(A\bar{B})}{P(\bar{B})}=\frac{P(A)-P(AB)}{1-P(B)}$$

整理得

$$P(AB)-P(B)P(AB)>P(A)P(B)-P(B)P(AB)$$

即

$$P(AB)>P(A)P(B)$$

故 $P(A|\bar{B})<P(A|B)$ 的充要条件为 $P(AB)>P(A)P(B)$.

若将 A，B 表示为 $P(BA)>P(B)P(A)$，则充要条件为 $P(B|A)>P(B|\bar{A})$.

故答案选(A).

三、解答题

3. 设 A，B，C 为随机事件，且

$$P(A)=P(B)=P(C)=\frac{1}{4},\ P(AB)=P(BC)=0,\ P(AC)=\frac{1}{8}$$

求 A，B，C 至少有一个发生的概率.

解　A，B，C 至少有一个发生的概率为

$$P(A\bigcup B\bigcup C)=P(A)+P(B)+P(C)-P(AB)-P(AC)-P(BC)+P(ABC)$$

$$=\frac{1}{4}+\frac{1}{4}+\frac{1}{4}-0-\frac{1}{8}-0+0=\frac{5}{8}$$

4. 设 A，B 为两个随机事件，且 $P(AB)=P(\bar{A}\bigcap\bar{B})$，$P(A)=\frac{1}{3}$，求 $P(B)$.

解　由 $P(\bar{A}\bigcap\bar{B})=P(\overline{A\bigcup B})=1-P(A\bigcup B)=1-P(A)-P(B)+P(AB)=P(AB)$ 得

$$P(A)+P(B)=1$$

因此

$$P(B)=1-P(A)=\frac{2}{3}$$

5. 设 A，B 为两个随机事件，$P(\bar{A})=0.3$，$P(B)=0.4$，$P(A\bar{B})=0.5$，求 $P(B|A\bigcup\bar{B})$.

解　$P(B|A\bigcup\bar{B})=\dfrac{P(B(A\bigcup\bar{B}))}{P(A\bigcup\bar{B})}=\dfrac{P(AB\bigcup B\bar{B})}{P(A)+P(\bar{B})-P(A\bar{B})}=\dfrac{P(A)-P(A\bar{B})}{0.8}=\dfrac{1}{4}$

6. 4 个球放入 3 个盒子中，在已知前面 2 个球放入不同盒子的条件下，求恰有 3 个球放在同一个盒子中的概率.

解　2 个球已放入盒子中，余下 2 个球共有 $C_3^1 C_3^1$ 种放法. 恰有 3 个球放入同一盒子中，即余下 2 个球都放入已有球的同一个盒子中，共有 C_2^1 种放法. 故所求概率为

$$P=\frac{C_2^1}{C_3^1 C_3^1}=\frac{2}{9}$$

8. 设有编号 1～10 的 10 张卡片，从中任选 3 张，求下列事件的概率：

(1) 最大号码为 5；

(2) 最大号码为 8，最小号码为 3.

解　设事件 A 为从 10 张卡片中任选 3 张最大号码为 5，事件 B 为从 10 张卡片中任选 3 张最大号码为 8，最小号码为 3. 因此

(1) $P(A)=\dfrac{C_4^2}{C_{10}^3}=\dfrac{6}{120}=\dfrac{1}{20}$；

（2）$P(B) = \dfrac{C_4^1}{C_{10}^3} = \dfrac{4}{120} = \dfrac{1}{30}$.

9. 15 名学生中有 3 名女生. 将这 15 名学生随机地分成 3 组，每组 5 人，求下列事件的概率：

A："每组各有 1 名女生"；

B："3 名女生在同一组".

解　15 名学生平均分配到 3 组中的分法总数为 $C_{15}^5 C_{10}^5 C_5^5$.

（1）3 名女生分配到 3 个组使每一组都有 1 名女生的分法有 $C_3^1 C_2^1 C_1^1$ 种，其余 12 名学生平均分配到 3 个组的分法有 $C_{12}^4 C_8^4 C_4^4$ 种，于是

$$P(A) = \frac{C_3^1 C_2^1 C_1^1 C_{12}^4 C_8^4 C_4^4}{C_{15}^5 C_{10}^5 C_5^5} = \frac{25}{91}$$

（2）3 名女生分配到同一组的分法有 C_3^1 种，其余 12 名学生分配到 3 个组的分法有 $C_{12}^2 C_{10}^5 C_5^5$ 种，于是

$$P(B) = \frac{C_3^1 C_{12}^2 C_{10}^5 C_5^5}{C_{15}^5 C_{10}^5 C_5^5} = \frac{6}{91}$$

10. 设某家有 3 个孩子，已知其中至少有 1 个女孩，求这一家至少有 1 个男孩的概率.

解　在一个有 3 个孩子的家庭中，至少有 1 个女孩的情况有以下 7 种：

（女男男）、（男女男）、（男男女）、（女女男）、（女男女）、（男女女）、（女女女）

其中至少有 1 个男孩的情况有以下 6 种：

（女男男）、（男女男）、（男男女）、（女女男）、（女男女）、（男女女）

因此所求概率为

$$P = \frac{6}{7}$$

11. 设某家有 2 个孩子，已知其中一个孩子是女孩，求这一家另一个孩子是男孩的概率.

解　一个家庭中有 2 个孩子的情况只有 4 种：

（男男）、（女女）、（男女）、（女男）

用 A 表示事件"其中一个是女孩"，B 表示事件"另一个是男孩"，则所求概率为

$$P(B \mid A) = \frac{P(AB)}{P(A)} = \frac{\dfrac{2}{4}}{\dfrac{3}{4}} = \frac{2}{3}$$

14. 设某公共汽车站每 5 分钟有一辆车到达（每辆到站公共汽车都能将站台候车的乘客全载走），而每位乘客在 5 分钟内的任意时刻到达车站是等可能的. 求正在车站候车的 10 位乘客中，恰有 1 位乘客候车的时间超过 4 分钟的概率.

解　用 A 表示事件"10 位乘客中恰有 1 位乘客候车的时间超过 4 分钟"，则

$$P(A) = C_{10}^1 (1/5)^1 (4/5)^9 \approx 0.268$$

15. n 个客人来时都把雨伞放在门边，走时每人任取一把. 求：

（1）至少有 1 个客人选中自己雨伞的概率；

（2）指定的某 $n - k$ 个客人未选中自己雨伞的概率；

（3）恰有 $k(\leqslant n)$ 个客人选中自己雨伞概率.

解 （1）用 $A_i(i=1,\cdots,n)$ 表示事件"第 i 个客人选中自己的雨伞"，则至少 有 1 个客人选中自己雨伞的概率为

$$p = P(\bigcup_{i=1}^{n} A_i) = \sum_{i=1}^{n} P(A_i) - \sum_{1\leqslant i<j\leqslant n} P(A_iA_j) + \cdots + (-1)^{n-1} P(\bigcap_{i=1}^{n} A_i)$$

$$= C_n^1 \frac{1}{n} - C_n^2 \frac{1}{n(n-1)} + \cdots + (-1)^{n-1} C_n^n \frac{1}{n!}$$

$$= 1 - \frac{1}{2!} + \frac{1}{3!} + \cdots + (-1)^{n-1} \frac{1}{n!} = \sum_{i=1}^{n} (-1)^{i-1} \frac{1}{i!}$$

（2）" n 个客人都未选中自己雨伞的概率"为

$$1 - \left[1 - \frac{1}{2!} + \frac{1}{3!} + \cdots + (-1)^{n-1} \frac{1}{n!}\right] = 1 - \sum_{i=1}^{n} (-1)^{i-1} \frac{1}{i!} = \sum_{i=2}^{n} (-1)^i \frac{1}{i!}$$

则"指定的某 $n-k$ 个客人未选中自己雨伞的概率"为

$$p = \sum_{i=2}^{n-k} (-1)^i \frac{1}{i!}$$

（3）可以看出（1）之"和式"中第 k 项 $C_n^k / [n(n-1)\cdots(n-k+1)]$ 应为有 k 个客人选中自己雨伞的概率；而"恰有 k 个客人选中"还隐有"另有 $n-k$ 个客人未选中"，这一概率已由（2）给出，所以恰有 $k(\leqslant n)$ 个客人选中自己雨伞的概率为

$$p = \frac{C_n^k}{n(n-1)\cdots(n-k+1)} \cdot \sum_{i=2}^{n-k} (-1)^i \frac{1}{i!} = \frac{1}{k!} \sum_{i=2}^{n-k} (-1)^i \frac{1}{i!}$$

16. 设 10 件产品中有 3 件次品，7 件正品，现从中取三次，每次取 1 件，取后不放回，试求下列事件的概率：

（1）第三次取得次品；

（2）第三次才取得次品；

（3）已知前两次没有取得次品，第三次取得次品.

解 （1）第三次取得次品这是个抽签的模型，没有对前两次是否取得次品作出要求，于是第三次取得次品的概率为次品所占比例，即 $\frac{3}{10}$.

（2）记 $A_i(i=1,2,3)$ 为第 i 次取得次品，则第三次才取得次品为事件 $\overline{A_1}\overline{A_2}A_3$，于是

$$P(\overline{A_1}\overline{A_2}A_3) = P(\overline{A_1})P(\overline{A_2}|\overline{A_1})P(A_3|\overline{A_1}\overline{A_2}) = \frac{7}{10} \times \frac{6}{9} \times \frac{3}{8} = \frac{7}{40}$$

（3）已知前两次没有取得次品，第三次取得次品的事件为 $A_3|\overline{A_1}\overline{A_2}$，其概率为条件概率，故

$$P(A_3|\overline{A_1}\overline{A_2}) = \frac{3}{8}$$

17. 设有一批同类型产品，它由三家工厂生产. 第一、二、三家工厂的产量各占总产量的 $\frac{1}{2}$、$\frac{1}{4}$ 和 $\frac{1}{4}$，次品率分别为 2%、2% 和 4%，将这些产品混在一起.

（1）从中任取一个产品，求取到的是次品的概率；

（2）现任取一个产品，发现是次品，求它是由第一、二、三家工厂生产的概率.

解　设事件 $A_i(i=1,2,3)$ 表示"取到的产品是第 i 家工厂生产的"，B 表示"取到的产品是次品"，则 A_1,A_2,A_3 构成样本空间 S 的一个划分，并且

$$P(A_1)=\frac{1}{2},\ P(A_2)=\frac{1}{4},\ P(A_3)=\frac{1}{4}$$

$$P(B\mid A_1)=\frac{2}{100},\ P(B\mid A_2)=\frac{2}{100},\ P(B\mid A_3)=\frac{4}{100}$$

（1）$P(B)=P(A_1)P(B\mid A_1)+P(A_2)P(B\mid A_2)+P(A_3)P(B\mid A_3)$

$$=\frac{1}{2}\times\frac{2}{100}+\frac{1}{4}\times\frac{2}{100}+\frac{1}{4}\times\frac{4}{100}=\frac{1}{40}$$

（2）由贝叶斯公式有

$$P(A_1\mid B)=\frac{P(A_1)P(B\mid A_1)}{\sum_{i=1}^{n}P(A_i)P(B\mid A_i)}=\frac{\frac{1}{2}\times\frac{2}{100}}{\frac{1}{2}\times\frac{2}{100}+\frac{1}{4}\times\frac{2}{100}+\frac{1}{4}\times\frac{4}{100}}=\frac{2}{5}$$

也可以由以下公式得

$$P(A_2\mid B)=\frac{P(A_2)P(B\mid A_2)}{P(B)}=\frac{\frac{1}{4}\times\frac{2}{100}}{\frac{1}{40}}=\frac{1}{5}$$

$$P(A_3\mid B)=\frac{P(A_3)P(B\mid A_3)}{P(B)}=\frac{\frac{1}{4}\times\frac{4}{100}}{\frac{1}{40}}=\frac{2}{5}$$

19．战斗机有 3 个不同部分会遭到射击，在第 i 部分被击中 $i(i=1,2,3)$ 发子弹时，战斗机才会被击落．设射击的命中率与每一部分的面积成正比，第 1、2、3 部分的面积比为 1∶2∶7，若战斗机已被击中 2 发子弹，求战斗机被击落的概率．

解　设第一发子弹击中第 1、2 部分分别为事件 A_1、A_2，第二发子弹击中第 1、2 部分分别为事件 B_1、B_2，于是

$P($战斗机被击落$)=P(A_1\bigcup B_1\bigcup A_2B_2)$

$\qquad =P(A_1)+P(B_1)+P(A_2B_2)-P(A_1B_1)-P(A_1A_2B_2)-$

$\qquad\quad P(B_1A_2B_2)+P(A_1A_2B_1B_2)$

$\qquad =0.1+0.1+0.2\times0.2-0.1\times0.1=0.23$

四、证明题

设 A,B,C 是不能同时发生但两两独立的随机事件，且 $P(A)=P(B)=P(C)=\rho$，证明 ρ 可取的最大值为 $\frac{1}{2}$．

证明　由题设所给条件，有

$$P(A\bigcup B)=2\rho-\rho^2,\ P(A\bigcup B\bigcup C)=3\rho-3\rho^2$$

要 $P(A\bigcup B\bigcup C)\geqslant P(A\bigcup B)$，即要 $3\rho-3\rho^2\geqslant2\rho-\rho^2$，即 $2\rho^2-\rho\leqslant0$，因此 $0\leqslant\rho\leqslant\frac{1}{2}$，故 ρ 可取的最大值为 $\frac{1}{2}$．

第二章　随机变量及其分布

一、基本要求

1. 理解随机变量的概念，了解分布函数的概念和性质，会计算与随机变量相联系的事件的概率.

2. 理解离散型随机变量及其分布律的概念，掌握 0 - 1 分布、二项分布和泊松分布.

3. 理解连续型随机变量及其概率密度的概念，掌握正态分布，了解均匀分布和指数分布.

4. 会根据自变量的概率分布求简单随机变量函数的分布.

二、基本内容

1. 离散型随机变量

若随机变量 X 只能取有限个值或者可列无穷个值 $x_1, x_2, \cdots, x_n \cdots$，则 X 为离散型随机变量，称

$$P(X = x_i) = p_i, \ i = 1, 2, \cdots, n, \cdots$$

为离散型随机变量 X 的概率分布或分布律.

离散型随机变量 X 的分布律具有下面的关系：

(1) 非负性：$p_i \geqslant 0$，$i = 1, 2, \cdots$；

(2) 完备性：$\sum\limits_{i=1}^{\infty} p_i = 1$.

2. 几种常见的离散型随机变量的概率分布

1) 0 - 1 分布

设随机变量 X 只可能取 0 与 1 两个值，它的概率分布为

$$P(X = 1) = p, \ P(X = 0) = 1 - p \quad (0 < p < 1)$$

2) 二项分布

设随机变量 X 具有分布律

$$P(X = k) = C_n^k p^k (1-p)^{n-k}, k = 0, 1, 2, \cdots, n$$

其中 $0 < p < 1$ 为常数，则称 X 服从参数为 n，p 的二项分布，记为 $X \sim B(n, p)$.

3) 泊松分布

设随机变量 X 所有可能的取值为 $0, 1, 2, \cdots$，取各个值的概率为

$$P(X = k) = \frac{\lambda^k}{k!} e^{-\lambda}, \ k = 0, 1, 2, \cdots$$

其中 $\lambda > 0$ 为常数，则称 X 服从参数为 λ 的泊松分布，记为 $X \sim P(\lambda)$.

泊松定理：在 n 重伯努利试验中，事件 A 在一次试验中发生的概率为 p_n（与试验的次

数 n 有关），如果 $\lim\limits_{n \to +\infty} n p_n = \lambda > 0$，则对任意给定的非负整数 k，有

$$\lim_{n \to +\infty} C_n^k p_n^k (1-p_n)^{n-k} = \frac{\lambda^k}{k!} e^{-\lambda}$$

3. 分布函数及其性质

分布函数的定义：设 X 为随机变量，x 为任意实数，称函数

$$F(x) = P(X \leqslant x) \quad (-\infty < x < +\infty)$$

为随机变量 X 的概率分布函数，简称分布函数.

分布函数完整地描述了随机变量取值的统计规律性，具有以下性质：

（1）有界性：$0 \leqslant F(x) \leqslant 1 (-\infty < x < +\infty)$；

（2）单调性：若 $x_1 < x_2$，则 $F(x_1) \leqslant F(x_2)$；

（3）右连续性：$F(x+0) = F(x)$；

（4）极限性：$\lim\limits_{x \to -\infty} F(x) = 0$，$\lim\limits_{x \to +\infty} F(x) = 1$；

（5）完美性：$P(x_1 < X \leqslant x_2) = P(X \leqslant x_2) - P(X \leqslant x_1) = F(x_2) - F(x_1)$.

4. 连续型随机变量及其分布

若对于随机变量 X 的分布函数 $F(x)$，如果存在实数轴上的一个非负可积函数 $f(x)$，使得对于任意给定的实数 x 有

$$F(x) = P(X \leqslant x) = \int_{-\infty}^{x} f(t) \mathrm{d}t$$

则称 X 为连续型随机变量，并称 $f(x)$ 为 X 的概率密度函数，简称为密度函数或者概率密度.

概率密度函数具有下列性质：

（1）非负性：$f(x) \geqslant 0$；

（2）规范性：$\int_{-\infty}^{+\infty} f(x) \mathrm{d}x = 1 = F(+\infty)$.

反之，满足上述两条性质的函数一定是某个连续型随机变量的概率密度.

连续型随机变量的性质如下：

（1）若概率密度 $f(x)$ 在点 x 处连续，则有 $F'(x) = f(x)$；

（2）$P(x_1 < X \leqslant x_2) = F(x_2) - F(x_1) = \int_{x_1}^{x_2} f(x) \mathrm{d}x$；

（3）对任意常数 a，有 $P(X=a) = 0$.

常用连续型随机变量的分布：

（1）均匀分布：记为 $X \sim U(a, b)$，概率密度为

$$f(x) = \begin{cases} \dfrac{1}{b-a}, & a < x < b \\ 0, & \text{其他} \end{cases}$$

分布函数为

$$F(x) = \begin{cases} 0, & x < a \\ \dfrac{x-a}{b-a}, & a \leqslant x < b \\ 1, & x \geqslant b \end{cases}$$

（2）指数分布：记为 $X \sim E(\lambda)$，概率密度为

$$f(x)=\begin{cases}\lambda e^{-\lambda x}, & x \geqslant 0 \\ 0, & x < 0\end{cases}$$

分布函数为

$$F(x)=\begin{cases}1-e^{-\lambda x}, & x \geqslant 0 \\ 0, & x < 0\end{cases}$$

5．二维随机变量及其联合分布函数

设试验 E 的样本空间 $S=\{\omega\}$，$X=X(\omega)$、$Y=Y(\omega)$ 是定义在 S 上的随机变量，由它们构成的向量 (X,Y) 称为二维随机变量或二维随机向量.

设 (X,Y) 为二维随机变量，对于任意实数 x,y，称二元函数

$$F(x,y)=P(X \leqslant x, Y \leqslant y)$$

为二维随机变量 (X,Y) 的分布函数，也称为随机变量 X 和 Y 的联合分布函数.

二维联合分布函数 $F(x,y)$ 具有以下基本性质：

（1）单调性：$F(x,y)$ 是变量 x 或 y 的非减函数；

（2）有界性：$0 \leqslant F(x,y) \leqslant 1$；

（3）极限性：$F(-\infty,y)=0$，$F(x,-\infty)=0$，$F(-\infty,-\infty)=0$，$F(+\infty,+\infty)=1$；

（4）连续性：$F(x,y)$ 关于 x 右连续，关于 y 也右连续；

（5）对于任意实数 $x_1<x_2$，$y_1<y_2$，(X,Y) 落在矩形 $(x_1,x_2]\times(y_1,y_2]$ 内的概率为

$$P(x_1<X \leqslant x_2, y_1<y \leqslant y_2)=F(x_2,y_2)-F(x_2,y_1)-F(x_1,y_2)+F(x_1,y_1) \geqslant 0$$

6．二维离散型随机变量及其联合分布律

若二维随机变量 (X,Y) 所有可能取值为有限对或可列对，则称 (X,Y) 为二维离散型随机变量.

设 (X,Y) 为二维离散型随机变量，它的所有可能取值为 $(x_i,y_j)(i,j=1,2,\cdots)$，将 $P(X=x_i,Y=y_j)=p_{ij}(i,j=1,2,\cdots)$ 或表 2.1 称为 (X,Y) 的联合分布律.

表 2.1　二维离散型随机变量 (X,Y) 的联合分布律

X \ Y	y_1	y_2	$\cdots$	y_j	$\cdots$
x_1	p_{11}	p_{12}	$\cdots$	p_{1j}	$\cdots$
x_2	p_{21}	p_{22}	$\cdots$	p_{2j}	$\cdots$
$\vdots$	$\vdots$	$\vdots$		$\vdots$	
x_i	p_{i1}	p_{i2}	$\cdots$	p_{ij}	$\cdots$
$\vdots$	$\vdots$	$\vdots$		$\vdots$	

二维离散型随机变量的联合分布律具有下列性质：

（1）$0 \leqslant p_{ij} \leqslant 1$　$i,j=1,2,\cdots$；

(2) $\sum_{i=1}^{\infty}\sum_{j=1}^{\infty}p_{ij}=1.$

7. 二维连续型随机变量及其概率密度函数

设二维随机变量$(X，Y)$的分布函数为$F(x，y)$，如果存在非负函数$f(x，y)$，使得对任意实数$x，y$，有

$$F(x，y)=P(X\leqslant x，Y\leqslant y)=\int_{-\infty}^{y}\left[\int_{-\infty}^{x}f(u，v)\mathrm{d}u\right]\mathrm{d}v$$

则称$(X，Y)$为二维连续型随机变量，称$f(x，y)$为二维随机变量$(X，Y)$的概率密度函数，也称为随机变量X和Y的联合概率密度函数.

概率密度函数具有如下性质：

(1) 非负性：$f(x，y)\geqslant0$；

(2) 完备性：$\int_{-\infty}^{+\infty}\int_{-\infty}^{+\infty}f(x，y)\mathrm{d}x\mathrm{d}y=1.$

与一维的情形类似，如果某个函数$f(x，y)$满足上面两个条件，它必为某个二维连续型随机变量的概率密度函数. 概率密度函数还有下面几个常用的性质：

(1) 若$f(x，y)$在点$(x，y)$处连续，则有$\dfrac{\partial^2 F(x，y)}{\partial x\partial y}=f(x，y)$；

(2) 若G是xOy平面上的一个区域，则随机点$(X，Y)$落在G内的概率为

$$P((X，Y)\in G)=\iint\limits_{G}f(x，y)\mathrm{d}x\mathrm{d}y$$

8. 二维随机变量的边缘分布

设$(X，Y)$为二维随机变量，则称

$$F_X(x)=P(X\leqslant x，-\infty<Y<+\infty)$$
$$F_Y(y)=P(-\infty<X<+\infty，Y\leqslant y)$$

分别为$(X，Y)$关于X和关于Y的边缘（边际）分布函数.

当$(X，Y)$为离散型随机变量时，则称

$$p_{i\cdot}=\sum_{j=1}^{\infty}p_{ij}，i=1，2，\cdots$$
$$p_{\cdot j}=\sum_{i=1}^{\infty}p_{ij}，j=1，2，\cdots$$

分别为$(X，Y)$关于X和关于Y的边缘分布律.

当$(X，Y)$为连续型随机变量时，则称

$$f_X(x)=F'_X(x)=\int_{-\infty}^{+\infty}f(x，y)\mathrm{d}y$$
$$f_Y(y)=F'_Y(x)=\int_{-\infty}^{+\infty}f(x，y)\mathrm{d}x$$

分别为$(X，Y)$关于X和关于Y的边缘密度函数.

9. 二维随机变量的条件分布

(1) 离散型随机变量的条件分布.

设 $(X，Y)$ 为二维离散型随机变量，其联合分布律和边缘分布律分别为
$$P(X=x_i，Y=y_j)=p_{ij}，P(X=x_i)=p_i.，P(Y=y_j)=p._j(i，j=1，2，\cdots)$$
则当 j 固定，且 $P(Y=y_j)=p._j>0$ 时，称
$$P(X=x_i|Y=y_j)=\frac{P(X=x_i，Y=y_j)}{P(Y=y_j)}=\frac{p_{ij}}{p._j}，\quad i=1，2，\cdots$$
为在 $Y=y_j$ 条件下，随机变量 X 的条件分布律. 同理，有
$$P(Y=y_j|X=x_i)=\frac{p_{ij}}{p_i.}，\quad j=1，2，\cdots$$

（2）连续型随机变量的条件分布.

设 $(X，Y)$ 为二维连续型随机变量，分布函数为 $F(x,y)$，概率密度为 $f(x,y)$，$(X，Y)$ 关于 Y 的边缘概率密度为 $f_Y(y)$，$f(x，y)$ 和 $f_Y(y)$ 均连续，且 $f_Y(y)>0$. $(X，Y)$ 在条件 $Y=y$ 下，X 的条件概率密度函数为
$$f_{X|Y}(x|y)=\frac{f(x，y)}{f_Y(y)}$$
同理，
$$f_{Y|X}(y|x)=\frac{f(x，y)}{f_X(x)}$$

10. 随机变量的独立性

设 $F(x，y)$ 及 $F_X(x)$、$F_Y(y)$ 分别是 $(X，Y)$ 的联合分布函数及边缘分布函数. 如果对任何实数 $x，y$ 有 $F(x，y)=F_X(x)\cdot F_Y(y)$，则称随机变量 X 与 Y 相互独立.

设 $(X，Y)$ 为二维离散型随机变量，若对于一切 $i，j$，X 与 Y 相互独立的充要条件是
$$P(X=x_i，Y=y_j)=P(X=x_i)P(Y=y_j)$$
即
$$P_{ij}=P_i.P._j$$

设 $(X，Y)$ 为二维连续型随机变量，X 与 Y 相互独立的充要条件是对任何实数 $x，y$，有 $f(x，y)=f_X(x)f_Y(y)$.

11. 离散型随机变量函数的分布

（1）一维离散型随机变量函数的分布.

设 X 为离散型随机变量，则 $Y=g(X)$ 也为离散型随机变量，它的分布律可以直接从 X 的分布律得到. 方法是先确定 Y 可能取的值，再求出它取每个值的概率.

（2）二维离散型随机变量函数的分布.

当 $(X，Y)$ 为离散型随机变量时，它的函数 $Z=g(X，Y)$ 是（一维）离散型随机变量，其分布律的求法与前面讨论过的一维离散型随机变量的情形是一样的，即先确定 $Z=g(X，Y)$ 所有可能取的值，再求出它取每个值的概率.

12. 连续型随机变量函数的分布

（1）一维连续型随机变量函数的分布.

一般地，连续型随机变量的函数不一定是连续型随机变量，我们主要讨论连续型随机

变量的函数仍是连续型随机变量的情形. 方法是先求出随机变量函数的分布函数, 再通过求导求出其概率密度函数.

若 X 的密度函数为 $f_X(x)$, 则 $Y=g(X)$ 的分布函数为

$$F_Y(y) = P(Y \leqslant y) = P(g(X) \leqslant y) = \int_{g(x) \leqslant y} f_X(t) \mathrm{d}t$$

因此

$$f_Y(y) = \frac{\mathrm{d}F_Y(y)}{\mathrm{d}y}$$

（2）二维连续型随机变量函数的分布.

下面我们要讨论的问题是, 已知二维随机变量 (X,Y) 的概率密度函数为 $f(x,y)$, $Z=g(X,Y)$ 也为连续型随机变量, 求 $Z=g(X,Y)$ 的概率密度函数. 求 Z 的概率密度的方法与一维随机变量函数的情形类似, 即先求 Z 的分布函数, 再求它的概率密度.

设 (X,Y) 的概率密度为 $f(x,y)$, 记 $Z=g(X,Y)$ 的分布函数为 $F_Z(z)$, 则

$$F_Z(z) = P(Z \leqslant z) = P(g(X,Y) \leqslant z) = \iint_{g(x,y) \leqslant z} f(x,y) \mathrm{d}x\mathrm{d}y$$

Z 的概率密度为

$$f_Z(z) = F_Z'(z)$$

三、释疑解难

1. 为何要引入随机变量? 随机变量与普通函数有何区别?

答　概率统计是从数量上来研究随机现象的统计规律性, 为了便与数学上的推理和计算, 必须把随机试验中形形色色的样本点数量化. 比如当我们在进行某个试验时, 由于随机因素的影响, 使试验出现不同的结果, 随机变量通过取不同的值来体现试验结果的偶然性, 这就是随机变量的概念.

随机变量与普通函数的区别：（1）随机变量的定义域是样本空间里的所有元素, 该元素不一定为实数, 而普通函数的定义域为实轴上的区间；（2）随机变量的取值由随机变量 X 出现的概率决定, 而普通函数的取值由函数的对应法则决定.

2. 为何要引入随机变量的分布函数?

答　由分布函数定义 $F(x)=P(X \leqslant x)$, 可知其反映的是当随机变量 X 的取值小于等于 x 时的概率, 分布函数可以表示随机变量在任意区间 $(x_1, x_2]$ 内取值的概率, 即

$$P(x_1 < X \leqslant x_2) = P(X \leqslant x_2) - P(X \leqslant x_1) = F(x_2) - F(x_1)$$

也可以表示取某个点的概率, 即

$$P(X=x) = P(X \leqslant x) - P(X < x) = F(x) - F(x-0)$$

有了随机变量的分布函数, 就可以知道随机变量 X 在 $(-\infty, +\infty)$ 的概率分布.

分布函数其实是普通实值函数, 在高等数学中已经被大家所熟知. 引入分布函数后, 我们就可以用高等数学的方法来研究随机变量的统计规律.

3. 已知 $F(x)$, 如何求对于 $f(x)$ 不连续的点的概率密度?

答　对于 $f(x)$ 不连续的点的概率密度, 无法用 $f(x)=F'(x)$ 求解, 但是可以补充定义

$f(x)=0$，因补充后不会影响分布函数的取值，所以对于 $=F'(x)$ 存在且连续的地方仍然可以用常规方法求 $f(x)$，即

$$f(x)=\begin{cases} F'(x), & F'(x)\text{存在且连续时} \\ 0, & F'(x)\text{不存在时} \end{cases}$$

四、典型例题

例 1 设离散型随机变量的分布律是 $P(X=x)=\dfrac{A}{x(x+1)}(x=1,2,\cdots,10)$，试确定 A 的值.

解 由于 $\displaystyle\sum_{k=1}^{10} P(X=x)=1$，因此

$$1=\sum_{k=1}^{10}\frac{A}{x(x+1)}=A\sum_{k=1}^{10}\left(\frac{1}{x}-\frac{1}{x+1}\right)=A\left[\left(1-\frac{1}{2}\right)+\left(\frac{1}{2}-\frac{1}{3}\right)+\cdots+\left(\frac{1}{10}-\frac{1}{11}\right)\right]=\frac{10}{11}A$$

于是 $A=\dfrac{11}{10}$.

例 2 设随机变量 X 的分布律为 $P(X=x)=\dfrac{A}{x(x+1)}(x=1,2,\cdots)$，试求 A 的值.

解 $\displaystyle\sum_{x=1}^{\infty}\frac{1}{x(x+1)}=\sum_{x=1}^{\infty}\left(\frac{1}{x}-\frac{1}{x+1}\right)=\lim_{n\to\infty}\sum_{x=1}^{n}\left(\frac{1}{x}-\frac{1}{x+1}\right)=\lim_{n\to\infty}\left(1-\frac{1}{n+1}\right)=1$，

又由分布律的性质有 $1=\displaystyle\sum_{x=1}^{n}P(X=x)=\sum_{x=1}^{n}\frac{A}{x(x+1)}=A\sum_{k=1}^{\infty}\frac{1}{x(x+1)}=A$，所以 $A=1$.

例 3 在有三个孩子的家庭中，求男孩个数 X 的分布函数 F（设生男生女的概率相等）.

解 由题意可得 X 的取值可能为：$0,1,2,3$，则

$$P(X=0)=\left(\frac{1}{2}\right)^3=\frac{1}{8},\ P(X=1)=3\times\frac{1}{8}=\frac{3}{8}$$

$$P(X=2)=3\times\frac{1}{8}=\frac{3}{8},\ P(X=3)=\left(\frac{1}{2}\right)^3=\frac{1}{8}$$

所以

$$F(x)=\begin{cases} 0, & x<0 \\ \dfrac{1}{8}, & 0\leqslant x<1 \\ \dfrac{1}{2}, & 1\leqslant x<2 \\ \dfrac{7}{8}, & 2\leqslant x<3 \\ 1, & x\geqslant 3 \end{cases}$$

例 4 已知一连续型随机变量 X 的分布函数为

$$F(x)=\begin{cases} \dfrac{1}{2}\mathrm{e}^x, & x<0 \\ \dfrac{1}{2}+\dfrac{1}{4}x, & 0\leqslant x<2 \\ 1, & x\geqslant 2 \end{cases}$$

求其概率密度 $f(x)$.

解

$$f(x) = F'(x) = \begin{cases} \dfrac{1}{2}\mathrm{e}^x, & x<0 \\ \dfrac{1}{4}, & 0 \leqslant x < 2 \\ 0, & x \geqslant 2 \end{cases}$$

例 5 随机变量 X 的分布函数 $F(x)=P(X \leqslant x)$，试说明

$$F(x) = \begin{cases} 0, & x<-A \\ \dfrac{1}{2A}(x+A), & -A \leqslant x \leqslant A \quad (A>0) \\ 1, & x>A \end{cases}$$

是否为某个随机变量的分布函数，并判断该随机变量是否为连续型.

解 易知：(1) $F(x)$ 是单调不减的；(2) $F(x)$ 是右连续的；(3) $\lim\limits_{x \to -\infty} F(x)=0$；(4) $\lim\limits_{x \to +\infty} F(x)=1$. 故 $F(x)$ 是某个随机变量的分布函数.

设 $\varphi(x) = \begin{cases} 0, & |x|>A \\ \dfrac{1}{2A}, & |x| \leqslant A \end{cases}$，显然 $F(x) = \int_{-\infty}^{x} \varphi(t)\mathrm{d}t$，故该随机变量是连续型随机变量.

例 6 设在 3 次独立试验中，事件 A 出现的概率相等. 已知事件 A 至少出现 1 次的概率为 $\dfrac{19}{27}$，求事件 A 在 1 次试验中出现的概率.

解 设事件 A 在 1 次试验中出现的概率为 p，该问题为 3 重伯努利概型，则 $1-(1-p)^3 = \dfrac{19}{27}$，即 $(1-p)^3 = 1 - \dfrac{19}{27} = \dfrac{8}{27}$. 解得 $p = \dfrac{1}{3}$.

例 7 设每次试验的成功率为 0.8，进行独立重复试验，若取得两次成功试验，就立即停止，若进行了 5 次试验仍未取得两次成功也停止试验，事件 A_k 表示试验共进行了 k 次，求概率 $P(A_2)$，$P(A_3)$，$P(A_4)$，$P(A_5)$.

解 根据伯努利概型，获得两次成功的试验时，有

$$P_k = \mathrm{C}_{k-1}^1 (0.8)^2 (0.2)^{k-2}, \quad k=2, 3, 4, 5$$

于是未获得两次成功的试验的概率为

$$p = 0.2^5 + \mathrm{C}_5^1 (0.8)(0.2)^4$$

因此

$$P(A_2) = P_2 = 0.8^2 = 0.64$$
$$P(A_3) = P_3 = 2 \times 0.8^2 \times 0.2 = 0.256$$
$$P(A_4) = P_4 = 3 \times 0.8^2 \times 0.2^2 = 0.0768$$
$$P(A_5) = P_5 + p = 4 \times 0.8^2 \times 0.2^3 + 0.2^5 + 5 \times 0.8 \times 0.2^4 = 0.0272$$

例 8 设书籍中每页的排字错误数服从泊松分布. 在某本书有一个排字错误的页数与有两个排字错误的页数相等，求任意检验 4 页，每页上都没有排字错误的概率.

解 设每页错字数为 X，即 X 服从泊松分布，设其常数为 λ，则有

$$P(X=k)=\frac{\lambda^{k}}{k!}e^{-\lambda}, \quad k=0,1,2,\cdots$$

根据题意有

$$P(X=1)=P(X=2)$$

即

$$\lambda e^{-\lambda}=\frac{\lambda^{2}}{2}e^{-\lambda},\ \lambda^{2}-2\lambda=0,\ \lambda_{1}=0(舍去),\ \lambda_{2}=2$$

得到

$$P(X=k)=\frac{2^{k}}{k!}e^{-2}, \quad k=0,1,2,\cdots$$

于是得到任意取一页无错字的概率为

$$P(X=0)=e^{-2}$$

则任意检查 4 页均无错误的概率为

$$[P(X=0)]^{4}=(e^{-2})^{4}=e^{-8}\approx0.000\ 34$$

例 9　某电话总机有 300 个用户，但只有 8 条线路可供打进电话，在每个时刻各用户通话与否相互独立，各用户通话的概率均为 $\frac{1}{60}$，求在某给定时刻有用户打不进电话的概率.

解　把观察该时刻一个用户通话与否看作一次实验，则这是 $n=300$，$p=\frac{1}{60}$ 的多重伯努利试验，以 X 表示该时刻打电话的用户数，则 $X\sim B\left(300,\frac{1}{60}\right)$，所以其概率为

$$P(X>8)=\sum_{k=9}^{300}P(X=k)=\sum_{k=9}^{300}b\left(k;300,\frac{1}{60}\right)\approx\sum_{k=9}^{\infty}p(k;5)=\sum_{k=9}^{\infty}\frac{5^{k}}{k!}e^{-5}\approx0.068$$

注：在实际应用中，当 p 较小（一般要求 $p\leqslant0.1$）、n 较大（一般要求 $n\geqslant10$）时，通常用以下近似公式计算：

$$C_{n}^{k}p^{k}(1-p)^{n-k}=b(k;n,p)\approx p(k;\lambda)=\frac{\lambda^{k}}{k!}e^{-\lambda},\ k=0,1,2,\cdots,n$$

例 10　秒表刻度的分划值为 0.2 秒，如果计时的精度取到临近的刻度整数（四舍五入）. 设当使用秒表计时，读到的时刻为 x 时，真实时刻到 x 的时间为 X. 求 X 的分布函数，并求使用该秒表计时的误差大于 0.05 的概率.

解　根据题意易得 X 的分布函数为

$$F(x)=\begin{cases}0, & x<0.1 \\ \dfrac{x+0.1}{0.2}, & -0.1\leqslant x\leqslant0.1 \\ 1, & x>0.1\end{cases}$$

故

$$P(X>0.05 \text{ 或 } X<-0.05)=\frac{1}{2}$$

例 11　某人的月收入 X 服从指数分布，按规定月收入超过 5000 元必须缴纳个人所得税. 若此人的月均收入为 4000 元，问：此人每月必须纳税的概率是多少？

解　$E(X) = 4000$，又 $E(X) = \dfrac{1}{\lambda}$，故 $\lambda = \dfrac{1}{4000}$. X 的密度函数为

$$\varphi(x) = \begin{cases} \dfrac{1}{4000} \mathrm{e}^{-\frac{x}{4000}}, & x > 0 \\[2mm] 0, & x \leqslant 0 \end{cases}$$

故

$$P(X > 5000) = \int_{5000}^{+\infty} \frac{1}{4000} \mathrm{e}^{-\frac{x}{4000}} \mathrm{d}x = \mathrm{e}^{-1.25} \approx 0.29$$

即此人每月必须纳税的概率为 0.29.

例 12　设随机变量 X 的概率密度为

$$\varphi(x) = \begin{cases} \lambda \mathrm{e}^{-\lambda x} & x > 0 \\ 0, & x \leqslant 0 \end{cases} \quad (\lambda > 0)$$

求 C，使 $P(X > C) = \dfrac{1}{2}$.

解　当 $C \geqslant 0$ 时，

$$P(X > C) = \int_C^{+\infty} \lambda \mathrm{e}^{-\lambda x} \mathrm{d}x = \mathrm{e}^{-\lambda C}$$

要使 $P(X > C) = \dfrac{1}{2}$，则 C 满足 $\mathrm{e}^{-\lambda C} = \dfrac{1}{2}$，故 $C = \dfrac{1}{\lambda} \ln 2$.

例 13　设 X 服从参数 $\lambda = 1$ 的指数分布，求方程 $4x^2 + 4Xx + X + 2 = 0$ 无实根的概率.

解　要使方程无实根，则方程根的判别式应小于零，即

$$(4X)^2 - 4 \times 4(X + 2) = 16(X + 1)(X - 2) < 0$$

得 $-1 < X < 2$，又 $\varphi(x) = \begin{cases} \mathrm{e}^{-x}, & x \geqslant 0 \\ 0, & x < 0 \end{cases}$，于是所求方程无实根的概率为

$$P(-1 < X < 2) = \int_0^2 \mathrm{e}^{-x} \mathrm{d}x = 1 - \mathrm{e}^{-2}$$

例 14　若随机变量 X 服从 $N(\mu, \sigma^2)$，试证：$\eta = \dfrac{X - \mu}{\sigma}$ 服从 $N(0, 1)$.

证明　对任何实数 y，有

$$P(\eta \leqslant y) = P(X \leqslant \sigma y + \mu) = \int_{-\infty}^{\sigma y + \mu} \frac{1}{\sigma \sqrt{2\pi}} \mathrm{e}^{-\frac{(t - \mu)^2}{2\sigma^2}} \mathrm{d}t = \int_{-\infty}^{y} \frac{1}{\sqrt{2\pi}} \mathrm{e}^{-\frac{s^2}{2}} \mathrm{d}s$$

因而 η 服从 $N(0, 1)$.

例 15　设随机变量 X 服从 $N(\mu, \sigma^2)$，试求：$P(|X - \mu| < \sigma)$. 已知标准正态分布函数 $F_{0,1}(1) = 0.8413$，$F_{0,1}(0.5) = 0.6915$，$F_{0,1}(2) = 0.9772$.

解　$P(|X - \mu| < \sigma) = P(\mu - \sigma < X < \mu + \sigma)$

$$= F_{0,1}\left(\frac{\mu + \sigma - \mu}{\sigma}\right) - F_{0,1}\left(\frac{\mu - \sigma - \mu}{\sigma}\right)$$

$$= F_{0,1}(1) - F_{0,1}(-1) = 2F_{0,1}(1) - 1$$

$$= 2 \times 0.8413 - 1 = 0.6826$$

例 16　由自动车床生产零件的长度 $X(\mathrm{mm})$ 服从 $N(50, 0.75^2)$，如果规定零件的长度在

$50\pm1.5(\text{mm})$之间为合格品,求生产的零件是合格品的概率. 已知标准正态分布函数的 $F_{0.1}(x)$ 的值 $F_{0.1}(1.5)=0.9332$,$F_{0.1}(2)=0.9772$,$F_{0.1}(2.67)=0.9962$,$F_{0.1}(0.02)=0.5080$.

解　设事件"生产的零件是合格品"记为 A,则

$$P(A)=P(|X-50|<1.5)=P\left(\frac{|X-50|}{0.75}<2\right)$$
$$=F_{0.1}(2)-F_{0.1}(-2)=F_{0.1}(2)-1+F_{0.1}(2)$$
$$=2F_{0.1}(2)-1=2\times0.9772-1=0.9544$$

例 17　设 X 的分布律为

$X=x_i$	-2	-1	0	1	2
p_i	0.1	0.15	0.2	0.25	0.3

求 $Y=X^2-1$ 的分布律.

解　因为 $Y=X^2-1$,所以 Y 所有可能的取值为 -1,0,3,且

$$P(Y=-1)=P(X^2-1=-1)=P(X=0)=0.2$$
$$P(Y=0)=P(X^2-1=0)=P(X=-1)+P(X=1)=0.15+0.25=0.4$$
$$P(Y=3)=P(X^2-1=3)=P(X=-2)+P(X=2)=0.1+0.3=0.4$$

从而得到 Y 的分布律为

Y	-1	0	3
p_j	0.2	0.4	0.4

例 18　某物体的温度 $T(℃)$ 是一个随机变量,且有 $T\sim N(98.6,2)$,已知 $\theta=\dfrac{5(T-32)}{9}$,试求 $\theta(℃)$ 的概率密度.

解　已知 $X\sim N(98.6,2)$,$\theta=\dfrac{5}{9}(X-32)$,则 θ 的反函数为 $X=\dfrac{9}{5}\theta+32$,其为单调函数,所以

$$f_\theta(y)=f_X\left(\frac{9}{5}y+32\right)\cdot\frac{9}{5}=\frac{1}{\sqrt{2\pi}\cdot\sqrt{2}}e^{-\frac{\left(\frac{9}{5}y+32-98.6\right)^2}{4}}\cdot\frac{9}{5}=\frac{9}{10\sqrt{\pi}}e^{-\frac{81}{100}(y-37)^2}$$

例 19　设二维随机变量 (ξ,η),只取 $(0.9,1.2)$,$(1,1)$,$(1,1.3)$,$(1.2,1)$,$(1.4,1.5)$ 五个点,且取各点的概率相等,求 (ξ,η) 的联合分布律.

解　(ξ,η) 的联合分布律如下:

ξ \ η	1	1.2	1.3	1.5
0.9	0	0.2	0	0
1	0.2	0	0.2	0
1.2	0.2	0	0	0
1.4	0	0	0	0.2

例 20　设二维随机向量 (X,Y) 是服从矩形区域 $D=\{(x,y)\,|\,0\leqslant x\leqslant2,0\leqslant y\leqslant1\}$ 的均匀分布,且 $U=\begin{cases}0,&X\leqslant Y\\1,&X>Y\end{cases}$,$V=\begin{cases}0,&X\leqslant2Y\\1,&X>2Y\end{cases}$,求 U 与 V 的联合概率分布律.

解 依题 (U, V) 的概率分布为

$$P(U=0, V=0) = P(X \leqslant Y, X \leqslant 2Y) = P(X \leqslant Y) = \int_0^1 \mathrm{d}x \int_x^1 \frac{1}{2} \mathrm{d}y = \frac{1}{4}$$

$$P(U=0, V=1) = P(X \leqslant Y, X > 2Y) = 0$$

$$P(U=1, V=0) = P(X > Y, X \leqslant 2Y) = P(Y < X \leqslant 2Y) = \int_0^1 \mathrm{d}y \int_y^{2y} \frac{1}{2} \mathrm{d}y = \frac{1}{4}$$

$$P(U=1, V=1) = 1 - P(U=0, V=0) - P(U=0, V=1) - P(U=1, V=0) = \frac{1}{2}$$

即

U \ V	0	1
0	0.25	0
1	0.25	0.5

例 21 若 (X, Y) 的联合概率密度为

$$\varphi(x, y) = \begin{cases} \dfrac{1}{8}(6-x-y), & 0<x<2, 2<y<4 \\ 0, & \text{其他} \end{cases}$$

试求 $P(X<1, Y<3)$.

解 $P(X<1, Y<3) = \dfrac{1}{8} \int_0^1 \mathrm{d}x \int_2^3 (6-x-y) \mathrm{d}y = \dfrac{3}{8}$.

例 22 甲机床制造直径为 X 的圆轴，乙机床制造内径为 Y 的轴承，设 (X, Y) 的联合概率密度为

$$\varphi(x, y) = \begin{cases} 2500, & 0.49 \leqslant x \leqslant 0.51, 0.51 \leqslant y \leqslant 0.53 \\ 0, & \text{其他} \end{cases}$$

若轴承的内径与圆轴的直径之差大于 0.004 且小于 0.036 时，则两者可以相适承，求圆轴与轴承相适承的概率.

解 记 $D=\{(x, y) \mid 0.004 < y-x < 0.036\}$，则 D 的面积如例 22 附图所示，于是有

$$P(0.004 < Y-X < 0.036) = \iint\limits_D 2500 \mathrm{d}x \mathrm{d}y = 2500 \times \left[(0.02)^2 - \frac{1}{2}(0.004)^2 - \frac{1}{2}(0.004)^2 \right]$$

$$= 0.96$$

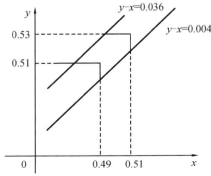

例 22 附图

例 23　若 (ξ,η) 的联合分布律是

η	$\xi=0$	$\xi=1$
1	$\dfrac{1}{6}$	$\dfrac{1}{3}$
2	$\dfrac{1}{3}$	$\dfrac{1}{6}$

试求出关于 ξ 及 η 的边缘概率分布，并判断 ξ 与 η 是否相互独立.

解　（1）由题设可知

$$P(\xi=0)=P(\xi=0,\eta=1)+P(\xi=0,\eta=2)=\frac{1}{2}$$

$$P(\xi=1)=P(\xi=1,\eta=1)+P(\xi=1,\eta=2)=\frac{1}{2}$$

$$P(\eta=1)=P(\xi=0,\eta=1)+P(\xi=1,\eta=1)=\frac{1}{2}$$

$$P(\eta=2)=P(\xi=0,\eta=2)+P(\xi=1,\eta=2)=\frac{1}{2}$$

所以，ξ 的边缘概率分布为

ξ	0	1
p	0.5	0.5

η 的边缘概率分布为

η	1	2
p	0.5	0.5

（2）因为 $P(\xi=0,\eta=1)=\dfrac{1}{6}$，而 $P(\xi=0)P(\eta=1)=\dfrac{1}{2}\times\dfrac{1}{2}=\dfrac{1}{4}$，显然有

$$P(\xi=0,\eta=1)\neq P(\xi=0)P(\eta=1)$$

所以 ξ 与 η 不独立.

例 24　某射击手每次打靶能命中的概率为 $p(0<p<1)$，若连续独立射击 5 次，记前三次中靶数为 ξ，后两次中靶数为 η.

（1）试求随机变量 (ξ,η) 的联合分布律；

（2）求出关于 ξ 及关于 η 的边缘分布律，并说明它们各服从什么分布.

解　（1）令 $q=1-p$. 根据伯努利模型得

$$p(\xi=i,\eta=j)=b(i;3,p)\cdot b(j;2,p)=C_3^i p^i q^{3-i}C_2^j p^j q^{2-j}$$

其中 $i=0,1,2,3$，$j=0,1,2$. 所以 (ξ,η) 的联合分布律为

ξ	$\eta=0$	$\eta=1$	$\eta=2$
0	q^5	$2pq^4$	p^2q^3
1	$3pq^4$	$6p^2q^3$	$3p^3q^2$
2	$3p^2q^3$	$6p^3q^2$	$3p^4q$
3	p^3q^2	$2p^4q$	p^5

（2）**解法一**　根据边缘概率分布的定义

$$P_i X = P(X = x_i) = \sum_j P(X = x_i, Y = y_j)$$

$$P_j Y = P(Y = y_j) = \sum_i P(X = x_i, Y = y_j)$$

结合联合概率分布可得关于 ξ 边缘概率分布为

ξ	0	1	2	3
p	q^3	$3pq^2$	$3p^2q$	p^3

可知 ξ 服从 $B(3, p)$ 的二项分布. 同样得到关于 η 边缘概率分布为

η	0	1	2
p	q^2	$2pq$	q^2

可知 η 服从 $B(2, p)$ 的二项分布.

解法二　显然前三次打靶和后两次打靶的成绩相互独立. 所以前三次打靶的命中次数不受后面实验的影响，前三次打靶相当于 3 重伯努利实验，故 $\xi \sim B(3, p)$；同样可知，后两次打靶命中次数 $\eta \sim B(2, p)$. 据此可以写出其分布（见解法一）.

例 25　已知 ξ 服从参数 $p = 0.6$ 的 $0-1$ 分布，在 $\xi = 0$ 及 $\xi = 1$ 下关于 η 的条件分布分别为

η	1	2	3
$P(\eta \mid \xi = 0)$	$\dfrac{1}{4}$	$\dfrac{1}{2}$	$\dfrac{1}{4}$
$P(\eta \mid \xi = 1)$	$\dfrac{1}{2}$	$\dfrac{1}{6}$	$\dfrac{1}{3}$

试写出 (ξ, η) 的联合分布.

解　由题设可知

$$P(\xi = 1) = 0.6, \ P(\xi = 0) = 0.4$$

又由于

$$P(\xi = i, \eta = j) = P(\eta = j \mid \xi = i) \cdot P(\xi = i)$$

于是有

$$P(\xi = 0, \eta = 1) = P(\eta = 1 \mid \xi = 0) \cdot P(\xi = 0) = \frac{1}{4} \times 0.4 = 0.1$$

$$P(\xi = 0, \eta = 2) = P(\eta = 2 \mid \xi = 0) \cdot P(\xi = 0) = \frac{1}{2} \times 0.4 = 0.2$$

$$P(\xi = 0, \eta = 3) = P(\eta = 3 \mid \xi = 0) \cdot P(\xi = 0) = \frac{1}{4} \times 0.4 = 0.1$$

$$P(\xi = 1, \eta = 1) = P(\eta = 1 \mid \xi = 1) \cdot P(\xi = 1) = \frac{1}{2} \times 0.6 = 0.3$$

$$P(\xi = 1, \eta = 2) = P(\eta = 2 \mid \xi = 1) \cdot P(\xi = 1) = \frac{1}{6} \times 0.6 = 0.1$$

$$P(\xi = 1, \eta = 3) = P(\eta = 3 \mid \xi = 1) \cdot P(\xi = 1) = \frac{1}{3} \times 0.6 = 0.2$$

所以(ξ,η)的联合概率分布表为

ξ	0	1
$\eta=1$	0.1	0.3
$\eta=2$	0.2	0.1
$\eta=3$	0.1	0.2

例 26 将某医药公司 8 月份和 9 月份的青霉素针剂的订货单数分别记为 X,Y，据以往积累的资料知，X,Y 的分布律为

X \ Y	51	52	53	54	55
51	0.06	0.05	0.05	0.01	0.01
52	0.07	0.05	0.01	0.01	0.01
53	0.05	0.10	0.10	0.05	0.05
54	0.05	0.02	0.01	0.01	0.03
55	0.05	0.06	0.05	0.01	0.03

（1）求边缘分布律；

（2）求 8 月份的订单数为 51 时，9 月份订单数的条件分布律.

解 （1）根据边缘概率分布的定义，关于 X 的边缘分布律为

X	51	52	53	54	55
P_k	0.18	0.15	0.35	0.12	0.20

关于 Y 的边缘分布律为

Y	51	52	53	54	55
P_k	0.28	0.28	0.22	0.09	0.13

（2）根据条件概率分布的定义 $P(Y=y_j|X=x_i)=\dfrac{P(X=x_i,Y=y_j)}{P(X=x_i)}$，当 8 月份订单数为 51 时，9 月份订单数的条件分布律为

Y	51	52	53	54	55
$P(Y|X=51)$	$\frac{1}{3}$	$\frac{5}{18}$	$\frac{5}{18}$	$\frac{1}{18}$	$\frac{1}{18}$

例 27 设定一分钟内的任何时刻收到信号是等可能的，若收到两个互相独立的这种信号的时间间隔小于 0.5 秒，则信号将产生互相干扰，求两信号互相干扰的概率.

解 设 X 与 Y 分别表示收到两种信号的时刻，由于 X 与 Y 在 $(0,1)$ 上均匀分布，所以它们的概率密度函数为 $\varphi_1(x)=\begin{cases}1,&0<x<1\\0,&其他\end{cases}$，$\varphi_2(y)=\begin{cases}1,&0<y<1\\0,&其他\end{cases}$.

又 X 与 Y 相互独立，故 (X,Y) 的联合概率密度为

$$\varphi(x, y) = \varphi_1(x)\varphi_2(y) = \begin{cases} 1, & 0<x<1, 0<y<1 \\ 0, & \text{其他} \end{cases}$$

所以，两信号相互干扰的概率为

$$P\left(|Y-X|<\frac{1}{120}\right) = 1 - P\left(|Y-X|\geqslant\frac{1}{120}\right) = 1 - 2\int_{\frac{1}{120}}^{1}\int_{0}^{x-\frac{1}{120}}\mathrm{d}x\mathrm{d}y = 1 - \left(1-\frac{1}{120}\right)^2$$

例 28　某旅客到达火车站的时间 X 均匀分布在早上 $7:55\sim8:00$，而火车这段时间开

出的时间 Y 的密度函数为 $f_Y(y) = \begin{cases} \dfrac{2(5-y)}{25}, & 0\leqslant y\leqslant 5 \\ 0, & \text{其他} \end{cases}$，求此人能及时上火车的概率.

（注：$y=0$ 表示火车 $7:55$ 开出，$y=5$ 表示火车 $8:00$ 开出）

解　由题意知 X 的密度函数为 $f_X(x) = \begin{cases} \dfrac{1}{5}, & 0\leqslant x\leqslant 5 \\ 0, & \text{其他} \end{cases}$，$X$ 与 Y 相互独立，所以 X 与

Y 的联合密度函数为

$$f_{XY}(x, y) = f_X(x) \cdot f_Y(y) = \begin{cases} \dfrac{2(5-y)}{125}, & 0\leqslant x\leqslant 5, 0\leqslant y\leqslant 5 \\ 0, & \text{其他} \end{cases}$$

故此人能赶上火车的概率为

$$P(Y>X) = \int_0^5\int_x^5 \frac{2(5-y)}{125}\mathrm{d}y\mathrm{d}x = \frac{1}{3}$$

例 29　设 (ξ, η) 的联合分布律为

ξ \ η	-2	-1	0	1
1	$\dfrac{1}{5}$	$\dfrac{1}{20}$	$\dfrac{1}{20}$	$\dfrac{3}{20}$
2	$\dfrac{1}{20}$	$\dfrac{1}{20}$	$\dfrac{1}{10}$	0
3	$\dfrac{1}{20}$	0	$\dfrac{1}{20}$	$\dfrac{1}{4}$

求 $\zeta=\xi+n$ 的分布律.

解　由题设可知

$$P(\zeta=-1) = P(\xi=1, \eta=-2) = \frac{1}{5}$$

$$P(\zeta=0) = P(\xi=1, \eta=-1) + P(\xi=2, \eta=-2) = \frac{1}{10}$$

取其他值的概率类似可知 ζ 的分布律为

ζ	-1	0	1	2	3	4
P	$\dfrac{1}{5}$	$\dfrac{1}{10}$	$\dfrac{3}{20}$	$\dfrac{1}{4}$	$\dfrac{1}{20}$	$\dfrac{1}{4}$

例 30 设随机变量 $X_i(i=1,2,3,4)$ 相互独立同分布,且 $P(X_i=0)=0.6$, $P(X_i=1)=0.4(i=1,2,3,4)$,求行列式 $X=\begin{vmatrix} X_1 & X_2 \\ X_3 & X_4 \end{vmatrix}$ 的分布律.

解 $X=\begin{vmatrix} X_1 & X_2 \\ X_3 & X_4 \end{vmatrix}=X_1X_4-X_2X_3$,而 X_1X_4,X_2X_3 的概率分布分别为

X_1X_4	0	1
P	0.84	0.16

X_2X_3	0	1
P	0.84	0.16

由于 $X_i(i=1,2,3,4)$ 相互独立,所以 X_1X_4 与 X_2X_3 也独立同分布,故 X 的概率分布为

$$P(X=-1)=P(X_1X_4=0,X_2X_3=1)=P(X_1X_4=0)\cdot P(X_2X_3=1)$$
$$=0.84\times0.16=0.1344$$
$$P(X=0)=P(X_1X_4=0,X_2X_3=0)+P(X_1X_4=1,X_2X_3=1)$$
$$=P(X_1X_4=0)\cdot P(X_2X_3=0)+P(X_1X_4=1)\cdot P(X_2X_3=1)$$
$$=0.84\times0.84+0.16\times0.16=0.7312$$
$$P(X=1)=P(X_1X_4=1,X_2X_3=0)=P(X_1X_4=1)\cdot P(X_2X_3=0)$$
$$=0.84\times0.16=0.1344$$

即

X	-1	0	1
P_k	0.1344	0.7312	0.1344

例 31 假设某地在任何长为 t(周)的时间内发生地震的次数 $N(t)$ 服从参数为 λt 的泊松分布:

(1) 设 T 表示直到下一次地震发生所需的时间(单位:周),求 T 的概率分布;

(2) 求相邻两周内至少发生 3 次地震的概率;

(3) 求在连续 8 周无地震的情况下,在未来 8 周中仍无地震的概率.

解 (1) $P(T>t)=P(N(t)=0)=\mathrm{e}^{-\lambda t}(\lambda>0)$,所以 T 的分布函数为

$$F(t)=\begin{cases} 1-\mathrm{e}^{-\lambda t}, & t>0 \\ 0, & t\leqslant0 \end{cases}$$

即 T 服从参数为 λ 的指数分布.

(2) $P(N(2)\geqslant3)=1-P(N(2)=0)-P(N(2)=1)-P(N(2)=2)$
$$=1-\mathrm{e}^{2\lambda}-2\lambda\mathrm{e}^{-2\lambda}-\frac{4\lambda^2}{2}\mathrm{e}^{-2\lambda}$$
$$=1-(1+2\lambda+2\lambda^2)\mathrm{e}^{-2\lambda}$$

(3) $P(T\geqslant16|T\geqslant8)=\dfrac{P(T\geqslant16)}{P(T\geqslant8)}=\dfrac{\mathrm{e}^{-16\lambda}}{\mathrm{e}^{-8\lambda}}=\mathrm{e}^{-8\lambda}.$

例 32 甲、乙二人投篮,投中的概率分别为 0.6、0.7,今二人各投 3 次,求:

(1) 两人投中次数都相等的概率;

(2) 甲比乙投中次数多的概率.

解 设 X、Y 分别为甲、乙二人投篮，则 $X \sim B(3, 0.6)$，$Y \sim B(3, 0.7)$，故

(1) $P = \sum\limits_{k=0}^{3} P(X=k, Y=k) = \sum\limits_{k=0}^{3} P(X=k)P(Y=k) = 0.321$

(2) $P = \sum\limits_{k=0}^{3} P(X=k, Y=0) + \sum\limits_{k=0}^{3} P(X=1, Y=k) + P(X=3, Y=2)$

$= \sum\limits_{k=0}^{3} P(X=k)P(Y=0) + \sum\limits_{k=0}^{3} P(X=1)P(Y=k) + P(X=3)(Y=2)$

$= 0.243$

五、习题选解

习题 2.1

1. 设随机变量 X 的分布函数为

$$F(x) = \begin{cases} 0, & x < 0 \\ A\sin x, & 0 \leqslant x \leqslant \dfrac{\pi}{2} \\ 1, & x > \dfrac{\pi}{2} \end{cases}$$

试求：(1) 常数 A；(2) $P\left(|X| < \dfrac{\pi}{6}\right)$，$P\left(\dfrac{\pi}{4} < X < \pi\right)$.

解 (1) 由分布函数的性质 $\lim\limits_{x \to \left(\frac{\pi}{2}\right)^+} F(x) = F\left(\dfrac{\pi}{2}\right)$ 得

$$\lim\limits_{x \to \left(\frac{\pi}{2}\right)^+} F(x) = 1 = A\sin\dfrac{\pi}{2} \Rightarrow A = 1$$

所以

$$F(x) = \begin{cases} 0, & x < 0 \\ \sin x, & 0 \leqslant x \leqslant \dfrac{\pi}{2} \\ 1, & x > \dfrac{\pi}{2} \end{cases}$$

(2) $P\left(|X| < \dfrac{\pi}{6}\right) = P\left(-\dfrac{\pi}{6} < X < \dfrac{\pi}{6}\right) = F\left(\dfrac{\pi}{6}\right)^- - F\left(-\dfrac{\pi}{6}\right) = \sin\dfrac{\pi}{6} - 0 = \dfrac{1}{2}$

$P\left(\dfrac{\pi}{4} < X < \pi\right) = F(\pi^-) - F\left(\dfrac{\pi}{4}\right) = 1 - \sin\dfrac{\pi}{4} = 1 - \dfrac{\sqrt{2}}{2}$

2. 设 $F_1(x)$ 与 $F_2(x)$ 分别为随机变量 X_1 和 X_2 的分布函数，为使 $F(x) = aF_1(x) - bF_2(x)$ 是某一随机变量的分布函数，在下列给定的各组数值中应取_____.

(A) $a = \dfrac{3}{5}$，$b = -\dfrac{2}{5}$ 　　　　(B) $a = \dfrac{3}{3}$，$b = \dfrac{2}{3}$

(C) $a = -\dfrac{1}{2}$，$b = \dfrac{3}{2}$ 　　　　(D) $a = \dfrac{1}{2}$，$b = -\dfrac{3}{2}$

解　由分布函数的性质 $\lim\limits_{x\to-\infty}F(x)=0$，$\lim\limits_{x\to+\infty}F(x)=1$ 得 $a-b=1$，故选（A）.

3.设随机变量 X 的分布函数为

$$F(x)=\begin{cases}0, & x<0\\ \dfrac{1}{2}, & 0\leqslant x<1\\ 1-\mathrm{e}^{-x}, & x\geqslant1\end{cases}$$

则 $P(X=1)=$ _____.

(A) 0　　　　(B) $\dfrac{1}{2}$　　　　(C) $\dfrac{1}{2}-\mathrm{e}^{-1}$　　　　(D) $1-\mathrm{e}^{-1}$

解　$P(X=1)=P(X\leqslant1)-P(X<1)=F(1)-\lim\limits_{x\to1^-}F(x)=1-\mathrm{e}^{-1}-\dfrac{1}{2}=\dfrac{1}{2}-\mathrm{e}^{-1}$.故选（C）.

4.假设随机变量 X 的绝对值不大于 1，$P(X=-1)=\dfrac{1}{8}$，$P(X=1)=\dfrac{1}{4}$，在事件 $(-1<X<1)$ 出现的条件下，X 在 $(-1,1)$ 内的任一子区间上取值的条件概率与该子区间长度成正比，试求 X 的分布函数.

解　由题意可知，当 $x<-1$ 时，$F(x)=0$，$F(-1)=\dfrac{1}{8}$，因此

$$P(-1<X<1)=1-\dfrac{1}{8}-\dfrac{1}{4}=\dfrac{5}{8}$$

$$P(-1<X\leqslant x\mid-1<X<1)=\dfrac{1}{2}(x+1)\quad(-1\leqslant x<1)$$

于是

$$P(-1<X\leqslant x)=\dfrac{5}{8}\times\dfrac{1}{2}(x+1)=\dfrac{5}{16}(x+1)$$

可知

$$F(x)=P(X\leqslant-1)+P(-1<X\leqslant x)=\dfrac{5x+7}{16}\quad(-1\leqslant x<1)$$

又因为当 $x\geqslant1$ 时，$F(x)=1$，所以得

$$F(x)=\begin{cases}0, & x<-1\\ \dfrac{5x+7}{16}, & -1\leqslant x<1\\ 1, & x\geqslant1\end{cases}$$

习题 2.2

1.离散型随机变量 X 的分布函数为

$$F(x)=\begin{cases}0, & x<0\\ 0.4, & 0\leqslant x<1\\ 0.8, & 1\leqslant x<2\\ 0.9, & 2\leqslant x<3\\ 1, & 3\leqslant x\end{cases}$$

则 X 的分布律为_____，$P(X\leqslant 2.5)=$_____，$P(X>3)=$_____.

解 （1）分布函数 $F(x)$ 的跳跃间断点 x_i 正是随机变量 X 的取值，而 x_i 处的跃度，正是取 x_i 时的概率. 因此有如下分布律：

X	0	1	2	3
P	0.4	0.4	0.1	0.1

（2）$P(X\leqslant 2.5)=F(2.5)=0.9$.

（3）$P(X>3)=1-P(X\leqslant 3)=1-F(3)=0$.

2. 设随机变量 X 的分布函数为

$$F(x)=\begin{cases} A+\dfrac{1}{3}e^x, & x<0 \\ B-\dfrac{1}{3}e^{-2x}, & x\geqslant 0 \end{cases}$$

求常数 A，B 和概率 $P(-1<X\leqslant 2)$.

解 由分布函数的性质 $\lim\limits_{x\to-\infty}F(x)=0$，$\lim\limits_{x\to+\infty}F(x)=1$ 得

$$\lim\limits_{x\to+\infty}F(x)=\lim\limits_{x\to+\infty}\left(B-\frac{1}{3}e^{-2x}\right)=B=1$$

$$\lim\limits_{x\to-\infty}F(x)=\lim\limits_{x\to-\infty}\left(A+\frac{1}{3}e^x\right)=A=0$$

所以

$$F(x)=\begin{cases} \dfrac{1}{3}e^x, & x<0 \\ 1-\dfrac{1}{3}e^{-2x}, & x\geqslant 0 \end{cases}$$

因此

$$P(-1<X\leqslant 2)=P(X\leqslant 2)-P(X\leqslant -1)=F(2)-F(-1)=1-\frac{1}{3e}-\frac{1}{3e^4}$$

3. 设某种试验成功的概率为 0.8，随机变量 X 表示试验首次取得成功所进行的试验次数，则 X 的分布律为_____.

解 因为 $P=0.8$，$1-P=0.2$，所以 X 的分布律为

$$P(X=n)=0.2^{n-1}0.8, n=1,2,\cdots$$

4. 5 件产品，其中 2 件次品，3 件正品. 现从中任取 2 件，设 X 表示抽取的 2 件产品中的次品数，求离散型随机变量 X 的分布律和分布函数.

解 由题意可知，X 可取的值为 0，1，2，设它们所对应的概率分别为 P_0，P_1，P_2，则 $P_0=\dfrac{3}{5}\times\dfrac{2}{4}=\dfrac{3}{10}$，$P_1=\dfrac{3}{5}\times\dfrac{2}{4}+\dfrac{2}{5}\times\dfrac{3}{4}=\dfrac{6}{10}$，$P_2=\dfrac{2}{5}\times\dfrac{1}{4}=\dfrac{1}{10}$，因此可得如下分布律及分布函数：

X	0	1	2
P	$\dfrac{3}{10}$	$\dfrac{6}{10}$	$\dfrac{1}{10}$

$$F(x)=\begin{cases}0, & x<0 \\ \dfrac{3}{10}, & 0\leqslant x<1 \\ \dfrac{9}{10}, & 1\leqslant x<2 \\ 1, & x\geqslant2\end{cases}$$

5. 设某汽车停靠站候车人数服从参数为 4.5 的泊松分布.

(1) 求至少两人候车的概率;

(2) 已知至少两人候车,求恰有两人候车的概率.

解　由 $X\sim P(4.5)$ 得 $P(X=k)=\dfrac{\mathrm{e}^{-4.5}\times4.5^k}{k!}$, $k=0$, 1, 2, …

(1) $P(X\geqslant2)=1-P(X=0)-P(X=1)=1-\mathrm{e}^{-4.5}(1+4.5)=0.9389.$

(2) $P(X=2)|X\geqslant2)=\dfrac{P(X=2)}{P(X\geqslant2)}=0.1198.$

6. 为保证设备正常工作,需要配备适量的维修人员,现有同类型设备 300 台,每台发生故障的概率均为 0.01,且各台设备的工作是相互独立的. 通常情况下,若一台设备发生故障需一名维修人员去处理,问:至少需要配备多少维修人员,才能保障设备发生故障而不能及时修理的概率小于 0.01?

解　以 X 表示 300 台设备中同时出故障的台数, $X\sim B(300,0.01)$,设至少应配备 m 名维修工人使

$$P(0\leqslant X\leqslant m)\geqslant1-0.01=0.99$$

$$P(0\leqslant X\leqslant m)=\sum_{k=0}^{m}P(X=k)=\sum_{k=0}^{m}\mathrm{C}_{300}^{k}\times0.01^k\times0.99^{300-k}\geqslant0.99$$

因 $n=300$(较大), $p=0.01$(较小), $np=3$,故由泊松定理可得

$$\mathrm{C}_{300}^{k}\times0.01^k\times0.99^{300-k}\approx\dfrac{3^k}{k!}\mathrm{e}^{-3}$$

所以

$$P(0\leqslant X\leqslant m)\approx\sum_{k=0}^{m}\dfrac{3^k}{k!}\mathrm{e}^{-3}\geqslant0.99$$

查泊松分布表可知当 $m=7$ 和 $m=8$ 时分别有

$$\sum_{k=0}^{7}\dfrac{3^k}{k!}\mathrm{e}^{-3}=0.988\,095<0.99$$

$$\sum_{k=0}^{8}\dfrac{3^k}{k!}\mathrm{e}^{-3}=0.996\,197>0.99$$

故至少要配 8 名维修工人.

7. 一名女工照管 800 个纱锭,若每一个纱锭单位时间内纱线被扯断的概率为 0.005,试求最单位时间内扯断次数不大于 10 的概率.

解　根据题意知 $n=800$, $p=0.005$, $np=\lambda=4$,则

$$P(X\leqslant10)=\sum_{k=0}^{10}\dfrac{\lambda^k\mathrm{e}^{-\lambda}}{k!}=\sum_{k=0}^{10}\dfrac{4^k\mathrm{e}^{-4}}{k!}=1-\sum_{k=11}^{\infty}\dfrac{4^k\mathrm{e}^{-4}}{k!}$$
$$=1-0.0019-0.0006-0.0002-0.0001$$
$$=0.9972$$

习题 2.3

1.已知随机变量 X 的概率密度函数 $f(x) = \dfrac{1}{2}\mathrm{e}^{-|x|}$，$-\infty < x < +\infty$，试求 X 的分布函数.

解　根据公式 $F(x) = \displaystyle\int_{-\infty}^{x} f(t)\mathrm{d}t$，知：

当 $x \leqslant 0$ 时，

$$F(x) = \int_{-\infty}^{x} f(t)\mathrm{d}t = \int_{-\infty}^{x} \frac{1}{2}\mathrm{e}^{t}\mathrm{d}t = \frac{1}{2}\int_{-\infty}^{x} \mathrm{e}^{t}\mathrm{d}t = \frac{1}{2}\mathrm{e}^{t}\Big|_{-\infty}^{x} = \frac{1}{2}(\mathrm{e}^{x} - 0) = \frac{1}{2}\mathrm{e}^{x}$$

当 $x > 0$ 时，

$$F(x) = \int_{-\infty}^{x} f(t)\mathrm{d}t = \int_{-\infty}^{0} f(t)\mathrm{d}t + \int_{0}^{x} f(t)\mathrm{d}t = \int_{-\infty}^{0} \frac{1}{2}\mathrm{e}^{t}\mathrm{d}t + \int_{0}^{x} \frac{1}{2}\mathrm{e}^{-t}\mathrm{d}t$$

$$= \frac{1}{2}\mathrm{e}^{t}\Big|_{-\infty}^{0} - \frac{1}{2}\mathrm{e}^{-t}\Big|_{0}^{x} = 1 - \frac{1}{2}\mathrm{e}^{-x}$$

因此

$$F(x) = \begin{cases} \dfrac{1}{2}\mathrm{e}^{x}, & x \leqslant 0 \\[2mm] 1 - \dfrac{1}{2}\mathrm{e}^{-x}, & x > 0 \end{cases}$$

2.设连续型随机变量 X 的分布函数为

$$F(x) = \begin{cases} 0, & x < 1 \\ A\ln x, & 1 \leqslant x < \mathrm{e} \\ 1, & \mathrm{e} \leqslant x \end{cases}$$

求：(1) 常数 A；

(2) $P(0 < X \leqslant 3)$；

(3) 概率密度 $f(x)$.

解　(1) 易知 $\lim\limits_{x \to \mathrm{e}} F(x) = \lim\limits_{x \to \mathrm{e}} A\ln x = 1$，故 $A = 1$. 则

$$F(x) = \begin{cases} 0, & x < 1 \\ \ln x, & 1 \leqslant x < \mathrm{e} \\ 1, & \mathrm{e} \leqslant x \end{cases}$$

(2) $P(0 < X \leqslant 3) = P(X \leqslant 3) - P(X \leqslant 0) = F(3) - F(0) = 1.$

(3) $f(x) = F'(x) = \begin{cases} \dfrac{1}{x}, & 1 \leqslant x < \mathrm{e} \\[2mm] 0, & \text{其他} \end{cases}.$

3.已知随机变量 X 的概率密度函数为

$$f(x) = \begin{cases} 0.2, & -1 < x \leqslant 0 \\ 0.2 + cx, & 0 < x \leqslant 1 \\ 0, & \text{其他} \end{cases}$$

试确定常数 c，求分布函数 $F(x)$，并求 $P(0 \leqslant X \leqslant 0.5)$，$P(0.5 < X \mid X > 0.1)$.

解　(1) 根据概率密度性质知

$$\int_{-\infty}^{+\infty} f(x)\,\mathrm{d}x = 1$$

而

$$\int_{-\infty}^{+\infty} f(x)\,\mathrm{d}x = \int_{-1}^{0} 0.2\,\mathrm{d}x + \int_{0}^{1}(0.2+cx)\,\mathrm{d}x = 0.4 + \frac{c}{2}$$

故 $0.4 + \frac{c}{2} = 1$，则得 $c = 1.2$. 因此

$$f(x) = \begin{cases} 0.2, & -1 < x \leqslant 0 \\ 0.2 + 1.2x, & 0 < x \leqslant 1 \\ 0, & \text{其他} \end{cases}$$

(2) 根据 $F(x) = \int_{-\infty}^{x} f(t)\,\mathrm{d}t$ 知：

当 $x \leqslant -1$ 时，

$$F(x) = \int_{-\infty}^{x} f(t)\,\mathrm{d}t = 0$$

当 $-1 < x \leqslant 0$ 时，

$$F(x) = \int_{-\infty}^{x} f(t)\,\mathrm{d}t = \int_{-\infty}^{-1} f(t)\,\mathrm{d}t + \int_{-1}^{x} f(t)\,\mathrm{d}t = 0 + \int_{-1}^{x} 0.2\,\mathrm{d}t = 0.2(x+1)$$

当 $0 < x \leqslant 1$ 时，

$$F(x) = \int_{-\infty}^{x} f(t)\,\mathrm{d}t = \int_{-\infty}^{-1} f(t)\,\mathrm{d}t + \int_{-1}^{0} f(t)\,\mathrm{d}t + \int_{0}^{x} f(t)\,\mathrm{d}t$$
$$= 0 + \int_{-1}^{0} 0.2\,\mathrm{d}t + \int_{0}^{x}(0.2+1.2x)\,\mathrm{d}t$$
$$= 0.2 + 0.2x + 0.6x^2$$

当 $1 < x$ 时，

$$F(x) = \int_{-\infty}^{x} f(t)\,\mathrm{d}t = \int_{-\infty}^{-1} f(t)\,\mathrm{d}t + \int_{-1}^{0} f(t)\,\mathrm{d}t + \int_{0}^{1} f(t)\,\mathrm{d}t + \int_{1}^{x} f(t)\,\mathrm{d}t = 1$$

因此

$$F(x) = \begin{cases} 0, & x \leqslant -1 \\ 0.2(x+1), & -1 < x \leqslant 0 \\ 0.2 + 0.2x + 0.6x^2, & 0 < x \leqslant 1 \\ 1, & 1 < x \end{cases}$$

(3) $P(0 \leqslant x \leqslant 0.5) = F(0.5) - F(0) = 0.45 - 0.2 = 0.25$.

(4) $P(0.5 < X \mid X > 0.1) = \dfrac{P(0.5 < X \cap X > 0.1)}{P(X > 0.1)} = \dfrac{P(X > 0.5)}{P(X > 0.1)} = \dfrac{1 - P(X \leqslant 0.5)}{1 - P(X \leqslant 0.1)}$

$$= \frac{1 - F(0.5)}{1 - F(0.1)} = \frac{1 - 0.45}{1 - 0.226} = 0.710\,59$$

4. 设 X_1，X_2 是任意两个相互独立的随机变量，它们的概率密度函数分别为 $f_1(x)$，$f_2(x)$，分布函数分别为 $F_1(x)$，$F_2(x)$，则_____.

(A) $f_1(x) + f_2(x)$ 必为某一随机变量的概率密度函数

(B) $f_1(x) f_2(x)$ 必为某一随机变量的概率密度函数

(C) $F_1(x) + F_2(x)$ 必为某一随机变量的分布函数

(D) $F_1(x)F_2(x)$ 必为某一随机变量的分布函数

解　因为 X_1，X_2 为相互独立的随机变量，所以 $F(x)=F(x_1,x_2)$ 为某一随机变量的分布函数. 故选(D).

5.已知随机变量 X 的概率密度函数为

$$f(x)=\begin{cases}2x, & 0<x<1\\0, & \text{其他}\end{cases}$$

以 Y 表示对 X 的三次独立重复观测中事件 $\left(X\leqslant\dfrac{1}{2}\right)$ 出现的次数，则 $P(Y=2)=$ _____.

解　已知随机变量的概率密度，所以概率

$$P\left(X\leqslant\frac{1}{2}\right)=\int_0^{\frac{1}{2}}2x\mathrm{d}x=\frac{1}{4}$$

求得二项分布的概率参数后，故 $Y\sim B\left(3,\dfrac{1}{4}\right)$.

由二项分布的概率计算公式，可得 $P(Y=2)=C_3^2\left(\dfrac{1}{4}\right)^2\left(\dfrac{3}{4}\right)=\dfrac{9}{64}$.

习题 2.4

1.设二维随机变量 (X,Y) 只能取下列数组中的值：

$$(0,0),(0,1),(-5,4),(-2,0)$$

且取这些组值的概率依次为 $\dfrac{c}{2}$，$\dfrac{c}{6}$，$\dfrac{c}{6}$，$\dfrac{c}{6}$，则 $c=$ _____.

解　因为对于二维离散型随机变量 (X,Y) 所有可能取值为 (x_i,y_j)，其对应的概率为 $P_{ij}=P(X=x,Y=y_j)$，根据完备性有 $\sum\limits_{i=1}^{\infty}\sum\limits_{j=1}^{\infty}P_{ij}=1$，所以 $\dfrac{c}{2}+\dfrac{c}{6}+\dfrac{c}{6}+\dfrac{c}{6}=c=1$.

2.设随机变量 X 在 1，2，3，4 四个整数中等可能地取值，另一个随机变量 Y 在 $1\sim X$ 中等可能地取值，求 (X,Y) 的分布律.

解　由乘法公式及 $(X=i,Y=j)$ 的取值情况 $(i=1,2,3,4,j$ 取不大于 i 的正整数)可知

$$P(X=i,Y=j)=P(X=i)\cdot P(Y=j|X=i)=\frac{1}{4}\cdot\frac{1}{i}$$

于是 (X,Y) 的分布律为

X\Y	1	2	3	4
1	$\dfrac{1}{4}$	0	0	0
2	$\dfrac{1}{8}$	$\dfrac{1}{8}$	0	0
3	$\dfrac{1}{12}$	$\dfrac{1}{12}$	$\dfrac{1}{12}$	0
4	$\dfrac{1}{16}$	$\dfrac{1}{16}$	$\dfrac{1}{16}$	$\dfrac{1}{16}$

3. 袋中有 1 个红球，2 个黑球，3 个白球，现有放回地从袋中取两次，每次取 1 个球，设随机变量 X,Y,Z 分别表示两次取球所取得的红球、黑球与白球的个数，求：

(1) $P(X=1|Z=0)$；

(2) 二维随机变量 (X,Y) 的概率分布律.

解 (1) 由题意易知

$$P(X=1|Z=0)=\frac{P(X=1,Z=0)}{P(Z=0)}=\frac{P(X=1,Y=1)}{P(Z=0)}=\frac{\dfrac{1\times2+2\times1}{36}}{\dfrac{3\times3}{36}}=\frac{4}{9}$$

(2) 首先确定 X 与 Y 的取值范围为 $0,1,2$，则

$$P(X=0,Y=0)=\frac{3\times3}{6\times6}$$

同理可得

Y\X	0	1	2
0	$\dfrac{3\times3}{6\times6}$	$\dfrac{3\times2+2\times3}{6\times6}$	$\dfrac{2\times2}{6\times6}$
1	$\dfrac{1\times3+3\times1}{6\times6}$	$\dfrac{1\times2+2\times1}{6\times6}$	0
2	$\dfrac{1\times1}{6\times6}$	0	0

即

Y\X	0	1	2
0	$\dfrac{1}{4}$	$\dfrac{1}{3}$	$\dfrac{1}{9}$
1	$\dfrac{1}{6}$	$\dfrac{1}{9}$	0
2	$\dfrac{1}{36}$	0	0

4. 设随机变量 X 与 Y 相互独立，下表列出了二维随机变量 (X,Y) 的分布律以及边缘分布律中的部分数值，试将其余的数值填入表中.

Y\X	y_1	y_2	y_3	$p_i.$
x_1		$\dfrac{1}{8}$		
x_2	$\dfrac{1}{8}$			
$p._j$	$\dfrac{1}{6}$			1

解　$P(Y=y_1)=P(X=x_1,\ Y=y_1)+P(X=x_2,\ Y=y_1)$

$\dfrac{1}{6}=P(X=x_1,\ Y=y_1)+\dfrac{1}{8}$，$P(X=x_1,\ Y=y_1)=\dfrac{1}{24}$

因为 X,Y 相互独立，所以

$P(X=x_1,\ Y=y_1)=P(X=x_1)P(Y=y_1)$

$\dfrac{1}{24}=P(X=x_1)\dfrac{1}{6}$，$P(X=x_1)=\dfrac{1}{4}$

$P(X=x_1)=P(X=x_1,\ Y=y_1)+P(X=x_1,\ Y=y_2)+P(X=x_1,\ Y=y_3)$

$\dfrac{1}{4}=\dfrac{1}{24}+\dfrac{1}{8}+P(X=x_1,\ Y=y_3)$，$P(X=x_1,\ Y=y_3)=\dfrac{1}{12}$

$P(X=x_1,\ Y=y_2)=P(X=x_1)P(Y=y_2)$

$\dfrac{1}{8}=\dfrac{1}{4}P(Y=y_2)$，$P(Y=y_2)=\dfrac{1}{2}$

$P(Y=y_2)=P(X=x_1,\ Y=y_2)+P(X=x_2,\ Y=y_2)$

$\dfrac{1}{2}=\dfrac{1}{8}+P(X=x_2,\ Y=y_2)$，$P(X=x_2,\ Y=y_2)=\dfrac{3}{8}$

$P(X=x_1,\ Y=y_3)=P(X=x_1)P(Y=y_3)$

$\dfrac{1}{12}=\dfrac{1}{4}P(Y=y_3)$，$P(Y=y_3)=\dfrac{1}{3}$

$P(Y=y_3)=P(X=x_1,\ Y=y_3)+P(X=x_2,\ Y=y_3)$

$\dfrac{1}{3}=\dfrac{1}{12}+P(X=x_2,\ Y=y_3)$，$P(X=x_2,\ Y=y_3)=\dfrac{1}{4}$

$P(X=x_2)=P(X=x_2,\ Y=y_1)+P(X=x_2,\ Y=y_2)+P(X=x_2,\ Y=y_3)$

$=\dfrac{1}{8}+\dfrac{3}{8}+\dfrac{1}{4}=\dfrac{3}{4}$

因此，完整的表格如下：

X \ Y	y_1	y_2	y_3	$p_i.$
x_1	$\dfrac{1}{24}$	$\dfrac{1}{8}$	$\dfrac{1}{12}$	$\dfrac{1}{4}$
x_2	$\dfrac{1}{8}$	$\dfrac{3}{8}$	$\dfrac{1}{4}$	$\dfrac{3}{4}$
$p._j$	$\dfrac{1}{6}$	$\dfrac{1}{2}$	$\dfrac{1}{3}$	1

5.设随机变量 (X,Y) 的概率分布为

X \ Y	0	1
0	0.4	a
1	b	0.1

已知随机事件 $(X=0)$ 与 $(X+Y=1)$ 相互独立，则_____.

(A) $a=0.2$，$b=0.3$　　　　　　(B) $a=0.4$，$b=0.1$

(C) $a=0.3$，$b=0.2$　　　　　　(D) $a=0.1$，$b=0.4$

解　由独立性可知 $P(X=0, X+Y=1)=P(X=0)P(X+Y=1)$，而

$$P(X=0, X+Y=1)=P(X=0, Y=1)=a$$

$$P(X=0)=P(X=0, Y=0)+P(X=0, Y=1)=0.4+a$$

$$P(X+Y=1)=P(X=0, Y=1)+P(X=1, Y=0)=a+b=0.5$$

代入独立性等式，得 $a=(0.4+a)\times0.5$，解得 $a=0.4$，再由 $a+b=0.5$ 得 $b=0.1$，故答案选(B).

6.设随机变量 (X, Y) 的概率密度为

$$f(x, y)=\begin{cases} x^2+\dfrac{xy}{k}, & 0\leqslant x\leqslant 1, 0\leqslant y\leqslant 2 \\ 0, & 其他 \end{cases}$$

求：(1) k；　(2) $P(X+Y\geqslant1)$.

解　(1) 因为 $\displaystyle\int_{-\infty}^{+\infty}\int_{-\infty}^{+\infty}f(x, y)\mathrm{d}x\mathrm{d}y=1$，所以

$$\int_0^1\left[\int_0^2\left(x^2+\frac{xy}{k}\right)\mathrm{d}y\right]\mathrm{d}x=\int_0^1\left(2x^2+\frac{2x}{k}\right)\mathrm{d}x=\frac{2}{3}+\frac{1}{k}=1$$

解得 $k=3$.

因此

$$f(x, y)=\begin{cases} x^2+\dfrac{xy}{3}, & 0\leqslant x<1, 0\leqslant y<2 \\ 0, & 其他 \end{cases}$$

(2) $\displaystyle P(X+Y\geqslant1)=\int_0^1\left[\int_{1-y}^1 f(x, y)\mathrm{d}x\right]\mathrm{d}y+\int_1^2\left[\int_0^1 f(x, y)\mathrm{d}x\right]\mathrm{d}y$

$$\int_{1-y}^1 f(x, y)\mathrm{d}x=\int_{1-y}^1\left(x^2+\frac{xy}{3}\right)\mathrm{d}x=y-\frac{2}{3}y^2+\frac{1}{6}y^3$$

$$\int_0^1\left(y-\frac{2}{3}y^2+\frac{1}{6}y^3\right)\mathrm{d}y=\frac{y^2}{2}-\frac{2y^3}{9}+\frac{y^4}{24}\Big|_0^1=\frac{23}{72}$$

$$\int_0^1 f(x, y)\mathrm{d}x=\int_0^1\left(x^2+\frac{xy}{3}\right)\mathrm{d}x=\frac{x^3}{3}+\frac{yx^2}{6}\Big|_0^1=\frac{1}{3}+\frac{y}{6}$$

$$\int_1^2\left(\frac{1}{3}+\frac{y}{6}\right)\mathrm{d}y=\frac{y}{3}+\frac{y^2}{12}\Big|_1^2=\frac{7}{12}$$

$$P(X+Y\geqslant1)=\frac{23}{72}+\frac{7}{12}=\frac{65}{72}$$

7.设随机变量 (X, Y) 的概率密度为

$$f(x, y)=\begin{cases} k\mathrm{e}^{-(3x+4y)}, & x>0, y>0 \\ 0, & 其他 \end{cases}$$

求：(1) 常数 k；

(2) 分布函数 $F(x, y)$；

(3) 概率 $P(0<X<1, 0\leqslant Y\leqslant2)$；

(4) 概率 $P(Y\leqslant X)$.

解 （1）根据 $\int_{-\infty}^{+\infty}\int_{-\infty}^{+\infty} f(x, y)\mathrm{d}x\mathrm{d}y = 1$，即

$$\int_{-\infty}^{+\infty}\int_{-\infty}^{+\infty} f(x, y)\mathrm{d}x\mathrm{d}y = \int_{0}^{+\infty}\int_{0}^{+\infty} f(x, y)\mathrm{d}x\mathrm{d}y = \int_{0}^{+\infty} \frac{k}{3}\mathrm{e}^{-4y}\mathrm{d}y = \frac{k}{12} = 1$$

得 $k = 12$.

（2）因为 $k=12$，所以有

$$f(x, y) = \begin{cases} 12\mathrm{e}^{-(3x+4y)}, & x>0, \ y>0 \\ 0, & \text{其他} \end{cases}$$

$$F(x, y) = \int_{-\infty}^{x}\int_{-\infty}^{y} f(x, y)\mathrm{d}x\mathrm{d}y = \int_{0}^{y}\left[\int_{0}^{x} f(x, y)\mathrm{d}x\right]\mathrm{d}y = \int_{0}^{y} 4\mathrm{e}^{-4y}(1 - \mathrm{e}^{-3x})\mathrm{d}y$$

$$= (\mathrm{e}^{-3x}-1)(\mathrm{e}^{-4y}-1)$$

所以

$$F(x, y) = \begin{cases} (\mathrm{e}^{-3x}-1)(\mathrm{e}^{-4y}-1), & x>0, \ y>0 \\ 0, & \text{其他} \end{cases}$$

（3）$P(0<X<1, 0\leqslant Y\leqslant 2) = \int_{0}^{1}\left[\int_{0}^{2} f(x, y)\mathrm{d}y\right]\mathrm{d}x = \int_{0}^{1} -3\mathrm{e}^{-3x}(\mathrm{e}^{-8}-1)\mathrm{d}x$

$$= (\mathrm{e}^{-8}-1)(\mathrm{e}^{-3}-1)$$

（4）$P(Y\leqslant X) = \int_{0}^{+\infty}\left[\int_{x}^{+\infty} f(x, y)\mathrm{d}x\right]\mathrm{d}y = \int_{0}^{+\infty} 4\mathrm{e}^{-7y}\mathrm{d}y = \frac{4}{7}$.

8. 设随机变量 (X, Y) 在区域 G 内服从均匀分布，其中 G 是由 $y=x^2$ 与 $y=x$ 围成的区域.

（1）求 (X, Y) 的概率密度及边缘概率密度；

（2）问 X 和 Y 是否相互独立？

解 （1）$A = \int_{0}^{1}(x-x^2)\mathrm{d}x = \left(\frac{x^2}{2}-\frac{x^3}{3}\right)\Big|_{0}^{1} = \frac{1}{2}-\frac{1}{3} = \frac{1}{6} \Rightarrow \frac{1}{A} = 6$

$$f(x, y) = \begin{cases} 6, & x, y\in G \\ 0, & x, y\notin G \end{cases}$$

$$f_X(x) = \int_{-\infty}^{+\infty} f(x, y)\mathrm{d}y$$

当 $0\leqslant x\leqslant 1$ 时，$f_X(x) = \int_{-\infty}^{+\infty} 6\mathrm{d}y = \int_{y_1}^{y_2} 6\mathrm{d}y = \int_{x^2}^{x} 6\mathrm{d}y = 6(x-x^2)$；

当 $x>1$ 或 $x<0$ 时，$f(x, y)=0$，则 $f_X(x)=0$.

所以

$$f_X(x) = \begin{cases} 6(x-x^2), & 0\leqslant x\leqslant 1 \\ 0, & \text{其他} \end{cases}$$

同理可得

$$f_Y(y) = \begin{cases} 6(\sqrt{y}-y), & 0\leqslant y\leqslant 1 \\ 0, & \text{其他} \end{cases}$$

（2）$f_X(x)\cdot f_Y(y) = 36(x-x^2)(\sqrt{y}-y)\neq f(x, y)=6$，所以 X 和 Y 不独立.

9. 设二维连续型随机变量 (X, Y) 的分布函数为

$$F(x,y) = \begin{cases} 1-e^{-x}-e^{-y}+e^{-x-y}, & x>0,\ y>0 \\ 0, & \text{其他} \end{cases}$$

求关于 X，Y 的边缘分布函数与边缘概率密度.

解 因为

$$f(x,y) = \frac{\partial^2 F(x,y)}{\partial x \partial y} = \frac{\partial^2 (1-e^{-x}-e^{-y}+e^{-x-y})}{\partial x \partial y} = \frac{\partial (e^{-x}-e^{-y}e^{-x})}{\partial y} = e^{-(x+y)}$$

所以

$$f(x,y) = \begin{cases} e^{-(x+y)}, & x>0,\ y>0 \\ 0, & \text{其他} \end{cases}$$

$$f_X(x) = \int_{-\infty}^{+\infty} f(x,y)\,\mathrm{d}y = \int_0^{+\infty} f(x,y)\,\mathrm{d}y = \int_0^{+\infty} e^{-(x+y)}\,\mathrm{d}y$$

$$= -e^{-x}(e^{-y})\Big|_0^{+\infty} = -e^{-x}(0-1) = e^{-x}$$

所以

$$f_X(x) = \begin{cases} e^{-x}, & x>0 \\ 0, & \text{其他} \end{cases}$$

同理可得

$$f_Y(y) = \begin{cases} e^{-y}, & y>0 \\ 0, & \text{其他} \end{cases}$$

10. 设二维连续型随机变量 (X,Y) 的联合概率密度为

$$f(x,y) = \begin{cases} \dfrac{6}{5}x^2(4xy+1), & 0<x<1,\ 0<y<1 \\ 0, & \text{其他} \end{cases}$$

求：(1) $f_{X|Y}(x|y)$；　(2) $f_{Y|X}(y|x)$.

解 (1) 由公式 $f_{X|Y}(x|y) = \dfrac{f(x,y)}{f_Y(y)}$ 可知先求 $f_Y(y)$，即

$$f_Y(y) = \int_{-\infty}^{+\infty} f(x,y)\,\mathrm{d}x = \int_0^1 \frac{6}{5}x^2(4xy+1)\,\mathrm{d}x = \frac{6}{5}\int_0^1 (4x^3y+x^2)\,\mathrm{d}x$$

$$= \frac{6}{5}\left(x^4 y + \frac{x^3}{3}\right)\Big|_0^1 = \frac{6}{5}\left(y+\frac{1}{3}\right)$$

因此

$$f_{X|Y}(x|y) = \frac{\dfrac{6}{5}x^2(4xy+1)}{\dfrac{6}{5}\left(y+\dfrac{1}{3}\right)} = \frac{x^2(4xy+1)}{y+\dfrac{1}{3}} = \frac{3x^2(4xy+1)}{3y+1}$$

(2) 由公式 $f_{Y|X}(y|x) = \dfrac{f(x,y)}{f_X(x)}$ 可知先求 $f_X(x)$，即

$$f_X(x) = \int_{-\infty}^{+\infty} f(x,y)\,\mathrm{d}x = \int_0^1 \frac{6}{5}x^2(4xy+1)\,\mathrm{d}y = \frac{6}{5}\int_0^1 (4x^3y+x^2)\,\mathrm{d}y$$

$$= \frac{6}{5}(2x^3y^2+x^2y)\Big|_0^1 = \frac{6}{5}(2x^3+x^2)$$

因此

$$f_{Y|X}(y|x)=\dfrac{\dfrac{6}{5}x^2(4xy+1)}{\dfrac{6}{5}(2x^3+x^2)}=\dfrac{x^2(4xy+1)}{2x^3+x^2}=\dfrac{4xy+1}{2x+1}$$

习题 2.5

1. 设随机变量 X 的分布律为

X	-2	-1	0	1
P_k	$\dfrac{1}{5}$	$\dfrac{2}{5}$	$\dfrac{1}{5}$	$\dfrac{1}{5}$

求 $Y=X^2$ 的分布律.

解　易知

X	-2	-1	0	1
P_k	$\dfrac{1}{5}$	$\dfrac{2}{5}$	$\dfrac{1}{5}$	$\dfrac{1}{5}$
X^2	4	1	0	1

所以

X^2	0	1	4
P_k	$\dfrac{1}{5}$	$\dfrac{3}{5}$	$\dfrac{1}{5}$

2. 设随机变量 (X,Y) 的联合分布律为

Y \ X	1	3	4	5
0	0.03	0.14	0.15	0.14
1	0.03	0.09	0.06	0.08
2	0.07	0.10	0.05	0.06

求：(1) $M=\max(X,Y)$ 的分布律；

(2) $N=\min(X,Y)$ 的分布律；

(3) $W=X+Y$ 的分布律.

解　(1) 因为 $\max(X,Y)$ 的分布律为

$P(\max(X,Y)=1)=P(X=1,Y=0)+P(X=1,Y=1)=0.03+0.03=0.06$

$P(\max(X,Y)=2)=P(X=1,Y=2)=0.07$

$P(\max(X,Y)=3)=P(X=3,Y=0)+P(X=3,Y=1)+P(X=3,Y=2)$
$\qquad\qquad=0.14+0.09+0.10=0.33$

$P(\max(X,Y)=4)=P(X=4,Y=0)+P(X=4,Y=1)+P(X=4,Y=2)$
$\qquad\qquad=0.15+0.06+0.05=0.26$

$$P(\max(X,Y)=5)=P(X=5,Y=0)+P(X=5,Y=1)+P(X=5,Y=2)$$
$$=0.14+0.08+0.06=0.28$$

所以得到 $M=\max(X,Y)$ 的分布律如下：

M	1	2	3	4	5
P	0.06	0.07	0.33	0.26	0.28

(2) 因为 $N=\min(X,Y)$ 的分布律为

$$P(\min(X,Y)=0)=P(X=1,Y=0)+P(X=3,Y=0)+P(X=4,Y=0)+P(X=5,Y=0)$$
$$=0.03+0.14+0.15+0.14=0.46$$
$$P(\min(X,Y)=1)=P(X=1,Y=1)+P(X=3,Y=1)+P(X=4,Y=1)+$$
$$P(X=5,Y=1)+P(X=1,Y=2)$$
$$=0.03+0.09+0.06+0.08+0.07=0.33$$
$$P(\min(X,Y)=2)=P(X=3,Y=2)+P(X=4,Y=2)+P(X=5,Y=2)$$
$$=0.10+0.05+0.06=0.21$$

所以得到 $N=\min(X,Y)$ 的分布律如下：

N	0	1	2
P	0.46	0.33	0.21

(3)因为有

$$P(X=1,Y=0)=0.03,\ P(X=1,Y=1)=0.03,\ P(X=1,Y=2)=0.07$$
$$P(X=3,Y=0)=0.14,\ P(X=3,Y=1)=0.09,\ P(X=3,Y=2)=0.10$$
$$P(X=4,Y=0)=0.15,\ P(X=4,Y=1)=0.06,\ P(X=4,Y=2)=0.05$$
$$P(X=5,Y=0)=0.14,\ P(X=5,Y=1)=0.08,\ P(X=5,Y=2)=0.06$$

所以得到 $W=X+Y$ 的分布律如下：

W	1	2	3	4	5	6	7
P	0.03	0.03	0.21	0.24	0.30	0.13	0.06

3. 设随机变量 X 服从 $(0,1)$ 上的均匀分布.

(1) 求 $Y=e^X$ 的概率密度；

(2) 求 $Y=-2\ln X$ 的概率密度.

解 根据题意 X 在 $(0,1)$ 上服从均匀分布，即 $f_X(x)=\begin{cases}1, & 0<x<1\\0, & 其他\end{cases}$

$$f_Y(y)=\begin{cases}f_X[h(y)]\cdot|h'(y)|, & \alpha<y<\beta\\0, & 其他\end{cases}$$

(1) 因为 $y=e^x$ 的反函数为 $\ln y=\ln e^x=x$，令 $x=\ln y=h(y)$，其导数为

$$h'(y)=\frac{dh(y)}{dy}=\frac{1}{y}$$

于是有

$$f_Y(y)=f_X[h(y)]\cdot|h'(y)|=1\cdot\frac{1}{y}=\frac{1}{y}$$

因此得到

$$f_Y(y)=\begin{cases}\dfrac{1}{y}, & 0<y<e\\[2mm]0, & \text{其他}\end{cases}$$

（2）因为 $y=-2\ln x=\ln x^{-2}$，而 $y=\ln e^y$，则 $e^y=x^{-2}$，有 $x=e^{-\frac{y}{2}}=h(y)$，其导数为

$$h'(y)=\frac{\mathrm{d}h(y)}{\mathrm{d}y}=-\frac{1}{2}e^{-\frac{y}{2}}$$

于是有

$$f_Y(y)=f_X[h(y)]\cdot|h'(y)|=1\cdot\left|-\frac{1}{2}e^{-\frac{y}{2}}\right|=\frac{1}{2}e^{-\frac{y}{2}}$$

因此得到

$$f_Y(y)=\begin{cases}\dfrac{1}{2}e^{-\frac{y}{2}}, & y>0\\[2mm]0, & \text{其他}\end{cases}$$

4. 已知随机变量 X 的概率密度函数为

$$f_X(x)=\begin{cases}1+x, & -1\leqslant x<0\\1-x, & 0\leqslant x\leqslant1\\0, & \text{其他}\end{cases}$$

求随机变量 $Z=X^2+1$ 的分布函数.

解　根据提意有

$$\begin{aligned}F_Z(z)&=P(Z\leqslant z)=P(X^2+1\leqslant z)=P(-\sqrt{z-1}\leqslant X\leqslant\sqrt{z-1})\\&=\int_{-\sqrt{z-1}}^{\sqrt{z-1}}f(x)\mathrm{d}x=\int_{-\sqrt{z-1}}^{0}f(x)\mathrm{d}x+\int_{0}^{\sqrt{z-1}}f(x)\mathrm{d}x\\&=\int_{-\sqrt{z-1}}^{0}(1+x)\mathrm{d}x+\int_{0}^{\sqrt{z-1}}(1-x)\mathrm{d}x\\&=2\sqrt{z-1}-z+1\end{aligned}$$

当 $-1\leqslant x<0$ 和 $0\leqslant x<1$ 时，有 $1\leqslant x^2+1\leqslant2$，即 $1\leqslant z_1\leqslant2$，所以有

$$F_Z(z)=\begin{cases}2\sqrt{z-1}-z+1, & 1\leqslant z\leqslant2\\0, & \text{其他}\end{cases}$$

5. 设 X 和 Y 是两个相互独立的随机变量，其概率密度分别为

$$f_X(x)=\begin{cases}1, & 0\leqslant x\leqslant1\\0, & \text{其他}\end{cases},\qquad f_Y(y)=\begin{cases}e^{-y}, & y>0\\0, & \text{其他}\end{cases}$$

求随机变量 $Z=X+Y$ 的概率密度.

解　根据题意有

$$f_Z(z)=\int_{-\infty}^{+\infty}f_X(x)f_Y(z-y)\mathrm{d}x$$

仅当 $\begin{cases}0\leqslant x\leqslant1\\y>0\end{cases}$，即 $\begin{cases}0\leqslant x\leqslant1\\z-x>0\end{cases}$ 存在时，$f_Z(z)$ 才有意义.

当 $z<0$ 时，$f_Z(z)=0$；

当 $0 \leqslant z \leqslant 1$, $0 \leqslant x \leqslant z$ 时,

$$f_Z(z) = \int_0^z 1 \cdot \mathrm{e}^{-(z-x)} \mathrm{d}x = \mathrm{e}^{-z} \int_0^z \mathrm{e}^x \mathrm{d}x = 1 - \mathrm{e}^{-z}$$

当 $z > 1$, $0 \leqslant x \leqslant 1$ 时,

$$f_Z(z) = \int_0^1 1 \cdot \mathrm{e}^{-(z-x)} \mathrm{d}x = \mathrm{e}^{-z} \int_0^1 \mathrm{e}^x \mathrm{d}x = \mathrm{e}^{1-z} - \mathrm{e}^{-z}$$

所以有

$$f_Z(z) = \begin{cases} 0, & z < 0 \\ 1 - \mathrm{e}^{-z}, & 0 \leqslant z \leqslant 1 \\ \mathrm{e}^{1-z} - \mathrm{e}^{-z}, & z > 1 \end{cases}$$

6.设二维随机变量 (X, Y) 的概率密度为

$$f(x, y) = \begin{cases} 2 - x - y, & 0 < x < 1, \ 0 < y < 1 \\ 0, & \text{其他} \end{cases}$$

求:(1) $P(X > 2Y)$;

(2) $Z = X + Y$ 的概率密度 $f_Z(z)$.

解 (1) $P(X > 2Y) = \iint\limits_{x > 2y} f(x, y) \mathrm{d}x \mathrm{d}y = \iint\limits_D (2 - x - y) \mathrm{d}x \mathrm{d}y$

$$= \int_0^1 \mathrm{d}x \int_0^{\frac{x}{2}} (2 - x - y) \mathrm{d}y = \int_0^1 \left(x - \frac{5}{8} x^2 \right) \mathrm{d}y = \frac{7}{24}$$

其中 D 为区域 $1 > x > 2y > 0$,如第 6 题附图所示.

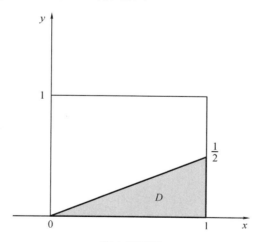

第 6 题附图

根据两个随机变量和的概率密度的一般公式有

$$f_Z(z) = \int_{-\infty}^{+\infty} f(x, z - x) \mathrm{d}x$$

先考虑被积函数 $f(x, z - x)$ 中第一个自变量 x 的变化范围,根据题设条件只有当 $0 < x < 1$ 时,$f(x, z - x)$ 才不等于 0.因此,将积分范围改成:

$$f_Z(z) = \int_0^1 f(x, z - x) \mathrm{d}x$$

现在考虑被积函数 $f(x,z-x)$ 中的第二个变量 $z-x$,显然,只有当 $0<z-x<\frac{1}{2}$ 时, $f(x,z-x)$ 才不等于 0,且 $2-x-(z-x)=2-z$,为此,我们将 z 分段讨论:

当 $z\leqslant0$ 时,由于 $0<x<1$,故 $z-x<0$,所以 $f_Z(z)=0$;

当 $0<z\leqslant1$ 时,$f_Z(z)=\int_0^z (2-z)\mathrm{d}x = 2z-z^2$;

当 $1<z\leqslant2$ 时,$f_Z(z)=\int_{z-1}^1 (2-z)\mathrm{d}x = 4-4z+z^2$;

当 $2<z$ 时,由于 $0<x<1$,故 $z-x>1$,所以 $f_Z(z)=0$,因此

$$f_Z(z)=\begin{cases}2z-z^2, & 0<z\leqslant1\\4-4z+z^2, & 1<z\leqslant2\\0, & 其他\end{cases}$$

7.设随机变量 X,Y 独立同分布,X 的分布函数为 $F(x)$,则 $Z=\max(X,Y)$ 的分布函数为_____.

(A) $F^2(x)$ (B) $F(x)F(y)$

(C) $1-[1-F(x)]^2$ (D) $[1-F(x)][1-F(y)]$

解 $F_Z(x)=P(Z\leqslant x)=P(\max(X,Y)\leqslant x)=P(X\leqslant x,Y\leqslant x)$
$=P(X\leqslant x)P(Y\leqslant x)=F(x)F(x)=F^2(x)$

故答案选(A).

8.设二维随机变量 (X,Y) 在矩形 $0\leqslant x\leqslant a$,$0<y\leqslant b$ 上服从均匀分布,求 $Z=\frac{X}{Y}$ 的概率密度.

解 因为二维随机变量 (X,Y) 在矩形 $0\leqslant x\leqslant a$,$0<y\leqslant b$ 上服从均匀分布,所以面积 $A=ab$,则

$$f(x,y)=\begin{cases}\frac{1}{ab}, & x\in[0,a],\ y\in(0,b)\\0, & x\notin[0,a],\ y\notin(0,b)\end{cases}$$

$$F_Z(z)=P(Z\leqslant z)=P\left(\frac{X}{Y}\leqslant z\right)=P\left(Y\geqslant\frac{X}{z}\right)$$

当 $\frac{1}{z}<0$ 时,即 $z<0$,$f(x,y)=0$,$F_Z(z)=0$;

当 $\frac{1}{z}>\frac{b}{a}$ 时,即 $0\leqslant z<\frac{a}{b}$ 时,有

$$F_Z(z)=P\left(Y\geqslant\frac{X}{Z}\right)=\int_0^b\left(\int_0^{yz}\frac{1}{ab}\mathrm{d}x\right)\mathrm{d}y$$

而

$$\int_0^{yz}\frac{1}{ab}\mathrm{d}x=\frac{1}{ab}\int_0^{yz}\mathrm{d}x=\frac{yz}{ab}$$

故

$$F_Z(z)=\int_0^b\frac{yz}{ab}\mathrm{d}y=\frac{zb}{2a},\quad F_Z'(z)=f_Z(z)=\frac{b}{2a}$$

当 $0 \leqslant \dfrac{1}{z} \leqslant \dfrac{b}{a}$ 时，即 $z \geqslant \dfrac{a}{b}$ 时，有

$$F_Z(z) = P\left(Y \geqslant \frac{X}{z}\right) = 1 - P\left(Y \leqslant \frac{X}{z}\right)$$

而

$$P\left(Y \leqslant \frac{X}{z}\right) = \int_0^a \left(\int_0^{\frac{x}{z}} \frac{1}{ab}\mathrm{d}y\right)\mathrm{d}x = \int_0^a \frac{x}{abz}\mathrm{d}x = \frac{a}{2bz}$$

故

$$F_Z(z) = 1 - \frac{a}{2bz}, \quad F_Z'(z) = f_Z(z) = \frac{a}{2bz^2}$$

因此

$$f_Z(z) = \begin{cases} 0, & z < 0 \\ \dfrac{b}{2a}, & 0 \leqslant z < \dfrac{a}{b} \\ \dfrac{a}{2bz^2}, & z \geqslant \dfrac{a}{b} \end{cases}$$

总习题二

一、填空题

1. 设随机变量 X 与 Y 相互独立，且均服从区间 $(0,3)$ 上的均匀分布，则 $P(\max(X,Y) \leqslant 1)$ = _____.

解 $P(\max(X, Y) \leqslant 1) = P(X \leqslant 1, Y \leqslant 1) = P(X \leqslant 1)P(Y \leqslant 1) = \dfrac{1}{3} \times \dfrac{1}{3} = \dfrac{1}{9}$，所以填 $\dfrac{1}{9}$.

2. 若随机变量 X 在 $(1,6)$ 上服从均匀分布，则方程 $t^2 + Xt + 1 = 0$ 有实根的概率是 _____.

解 已知 $X \sim N(1, 6)$，所以有

$$f(x) = \begin{cases} \dfrac{1}{5}, & 1 < x < 6 \\ 0, & \text{其他} \end{cases}$$

$t^2 + Xt + 1 = 0$ 有实根条件为 $X^2 - 4 \geqslant 0$，即要满足 $X \geqslant 2$ 或 $X \leqslant -2$.

因为 $X \sim N(1, 6)$，所以 $X \leqslant -2$ 不成立，即 $P(X \leqslant -2) = 0$.

$$P(X > 2) = 1 - P(X \leqslant -2) = 1 - F(2)$$
$$F(2) = \int_{-\infty}^2 f(x)\mathrm{d}x = \int_{-\infty}^2 \frac{1}{5}\mathrm{d}x = 0.2$$
$$P(X > 2) = 1 - F(2) = 1 - 0.2 = 0.8$$

3. 设二维随机变量 (X, Y) 的概率密度为

$$f(x, y) = \begin{cases} c(x + 2y), & 0 \leqslant x \leqslant 2, 0 \leqslant y \leqslant x^2 \\ 0, & \text{其他} \end{cases}$$

则 $c =$ _____.

解 因为 $\int_{-\infty}^{+\infty}\int_{-\infty}^{+\infty} f(x, y)\mathrm{d}x\mathrm{d}y = 1$，所以有 $\int_0^2 \left[\int_0^{x^2} c(x + 2y)\mathrm{d}y\right]\mathrm{d}x = 1$.

由于 $\int_0^{x^2} c(x+2y)\mathrm{d}y = c(x^3+x^4)$，因此 $\int_0^2 c(x^3+x^4)\mathrm{d}x = 1$，即 $c\left(\dfrac{x^4}{4}+\dfrac{x^5}{5}\right)\Big|_0^2 = 1$，得到 $c=\dfrac{5}{52}$.

二、选择题

1. 设随机变量 X_1，X_2 的分布律为

X_i	-1	0	1
P	$\dfrac{1}{4}$	$\dfrac{1}{2}$	$\dfrac{1}{4}$

且满足 $P(X_1 X_2 = 0) = 1$，则 $P(X_1 = X_2) = $ _____ .

(A) 0 　　　　　　(B) $\dfrac{1}{4}$ 　　　　　　(C) $\dfrac{1}{2}$ 　　　　　　(D) 1

解　因 $P(X_1 X_2 = 0) = 1$，有 $P(X_1 X_2 \neq 0) = 0$，由此首先可得表中四个 0 的填写，接下来只需按题设及公式填写即可，因此 X_1 与 X_2 的联合分布律为

X_1 ＼ X_2	-1	0	1	
-1	0	p_{12}	0	$\dfrac{1}{4}$
0	p_{21}	p_{22}	p_{23}	$\dfrac{1}{2}$
1	0	p_{32}	0	$\dfrac{1}{4}$
	$\dfrac{1}{4}$	$\dfrac{1}{2}$	$\dfrac{1}{4}$	

由上表可得：$p_{12} = p_{21} = p_{23} = \dfrac{1}{4}$，$p_{21}+p_{22}+p_{23} = \dfrac{1}{2}$，得 $p_{22} = 0$，可知 $P(X_1 = X_2) = p_{11}+p_{22}+p_{33} = 0$，因此选（A）.

2. 设随机变量 X，Y 同分布，X 的概率密度为

$$f_X(x) = \begin{cases} \dfrac{4x^3}{81}, & 0 < x < 3 \\ 0, & \text{其他} \end{cases}$$

又事件 $A = (X > a > 0)$ 和 $B = (Y > a > 0)$ 相互独立，且 $P(A \cup B) = \dfrac{5}{9}$，则 $a = $ _____ .

(A) $3\sqrt[3]{3}$ 　　　　　(B) 3 　　　　　(C) $\sqrt[4]{54}$ 　　　　　(D) $3\sqrt[3]{2}$

解　已知 $P(A \cup B) = \dfrac{5}{9}$，而 $P(A \cup B) = P(A)+P(B)-P(AB)$，故只需分别求出 $P(A)$，$P(B)$ 和 $P(AB)$ 即可.

$$P(A) = P(X > a > 0) = 1 - P(X \leqslant a) = 1 - F(a)$$

同理可得

$$P(B) = 1 - F(a)$$

即 $P(A) = P(B)$，又 $P(a) = \int_{-\infty}^{a} f(x)\mathrm{d}x$，做如下判断：

当 $a < 0$ 时，因为 $A = (X > a > 0)$ 不存在，所以 $F(a) = 0$；

当 $0 < a < 3$ 时，$F(a) = \int_{0}^{a} f_X(x)\mathrm{d}x = \int_{0}^{a} \frac{4}{81} x^3 \mathrm{d}x = \frac{a^4}{81}$；

当 $a \geqslant 3$ 时，$f_X(x) = 0$，故 $F(a) = 0$. 因此

$$F(a) = \frac{a^4}{81}, \ P(A) = P(B) = 1 - \frac{a^4}{81}$$

$P(AB)$ 即 AB 同时发生的概率，

$$P(AB) = \int_{a}^{3} \left[\int_{a}^{3} f(x, y)\mathrm{d}x \right] \mathrm{d}y$$

由于

$$\int_{a}^{3} f(x, y)\mathrm{d}x = \int_{a}^{3} \left(\frac{4}{81} \right)^2 x^3 y^3 \mathrm{d}x = \left(\frac{4}{81} \right)^2 y^3 \frac{3^4 - a^4}{4}$$

于是

$$P(AB) = \int_{a}^{3} \left(\frac{4}{81} \right)^2 y^3 \frac{3^4 - a^4}{4} \mathrm{d}y = \left(\frac{4}{81} \right)^2 \frac{(3^4 - a^4)^3}{4} \int_{a}^{3} y^3 \mathrm{d}y = \frac{1}{81^2}(3^4 - a^4)^2$$

所以

$$P(A \cup B) = P(A) + P(B) - P(AB) = 2\left(1 - \frac{a^4}{81} \right) - \frac{1}{81^2}(3^4 - a^4)^2 = \frac{5}{9}$$

即 $a^4 = 54$，$a = \sqrt[4]{54}$，故选(C).

3. 设随机变量 X，Y 相互独立，且都服从区间 $(0, 1)$ 上的均匀分布，则 $P(X^2 + Y^2 \leqslant 1)$ = _____.

    (A) $\frac{1}{4}$ (B) $\frac{1}{2}$ (C) $\frac{\pi}{8}$ (D) $\frac{\pi}{4}$

解 易知 $P(X^2 + Y^2 \leqslant 1) = \int_{0}^{1} \left(\int_{0}^{\sqrt{1-x^2}} \mathrm{d}y \right) \mathrm{d}x$，由 $\int_{0}^{\sqrt{1-x^2}} \mathrm{d}y = \sqrt{1-x^2}$ 得，$P(X^2 + Y^2 \leqslant 1)$ $= \int_{0}^{1} \sqrt{1-x^2}\mathrm{d}x$.

令 $x = \sin\theta$，则 $\mathrm{d}x = \cos\theta\mathrm{d}\theta$. 当 $x = 0$ 时，$\theta = 0$；$x = 1$ 时，$\theta = \frac{\pi}{2}$. 因此

$$P(X^2 + Y^2 \leqslant 1) = \int_{0}^{1} \sqrt{1-x^2}\mathrm{d}x = \int_{0}^{\frac{\pi}{2}} \cos\theta\cos\theta\mathrm{d}\theta = \int_{0}^{\frac{\pi}{2}} \cos^2\theta\mathrm{d}\theta = \int_{0}^{\frac{\pi}{2}} \frac{1+\cos2\theta}{2}\mathrm{d}\theta = \frac{\pi}{4}$$

故选(D).

4. 设 $f_1(x)$ 为标准正态分布的概率密度，$f_2(x)$ 为 $(-1, 3)$ 上均匀分布的概率密度，若

$$f(x) = \begin{cases} af_1(x), & x \leqslant 0 \\ bf_2(x), & x > 0 \end{cases} \quad (a > 0, \ b > 0)$$

为概率密度，则 a，b 应满足 _____.

    (A) $2a + 3b = 4$ (B) $3a + 2b = 4$ (C) $a + b = 1$ (D) $a + b = 2$

解 根据概率密度函数的性质 $\int_{-\infty}^{+\infty} f(x)\mathrm{d}x = 1$，及正态分布和均匀分布的性质，可得

$$\int_{-\infty}^{+\infty} f(x)\mathrm{d}x = \int_{-\infty}^{0} af_1(x)\mathrm{d}x + \int_{0}^{+\infty} bf_2(x)\mathrm{d}x = a\int_{-\infty}^{0} f_1(x)\mathrm{d}x + b\int_{0}^{+\infty} f_2(x)\mathrm{d}x$$

$f_1(x)$ 为标准正态分布的概率密度，其对称中心在 $x=0$ 处，故 $\int_{-\infty}^{0} f_1(x)\mathrm{d}x = \frac{1}{2}$；$f_2(x)$ 为 $[-1，3]$ 上均匀分布的概率密度，即

$$f_2(x) = \begin{cases} \dfrac{1}{4}, & -1 \leqslant x \leqslant 3 \\ 0, & \text{其他} \end{cases}$$

$$\int_{0}^{+\infty} f_2(x)\mathrm{d}x = \int_{0}^{3} \frac{1}{4}\mathrm{d}x = \frac{3}{4}$$

所以 $a \cdot \frac{1}{2} + b \cdot \frac{3}{4} = 1$，即 $a，b$ 应满足的关系为 $2a + 3b = 4$. 故选（A）.

三、解答题

1. 确定常数 C，使数列 $p_k = C\dfrac{\lambda^k}{2^k \cdot k!}$（$k = 1，2，\cdots$），$\lambda > 0$，成为某一随机变量的分布律.

解 因为判定一个函数是否可作为某个离散型随机变量的分布律或已知分布律求未知参数，只有从分布律的充分必要条件 $p_k > 0$ 且 $\sum\limits_{k} p_k = 1$ 去分析，根据题意显然 $p_k > 0$，现只需满足 $\sum\limits_{k} p_k = 1$ 即可.

$$\sum_{k=1}^{\infty} p_k = \sum_{k=1}^{\infty} C\frac{\lambda^k}{2k \cdot k!} = \sum_{k=1}^{\infty} C\frac{\left(\frac{\lambda}{2}\right)^k}{k!} = C\sum_{k=1}^{\infty} \frac{\left(\frac{\lambda}{2}\right)^k}{k!}$$

$$= C\left[\sum_{k=0}^{\infty} \frac{\left(\frac{\lambda}{2}\right)^k}{k!} - \frac{\left(\frac{\lambda}{2}\right)^0}{0!}\right] = C(\mathrm{e}^{\frac{\lambda}{2}} - 1) = 1$$

因此可得 $C = \dfrac{1}{\mathrm{e}^{\frac{\lambda}{2}} - 1}$.

2. 设随机变量 $(X，Y)$ 的分布律见下表，试求 $X+Y$，$X-Y$，XY 的分布律.

X＼Y	−1	1	2
1	$\dfrac{1}{4}$	$\dfrac{1}{10}$	$\dfrac{3}{10}$
2	$\dfrac{3}{20}$	$\dfrac{3}{20}$	$\dfrac{1}{20}$

解 根据题意可得以下分布律：

(X, Y)	$(1, -1)$	$(1, 1)$	$(1, 2)$	$(2, -1)$	$(2, 1)$	$(2, 2)$
P	$\dfrac{1}{4}$	$\dfrac{1}{10}$	$\dfrac{3}{10}$	$\dfrac{3}{20}$	$\dfrac{3}{20}$	$\dfrac{1}{20}$
$X+Y$	0	2	3	1	3	4
$X-Y$	2	0	-1	3	1	0
XY	-1	1	2	-2	2	4

于是得到 $X+Y$ 的分布律如下：

$X+Y$	0	1	2	3	4
P	$\dfrac{1}{4}$	$\dfrac{3}{20}$	$\dfrac{1}{10}$	$\dfrac{9}{20}$	$\dfrac{1}{20}$

$X-Y$ 的分布律如下：

$X-Y$	-1	0	1	2	3
P	$\dfrac{3}{10}$	$\dfrac{3}{20}$	$\dfrac{3}{20}$	$\dfrac{1}{4}$	$\dfrac{3}{20}$

XY 的分布律如下：

XY	-2	-1	1	2	4
P	$\dfrac{3}{20}$	$\dfrac{1}{4}$	$\dfrac{1}{10}$	$\dfrac{9}{20}$	$\dfrac{1}{20}$

3.设连续型随机变量 X 的概率密度为

$$f(x)=\begin{cases} \dfrac{A}{\sqrt{1-x^2}}, & |x|<1 \\ 0, & |x|\geqslant 1 \end{cases}$$

（1）确定系数 A；

（2）求随机变量 X 落在 $\left(-\dfrac{1}{2}, \dfrac{1}{2}\right)$ 内的概率；

（3）求随机变量 X 的分布函数.

解　（1）根据 $\displaystyle\int_{-\infty}^{+\infty} f(x)\mathrm{d}x = 1$，$f(x)=\begin{cases} \dfrac{A}{\sqrt{1-x^2}}, & |x|<1 \\ 0, & |x|\geqslant 1 \end{cases}$

有

$$\int_{-1}^{1} \frac{A}{\sqrt{1-x^2}}\mathrm{d}x = 1$$

令 $x=\sin\theta$，则 $\mathrm{d}x=\cos\theta\mathrm{d}\theta$. 当 $x=1$ 时，$\theta=\dfrac{\pi}{2}$；当 $x=-1$ 时，$\theta=-\dfrac{\pi}{2}$，故

$$\int_{-1}^{1} \frac{A}{\sqrt{1-x^2}}\mathrm{d}x = \int_{-\frac{\pi}{2}}^{\frac{\pi}{2}} \frac{A}{\sqrt{1-\sin^2\theta}}\cos\theta\mathrm{d}\theta = A\pi = 1$$

于是 $A=\dfrac{1}{\pi}$.

（2）$P\left(-\dfrac{1}{2}<x<\dfrac{1}{2}\right)=\displaystyle\int_{-\frac{1}{2}}^{\frac{1}{2}}f(x)\mathrm{d}x$，令 $x=\sin\theta$，则 $\mathrm{d}x=\cos\theta\mathrm{d}\theta$. 当 $x=\dfrac{1}{2}$ 时，

$\theta=\dfrac{\pi}{6}$；当 $x=-\dfrac{1}{2}$ 时，$\theta=-\dfrac{\pi}{6}$，故

$$P\left(-\dfrac{1}{2}<x<\dfrac{1}{2}\right)=\int_{-\frac{\pi}{6}}^{\frac{\pi}{6}}\dfrac{1}{\pi}\dfrac{1}{\sqrt{1-\sin^2\theta}}\cos\theta\mathrm{d}\theta=\dfrac{1}{3}$$

（3）因为 $F(x)=P(X\leqslant x)=\displaystyle\int_{-\infty}^{x}f(t)\mathrm{d}t$，故

当 $x\leqslant-1$，$f(x)=0$，$F(x)=0$；

当 $-1<x<1$ 时，$F(x)=\displaystyle\int_{-\infty}^{x}f(t)\mathrm{d}t=\int_{-1}^{x}f(t)\mathrm{d}t=\int_{-1}^{x}\dfrac{\mathrm{d}t}{\pi\sqrt{1-t^2}}$. 令 $t=\sin\theta$，则 $\mathrm{d}t=$

$\cos\theta\mathrm{d}\theta$. 当 $t=-1$ 时，$\theta=-\dfrac{\pi}{2}$；当 $t=x$ 时，$\theta=\arcsin x$，所以

$$F(x)=\int_{-\frac{\pi}{2}}^{\arcsin x}\dfrac{\cos\theta\mathrm{d}\theta}{\pi\cos\theta}=\dfrac{1}{\pi}\left(\arcsin x+\dfrac{\pi}{2}\right)$$

当 $x\geqslant1$ 时，$F(x)=\displaystyle\int_{-\infty}^{x}f(t)\mathrm{d}t=\int_{-1}^{1}f(t)\mathrm{d}t=1$.

因此

$$F(x)=\begin{cases}0, & x\leqslant-1\\[2mm]\dfrac{1}{2}+\dfrac{\arcsin x}{\pi}, & -1<x<1\\[2mm]1, & x\geqslant1\end{cases}$$

4.设二维随机变量 $(X，Y)$ 的概率密度为

$$f(x，y)=\begin{cases}A(x^2+y^2), & x^2+y^2\leqslant1\\0, & x^2+y^2>1\end{cases}$$

（1）求常数 A；

（2）求关于 X 的边缘概率密度；

（3）问 X 与 Y 是否相互独立？

解　（1）根据公式 $\displaystyle\int_{-\infty}^{+\infty}\int_{-\infty}^{+\infty}f(x，y)\mathrm{d}x\mathrm{d}y=1$，得

$$4\int_{0}^{1}\left[\int_{0}^{x}f(x，y)\mathrm{d}x\right]\mathrm{d}y=4\int_{0}^{1}\left[\int_{0}^{\sqrt{1-y^2}}A(x^2+y^2)\mathrm{d}x\right]\mathrm{d}y$$

$$=4A\int_{0}^{1}\left[\int_{0}^{\sqrt{1-y^2}}(x^2+y^2)\mathrm{d}x\right]\mathrm{d}y$$

$$=4A\int_{0}^{1}\left[\dfrac{1}{3}(1-y^2)^{\frac{3}{2}}+y^2(1-y^2)^{\frac{1}{2}}\right]\mathrm{d}y$$

令 $y=\sin\theta$，则 $\mathrm{d}y=\cos\theta\mathrm{d}\theta$. 当 $y=0$ 时，$\theta=0$；当 $y=1$，$\theta=\dfrac{\pi}{2}$.

$$\int_{0}^{1}\left[\dfrac{1}{3}(1-y^2)^{\frac{3}{2}}+y^2(1-y^2)^{\frac{1}{2}}\right]\mathrm{d}y=\int_{0}^{\frac{\pi}{2}}\left(\dfrac{1}{3}\cos^3\theta\cdot\cos\theta+\sin^2\theta\cdot\cos^2\theta\right)\mathrm{d}\theta$$

$$=\int_{0}^{\frac{\pi}{2}}\left[\dfrac{1}{3}\cos^4\theta+\sin^2\theta(1-\sin^2\theta)\right]\mathrm{d}\theta=\dfrac{\pi}{8}$$

所以 $\displaystyle\int_{-\infty}^{+\infty}\int_{-\infty}^{+\infty}f(x,y)\,\mathrm{d}x\mathrm{d}y = 4 \cdot A \cdot \frac{\pi}{8} = 1$，因此 $A = \dfrac{2}{\pi}$.

(2) $\displaystyle f_X(x) = \int_{-\infty}^{+\infty}f(x,y)\mathrm{d}y = \int_{y_1}^{y_2}\frac{2}{\pi}(x^2+y^2)\mathrm{d}y = \frac{2}{\pi}\int_{-\sqrt{1-x^2}}^{\sqrt{1-x^2}}(x^2+y^2)\mathrm{d}y$

$\qquad\qquad = \dfrac{4}{3\pi}(2x^2+1)(1-x^2)^{\frac{1}{2}}$

$$f_X(x) = \begin{cases} \dfrac{4}{3\pi}(2x^2+1)(1-x^2)^{\frac{1}{2}}, & |x| \leqslant 1 \\ 0, & \text{其他} \end{cases}$$

(3) 同(2)的方法可得

$$f_Y(y) = \begin{cases} \dfrac{4}{3\pi}(2y^2+1)(1-y^2)^{\frac{1}{2}}, & |y| \leqslant 1 \\ 0, & \text{其他} \end{cases}$$

则

$$f_X(x) \cdot f_Y(y) = \frac{4}{3\pi}(2x^2+1)(1-x^2)^{\frac{1}{2}} \cdot \frac{4}{3\pi}(2y^2+1)(1-y^2)^{\frac{1}{2}}$$

$$= \frac{16}{9\pi}(2x^2+1)(1-x^2)^{\frac{1}{2}}(2y^2+1)(1-y^2)^{\frac{1}{2}}$$

$$\neq f(x,y) = \frac{2}{\pi}(x^2+y^2)$$

因此可知 X 与 Y 不独立.

5.二维随机变量(X,Y)的概率密度为

$$f(x,y) = \begin{cases} c(6-x-y), & 0 < x < 2, 2 < y < 4 \\ 0, & \text{其他} \end{cases}$$

求：(1) 常数 k；

(2) $P(X<1,Y<3)$；

(3) $P(X+Y\leqslant 4)$.

解 (1) 根据题意，得

$$\int_{-\infty}^{+\infty}\int_{-\infty}^{+\infty}f(x,y)\mathrm{d}x\mathrm{d}y = \int_0^2\left[\int_2^4 c(6-x-y)\mathrm{d}y\right]\mathrm{d}x$$

而

$$\int_2^4 c(6-x-y)\mathrm{d}y = c(6-2x)$$

故

$$\int_{-\infty}^{+\infty}\int_{-\infty}^{+\infty}f(x,y)\mathrm{d}x\mathrm{d}y = \int_0^2 c(6-2x)\mathrm{d}x = 8c = 1$$

因此得 $c = \dfrac{1}{8}$.

(2) 因为 $f(x,y) = \begin{cases} \dfrac{1}{8}(6-x-y), & 0<x<4, 2<y<4 \\ 0, & \text{其他} \end{cases}$

所以

$$P(X<1,Y<3) = \int_2^3\left[\int_0^x \frac{1}{8}(6-x-y)\mathrm{d}x\right]\mathrm{d}y$$

而

$$\int_0^x \frac{1}{8}(6-x-y)\mathrm{d}x = \frac{1}{8}\int_0^x(6-x-y)\mathrm{d}x = \frac{1}{8}\left(\frac{11}{2}-y\right)$$

故

$$P(X<1,\, Y<3)=\int_2^3 \frac{1}{8}\left(\frac{11}{2}-y\right)\mathrm{d}y=\frac{1}{8}\left(\frac{11}{2}y-\frac{y^2}{2}\right)\Big|_2^3=\frac{3}{8}$$

（3）根据题得

$$P(X+Y\leqslant 4)=\int_2^4\left[\int_0^{4-y}\frac{1}{8}(6-x-y)\mathrm{d}x\right]\mathrm{d}y$$

而

$$\int_0^{4-y}\frac{1}{8}(6-x-y)\mathrm{d}x = 2-\frac{3}{4}y+\frac{y^2}{16}$$

故

$$P(X+Y\leqslant 4)=\int_2^4\left(2-\frac{3}{4}y+\frac{y^2}{16}\right)\mathrm{d}y=\left(2y-\frac{3}{4}\cdot\frac{y^2}{2}+\frac{1}{16}\cdot\frac{y^3}{3}\right)\Big|_2^4=\frac{2}{3}$$

6. 二维随机变量 (X,Y) 的概率密度为

$$f(x,\,y)=\begin{cases} \mathrm{e}^{-y}, & 0<x<y \\ 0, & \text{其他} \end{cases}$$

求边缘概率密度函数 $f_X(x)$，$f_Y(y)$.

解　根据题意得

$$f_X(x)=\int_{-\infty}^{+\infty}f(x,\,y)\mathrm{d}y=\int_x^{+\infty}\mathrm{e}^{-y}\mathrm{d}y=\mathrm{e}^{-x}$$

$$f_Y(y)=\int_{-\infty}^{+\infty}f(x,\,y)\mathrm{d}x=\int_0^y\mathrm{e}^{-y}\mathrm{d}x=y\mathrm{e}^{-y}$$

故

$$f_X(x)=\begin{cases} \mathrm{e}^{-x}, & 0<x<y \\ 0, & \text{其他} \end{cases}$$

$$f_Y(y)=\begin{cases} y\mathrm{e}^{-y}, & 0<x<y \\ 0, & \text{其他} \end{cases}$$

7. 二维随机变量 (X,Y) 的概率密度为

$$f(x,\,y)=\begin{cases} 1, & 0<x<1, 0<y<2x \\ 0, & \text{其他} \end{cases}$$

求：（1）边缘概率密度函数 $f_X(x)$，$f_Y(y)$；

（2）随机变量 $Z=2X-Y$ 的概率密度；

（3）$P\left(Y\leqslant \frac{1}{2}\,\middle|\,X\leqslant \frac{1}{2}\right)$.

解　（1）$f_X(x)=\int_{-\infty}^{+\infty}f(x,\,y)\mathrm{d}y=\begin{cases}\int_0^{2x}\mathrm{d}y, & 0<x<1 \\ 0, & \text{其他}\end{cases}=\begin{cases}2x, & 0<x<1 \\ 0, & \text{其他}\end{cases}$

$f_Y(y)=\int_{-\infty}^{+\infty}f(x,\,y)\mathrm{d}x=\begin{cases}\int_{\frac{y}{2}}^1\mathrm{d}x, & 0<y<2 \\ 0, & \text{其他}\end{cases}=\begin{cases}1-\dfrac{y}{2}, & 0<y<2 \\ 0, & \text{其他}\end{cases}$

(2) 当 $z \leqslant 0$ 时，$F_Z(z)=0$；

当 $0<z<2$ 时，$F_Z(z)=P(2X-Y \leqslant z)=\iint\limits_{2X-Y \leqslant z} f(x,y)\mathrm{d}x\mathrm{d}y$

$$= 1-\iint\limits_{2X-Y>z} f(x,y)\mathrm{d}x\mathrm{d}y = 1-\int_{\frac{z}{2}}^{1}\mathrm{d}x\int_{0}^{2x-z}\mathrm{d}y = z-\frac{z^2}{4}$$

当 $z \geqslant 2$，$F_Z(z)=1$。

因此

$$f_Z(z)=F_Z'(z)=\begin{cases}1-\dfrac{z}{2}, & 0<z<2\\ 0, & 其他\end{cases}$$

(3) 因为 $P\left(Y \leqslant \dfrac{1}{2}\;\middle|\; X \leqslant \dfrac{1}{2}\right)=\dfrac{P\left(X \leqslant \frac{1}{2},Y \leqslant \frac{1}{2}\right)}{P\left(X \leqslant \frac{1}{2}\right)}$，而

$$P\left(X \leqslant \frac{1}{2}\right)=\int_{-\infty}^{\frac{1}{2}} f_X(x)\mathrm{d}x=\int_0^{\frac{1}{2}} 2x\mathrm{d}x=\frac{1}{4}$$

$$P\left(X \leqslant \frac{1}{2},Y \leqslant \frac{1}{2}\right)=\iint\limits_{X \leqslant \frac{1}{2},Y \leqslant \frac{1}{2}} f(x,y)\mathrm{d}x\mathrm{d}y=\int_0^{\frac{1}{2}}\mathrm{d}y\int_{\frac{y}{2}}^{\frac{1}{2}}\mathrm{d}x=\frac{3}{16}$$

故

$$P\left(Y \leqslant \frac{1}{2}\;\middle|\; X \leqslant \frac{1}{2}\right)=\frac{P\left(X \leqslant \frac{1}{2},Y \leqslant \frac{1}{2}\right)}{P\left(X \leqslant \frac{1}{2}\right)}=\frac{\frac{3}{16}}{\frac{1}{4}}=\frac{3}{4}$$

8. 设随机变量 X,Y 相互独立，X 的概率分布为 $P(X=i)=\dfrac{1}{3}(i=-1,0,1)$，$Y$ 的概率密度为 $f_Y(y)=\begin{cases}1, & 0 \leqslant y<1\\ 0, & 其他\end{cases}$，记 $Z=X+Y$，求：

(1) $P\left(Z \leqslant \dfrac{1}{2}\,|\,X=0\right)$；

(2) Z 的概率密度。

解　(1) $P\left(Z \leqslant \dfrac{1}{2}\,|\,X=0\right)=P\left(X+Y \leqslant \dfrac{1}{2}\,|\,X=0\right)=P\left(Y \leqslant \dfrac{1}{2}\,|\,X=0\right)=P\left(Y \leqslant \dfrac{1}{2}\right)=\dfrac{1}{2}$

(2) $F_Z(z)=P(Z \leqslant z)=P(X+Y \leqslant z)$

$\quad=P(X+Y \leqslant z,X=-1)+P(X+Y \leqslant z,X=0)+P(X+Y \leqslant z,X=1)$

$\quad=P(Y \leqslant z+1,X=-1)+P(Y \leqslant z,X=0)+P(Y \leqslant z-1,X=1)$

$\quad=P(Y \leqslant z+1)P(X=-1)+P(Y \leqslant z)P(X=0)+P(Y \leqslant z-1)P(X=1)$

$\quad=\dfrac{1}{3}\left[P(Y \leqslant z+1)+P(Y \leqslant z)+P(Y \leqslant z-1)\right]$

$\quad=\dfrac{1}{3}\left[F_Y(z+1)+F_Y(z)+F_Y(z-1)\right]$

其中 $F_Y(z)$ 为 Y 的分布函数，由此得

$$f_Y(z)=F_Y'(z)=\frac{1}{3}\left[f_Y(z+1)+f_Y(z)+f_Y(z-1)\right]=\begin{cases}\dfrac{1}{3}, & -1 \leqslant z<2\\ 0, & 其他\end{cases}$$

9.设随机变量(X, Y)的概率密度为

$$f(x, y) = \begin{cases} x^2 + \dfrac{1}{3}xy, & 0 \leqslant x \leqslant 1, \ 0 \leqslant y \leqslant 2 \\ 0, & 其他 \end{cases}$$

求：(1) (X, Y)的分布函数；

(2) (X, Y)的边缘概率密度；

(3) (X, Y)的条件概率密度；

(4) $P(X+Y>1)$，$P(Y>X)$ 及 $P\left(Y<\dfrac{1}{2}\,\Big|\,X<\dfrac{1}{2}\right)$.

解　(1) 因为 $F(x, y) = \displaystyle\int_{-\infty}^{y}\left[\int_{-\infty}^{x} f(u, v)\mathrm{d}u\right]\mathrm{d}v$，因此

当 $x<0$，$y<0$ 时，$f(x, y)=0$，故

$$F(x, y) = 0$$

当 $x\in[0, 1]$，$y\in[0, 2]$时，

$$F(x, y) = \int_{0}^{y}\left[\int_{0}^{x} f(u, v)\mathrm{d}u\right]\mathrm{d}v$$

由 $\displaystyle\int_{0}^{x} f(u, v)\mathrm{d}u = \int_{0}^{x} u^2 + \dfrac{1}{3}uv\,\mathrm{d}u = \dfrac{x^3}{3} + \dfrac{x^2 v}{6}$ 得

$$F(x, y) = \int_{0}^{y}\left(\dfrac{x^3}{3} + \dfrac{x^2 v}{6}\right)\mathrm{d}v = \dfrac{1}{3}x^3 y + \dfrac{1}{12}x^2 y^2 = \dfrac{1}{3}x^2 y\left(x + \dfrac{y}{4}\right)$$

当 $x\in[0, 1]$，$y>2$ 时，

$$F(x, y) = \int_{0}^{2}\left(\dfrac{x^3}{3} + \dfrac{x^2 v}{6}\right)\mathrm{d}v = \dfrac{x^2}{3}(1+2x)$$

当 $x>1$，$y\in[0, 2]$时，

$$F(x, y) = \int_{0}^{y}\left[\int_{0}^{1} f(u, v)\mathrm{d}u\right]\mathrm{d}v$$

由 $\displaystyle\int_{0}^{1} f(u, v)\mathrm{d}u = \int_{0}^{1}\left(u^2 + \dfrac{1}{3}uv\right)\mathrm{d}u = \dfrac{1}{3} + \dfrac{v}{6}$ 得

$$F(x, y) = \int_{0}^{y}\left(\dfrac{1}{3} + \dfrac{v}{6}\right)\mathrm{d}v = \dfrac{y}{12}(4+y)$$

当 $x>1$，$y>2$ 时，

$$F(x, y) = \int_{0}^{2}\left[\int_{0}^{1} f(u, v)\mathrm{d}u\right]\mathrm{d}v = 1$$

综上可得

$$F(x, y) = \begin{cases} 0, & x<0, \ y<0 \\ \dfrac{1}{3}x^2 y\left(x + \dfrac{y}{4}\right), & 0 \leqslant x \leqslant 1, \ 0 \leqslant y \leqslant 2 \\ \dfrac{x^2}{3}(1+2x), & 0 \leqslant x \leqslant 1, \ y>2 \\ \dfrac{y}{12}(4+y), & x>1, \ 2 \geqslant y \geqslant 0 \\ 1, & x>1, \ y>2 \end{cases}$$

(2) $f_X(x) = \displaystyle\int_{-\infty}^{+\infty} f(x, y)\mathrm{d}y = \int_{0}^{2}\left(x^2 + \dfrac{1}{3}xy\right)\mathrm{d}y = 2x^2 + \dfrac{2}{3}x$

$$f_X(x) = \begin{cases} 2x^2 + \dfrac{2}{3}x, & 0 \leqslant x \leqslant 1 \\ 0, & 其他 \end{cases}$$

$$f_Y(y) = \int_{-\infty}^{+\infty} f(x, y)\mathrm{d}x = \int_0^1 \left(x^2 + \dfrac{1}{3}xy\right)\mathrm{d}x = \dfrac{1}{3} + \dfrac{y}{6}$$

$$f_Y(y) = \begin{cases} \dfrac{1}{3} + \dfrac{y}{6}, & 0 \leqslant y \leqslant 2 \\ 0, & 其他 \end{cases}$$

(3) $f_{X|Y}(x \mid y) = \dfrac{f(x, y)}{f_Y(y)} = \dfrac{x^2 + \dfrac{1}{3}xy}{\dfrac{1}{3} + \dfrac{y}{6}} = \dfrac{6x^2 + 2xy}{2 + y}$

$$f_{X|Y}(x \mid y) = \begin{cases} \dfrac{6x^2 + 2xy}{2 + y}, & 0 \leqslant x \leqslant 1, \ 0 \leqslant y \leqslant 2 \\ 0, & 其他 \end{cases}$$

(4) ① 求 $P(X+Y>1)$：

$$P(X+Y>1) = 1 - P(X+Y \leqslant 1) = 1 - \int_0^1 \left[\int_0^{1-y} f(x, y)\mathrm{d}x\right]\mathrm{d}y$$

而

$$\int_0^{1-y} f(x, y)\mathrm{d}x = \int_0^{1-y}\left(x^2 + \dfrac{1}{3}xy\right)\mathrm{d}x = \dfrac{(1-y)^3}{3} + \dfrac{y}{6}(1-y)^2$$

因此

$$\int_0^1 \left[\int_0^{1-y} f(x, y)\mathrm{d}x\right]\mathrm{d}y = \int_0^1 \left[\dfrac{(1-y)^3}{3} + \dfrac{y}{6}(1-y)^2\right]\mathrm{d}y = \dfrac{7}{72}$$

所以

$$P(X+Y>1) = 1 - P(X+Y \leqslant 1) = 1 - \dfrac{7}{72} = \dfrac{65}{72}$$

② 求 $P(Y>X)$：

$$P(Y>X) = \int_0^1 \mathrm{d}x \int_x^2 \left(x^2 + \dfrac{1}{3}xy\right)\mathrm{d}y = \int_0^1 \left(2x^2 - x^3 + \dfrac{2}{3}x - \dfrac{x^3}{6}\right)\mathrm{d}x = \dfrac{17}{24}$$

③ 求 $P\left(Y<\dfrac{1}{2} \,\middle|\, X<\dfrac{1}{2}\right)$：

$$P\left(X<\dfrac{1}{2}\right) = \int_0^2 \left[\int_0^{\frac{1}{2}} f(x, y)\mathrm{d}x\right]\mathrm{d}y$$

而

$$\int_0^{\frac{1}{2}} f(x, y)\mathrm{d}x = \int_0^{\frac{1}{2}}\left(x^2 + \dfrac{1}{3}xy\right)\mathrm{d}x = \dfrac{1+y}{24}$$

因此

$$P\left(X<\dfrac{1}{2}\right) = \int_0^2 \dfrac{1+y}{24}\mathrm{d}y = \dfrac{1}{6}$$

$$P\left(X<\dfrac{1}{2}, Y<\dfrac{1}{2}\right) = \int_0^{\frac{1}{2}}\left[\int_0^{\frac{1}{2}} f(x, y)\mathrm{d}x\right]\mathrm{d}y = \int_0^{\frac{1}{2}} \dfrac{1+y}{24}\mathrm{d}y = \dfrac{1}{24} \times \dfrac{5}{8} = \dfrac{5}{192}$$

$$P\left(Y<\frac{1}{2}\,\Big|\,X<\frac{1}{2}\right)=\frac{P\left(Y<\frac{1}{2}\,,\,X<\frac{1}{2}\right)}{P\left(X<\frac{1}{2}\right)}=\frac{\frac{1}{24}\times\frac{5}{8}}{\frac{1}{6}}=\frac{5}{32}$$

10.设随机变量(X,Y)关于X的概率密度为

$$f_X(x)=\begin{cases}3x^2, & 0<x<1\\0, & \text{其他}\end{cases}$$

在给定 $X=x(0<x<1)$的条件下，Y的条件概率密度为

$$f(y\,|\,x)=\begin{cases}\dfrac{3y^2}{x^3}, & 0<y<x\\0, & \text{其他}\end{cases}$$

求：(1) (X,Y)的概率密度；

(2) (X,Y)关于Y的边缘概率密度；

(3) $P(X>2Y)$.

解　(1) 已知公式 $f_{Y|X}(y\,|\,x)=\dfrac{f(x,\,y)}{f_X(x)}$，当 $f_X(x)>0$ 时

$$f_X(x)=\begin{cases}3x^2, & 0<x<1\\0, & \text{其他}\end{cases}\quad\text{和}\quad f_{Y|X}(y\,|\,x)=\begin{cases}\dfrac{3y^2}{x^3}, & 0<y<x\\0, & \text{其他}\end{cases}$$

成立，所以，当 $f_X(x)>0$ 时，也就是 $0<x<1$ 时，

$$f(x,\,y)=f_X(x)f_{Y|X}(y\,|\,x)=\begin{cases}\dfrac{9y^2}{x}, & 0<y<x\\0, & \text{其他}\end{cases}$$

这样得到的 $f(x,\,y)$ 只是定义在 $0<x<1$，$0<y<x$ 上的 $f(x,\,y)$，但实际上的 $f(x,\,y)$ 必须定义在全平面上.

由于 $\displaystyle\int_0^1\int_{-\infty}^{+\infty}f(x,\,y)\mathrm{d}x\mathrm{d}y=\int_0^1\mathrm{d}x\int_0^x\frac{9y^2}{x}\mathrm{d}y=\int_0^1 3x^2\mathrm{d}x=1$，因此，我们有理由确定在 $0<x<1$，$-\infty<y<+\infty$ 以外的平面上 $f(x,\,y)\equiv0$，最后得到

$$f(x,\,y)=\begin{cases}\dfrac{9y^2}{x}, & 0<y<x,\ 0<x<1\\0, & \text{其他}\end{cases}$$

(2) $\displaystyle f_Y(y)=\int_{-\infty}^{+\infty}f(x,\,y)\mathrm{d}x=\begin{cases}\displaystyle\int_y^1\frac{9y^2}{x}\mathrm{d}x, & 0<y<1\\0, & \text{其他}\end{cases}=\begin{cases}-9y^2\ln y, & 0<y<1\\0, & \text{其他}\end{cases}$

(3) $\displaystyle P(X>2Y)=\iint\limits_{x>2y}f(x,\,y)\mathrm{d}x\mathrm{d}y=\int_0^1\mathrm{d}x\int_0^{\frac{x}{2}}\frac{9y^2}{x}\mathrm{d}y=\int_0^1\frac{3x^2}{8}\mathrm{d}x=\frac{1}{8}.$

第三章　随机变量的数字特征

一、基本要求

1. 理解随机变量数学期望与方差的概念，掌握它们的性质与计算方法.

2. 了解 0-1 分布、二项分布、泊松分布、正态分布、均匀分布和指数分布的数学期望与方差.

3. 了解矩、协方差、相关系数的概念及其性质，并会计算.

二、基本内容

1. 离散型随机变量的数学期望

设离散型随机变量 X 的分布律为

$$P(X=x_k)=p_k, \quad k=1, 2, \cdots$$

若级数 $\sum_{k=1}^{\infty} x_k p_k$ 绝对收敛，则 X 的数学期望存在，称 $\sum_{k=1}^{\infty} x_k p_k$ 为 X 的数学期望，简称为期望或均值，记为 $E(X)$，即

$$E(X) = \sum_{k=1}^{\infty} x_k p_k$$

当 $\sum_{k=1}^{\infty} |x_k| p_k$ 发散时，X 的数学期望不存在.

2. 连续型随机变量的数学期望

设 X 为连续型随机变量，$f(x)$ 为其概率密度，若积分 $\int_{-\infty}^{+\infty} xf(x)\mathrm{d}x$ 绝对收敛，则称 $\int_{-\infty}^{+\infty} xf(x)\mathrm{d}x$ 为 X 的数学期望，简称为期望或均值，记为 $E(X)$，即

$$E(X)=\int_{-\infty}^{+\infty} xf(x)\mathrm{d}x$$

当 $\int_{-\infty}^{+\infty} |x| f(x)\mathrm{d}x=+\infty$ 时，称 X 的数学期望不存在.

3. 随机变量的函数的数学期望

设 Y 是随机变量 X 的函数，$Y=g(X)$，其中 $y=g(x)$ 为连续函数.

（1）若 X 为离散型随机变量，分布律为

$$p_k=P(X=x_k), \quad k=1, 2, \cdots$$

且级数 $\sum_{k=1}^{\infty} g(x_k) p_k$ 绝对收敛，则 $Y=g(x)$ 的数学期望为

$$E(Y) = E[g(X)] = \sum_{k=1}^{\infty} g(x_k) p_k$$

（2）若 X 为连续型随机变量，其概率密度为 $f(x)$，且积分 $\int_{-\infty}^{+\infty} g(x) f(x) \mathrm{d}x$ 绝对收敛，则 $Y = g(x)$ 的数学期望为

$$E(Y) = E[g(X)] = \int_{-\infty}^{+\infty} g(x) f(x) \mathrm{d}x$$

4. 二维随机变量的函数的数学期望

设 $Z = g(X, Y)$ 是二维随机变量 (X, Y) 的函数，其中 $z = g(x, y)$ 为二元连续函数.

（1）若 (X, Y) 为二维离散型随机变量，设其分布律为

$$p_{ij} = P(X = x_i, Y = y_j), \quad i, j = 1, 2, \cdots$$

且级数 $\sum_{i=1}^{\infty} \sum_{j=1}^{\infty} g(x_i, y_j) p_{ij}$ 绝对收敛，则 $Z = g(X, Y)$ 的数学期望为

$$E(Z) = E[g(X, Y)] = \sum_{i=1}^{\infty} \sum_{j=1}^{\infty} g(x_i, y_j) p_{ij}$$

（2）若 (X, Y) 为二维连续型随机变量，设其概率密度为 $f(x, y)$，且积分 $\int_{-\infty}^{+\infty} \int_{-\infty}^{+\infty} g(x, y) f(x, y) \mathrm{d}x\mathrm{d}y$ 绝对收敛，则 $Z = g(X, Y)$ 的数学期望为

$$E(Z) = E[g(X, Y)] = \int_{-\infty}^{+\infty} \int_{-\infty}^{+\infty} g(x, y) f(x, y) \mathrm{d}x\mathrm{d}y$$

5. 数学期望的性质

假设下列随机变量的数学期望均存在，C 为常数.

（1）$E(C) = C$；

（2）$E(CX) = CE(X)$；

（3）$E(X + Y) = E(X) + E(Y)$；

（4）若 X 与 Y 相互独立，则 $E(XY) = E(X) \cdot E(Y)$.

6. 方差

设 X 为随机变量，若 $E[X - E(X)]^2$ 存在，则称 $E[X - E(X)]^2$ 为 X 的方差，记为 $D(X)$ 或 $\mathrm{Var}(X)$，即

$$D(X) = E[X - E(X)]^2$$

方差的平方根 $\sqrt{D(X)}$ 称为随机变量 X 的标准差或均方差.

7. 方差的性质

假设下列随机变量的方差均存在.

性质 1：设 C 为常数，则 $D(C) = 0$.

性质 2：设 C 为常数，X 为随机变量，则 $D(CX) = C^2 D(X)$.

性质 3：设随机变量 X 与 Y 相互独立，则 $D(X + Y) = D(X) + D(Y)$.

8. 矩

设 X 为随机变量，C 为常数，k 为正整数，量 $E[(X - C)^k]$ 称为 X 关于 C 的 k 阶矩.

9. 切比雪夫不等式

设随机变量 X 的期望和方差都存在，则对任意的 $\varepsilon > 0$，有

$$P(|X-E(X)| \geqslant \varepsilon) \leqslant \frac{D(X)}{\varepsilon^2}$$

或等价地

$$P(|X-E(X)| < \varepsilon) \geqslant 1 - \frac{D(X)}{\varepsilon^2}$$

10. 协方差

设 (X, Y) 为二维随机变量，若 $E\{[X-E(X)][Y-E(Y)]\}$ 存在，则称之为随机变量 X 与 Y 的协方差，记为 $\mathrm{Cov}(X, Y)$，即

$$\mathrm{Cov}(X, Y) = E\{[X-E(X)][Y-E(Y)]\}$$

11. 协方差的性质

(1) $\mathrm{Cov}(X, Y) = \mathrm{Cov}(Y, X)$；

(2) $\mathrm{Cov}(aX, bY) = ab\mathrm{Cov}(X, Y)$（$a, b$ 为常数）；

(3) $\mathrm{Cov}(X_1 + X_2, Y) = \mathrm{Cov}(X_1, Y) + \mathrm{Cov}(X_2, Y)$；

(4) 若 X 与 Y 相互独立，则 $\mathrm{Cov}(X, Y) = 0$.

12. 相关系数

设 (X, Y) 为二维随机变量，称

$$\rho_{XY} = \frac{\mathrm{Cov}(X, Y)}{\sqrt{D(X)}\sqrt{D(Y)}}$$

为随机变量 X 与 Y 的相关系数.

13. 相关系数的性质

(1) $|\rho_{XY}| \leqslant 1$；

(2) $|\rho_{XY}| = 1$ 的充要条件是存在常数 $a \neq 0$，b 使 $P(Y = aX + b) = 1$.

14. 一维正态分布

如果随机变量 X 的概率密度函数为

$$f(x) = \frac{1}{\sqrt{2\pi}\sigma} e^{-\frac{(x-\mu)^2}{2\sigma^2}}, \quad -\infty < x < +\infty$$

其中 $-\infty < \mu < +\infty$，$\sigma > 0$，μ，σ 为常数，则称 X 服从参数为 μ，σ^2 的正态分布（或高斯分布），记为 $X \sim N(\mu, \sigma^2)$.

15. 一维正态分布的特性

(1) 曲线 $f(x)$ 关于 $x = \mu$ 对称，即 $f(\mu+x) = f(\mu-x)$.

当 $x = \mu$ 时，$f(x)$ 达到最大值 $f_{\max}(x) = f(\mu) = \frac{1}{\sqrt{2\pi}\sigma}$.

(2) 曲线 $f(x)$ 图形均在 x 轴上方，且以 x 轴为渐近线，$\lim\limits_{x \to \infty} f(x) = 0$.

(3) 在 $x = \mu \pm \sigma$ 时，曲线 $y = f(x)$ 在对应的点处有拐点，区间 $(\mu+\sigma, +\infty)$ 及 $(-\infty,$

$\mu-\sigma)$ 上对应的图形为凹弧，区间 $(\mu-\sigma,\ \mu+\sigma)$ 上对应的图形为凸弧.

（4）当 σ 固定，μ 变化时，$f(x)$ 的图形沿 x 轴平行移动，但不改变其形状.当 μ 固定，σ 变化时，$f(x)$ 的图形随之变化，且当 σ 越小时，图形越"陡峭"，分布越集中在 $x=\mu$ 附近；当 σ 越大时，图形越"平坦"，分布越分散.故 $f(x)$ 的图形的位置由 μ 确定，称 μ 为位置参数；形状由 σ 确定，称 σ 为形状参数.

16. 一般正态分布的计算

先通过换元法化为标准正态分布，再查标准正态分布函数表即得.

设随机变量 $X\sim N(\mu,\ \sigma^2)$，则 $Y=\dfrac{X-\mu}{\sigma}\sim N(0,1)$，称 $\dfrac{X-\mu}{\sigma}$ 为 X 的标准化变换.

三、释疑解难

1. 随机变量的数字特征，在随机变量的研究和实际应用中的意义是什么？

答　要想全面了解一个随机变量的统计规律，最好能求出其对应的分布函数，但实际问题中某些随机变量的分布函数非常难求，这时我们可以通过求某几个特征值来了解其统计规律.比如随机变量的期望 $E(X)$，反映 X 取值的集中位置；随机变量的方差 $D(X)$，反映 X 取值对期望的集中程度.这些数字特征不但计算简单，而且也能满足解决实际问题的需要.

2. 随机变量的数学期望有哪些？

答　随机变量的数学期望除了常用的期望和方差，还包括原点矩、中心距、协方差和相关系数.

3. 随机变量的期望和方差有什么关系？

答　根据方差的定义：
$$D(X)=E[X-E(X)]^2$$
可知当期望不存在时，方差也不存在；反之当期望存在时，方差却不一定存在，例如：当 $f(x,\ y)=\dfrac{1}{\pi(x^2+y^2+1)^2}$，$-\infty<x<+\infty$，$-\infty<y<+\infty$ 时，$E(X)=E(Y)=0$ 是存在的，但是 $D(X)=D(Y)=+\infty$ 却不存在.

四、典型例题

例 1　投掷 10 枚骰子，试求出现点数之和 X 的数学期望.

解　令 X_i 表示第 i 枚骰子出现的点数，而 X_i 服从的分布律为

X_i	1	2	3	4	5	6
P_k	$\frac{1}{6}$	$\frac{1}{6}$	$\frac{1}{6}$	$\frac{1}{6}$	$\frac{1}{6}$	$\frac{1}{6}$

则
$$E(X_i)=1\times\frac{1}{6}+2\times\frac{1}{6}+3\times\frac{1}{6}+4\times\frac{1}{6}+5\times\frac{1}{6}+6\times\frac{1}{6}=3.5$$

由于每个骰子的期望值是一样的，即

$$E(X_1)=E(X_2)=\cdots=E(X_{10})=3.5$$

$$E(X)=E\left(\sum_{i=1}^{10}X_i\right)=\sum_{i=1}^{10}E(X_i)=10\times3.5=35$$

注：若题目拓展为投掷 n 枚骰子，则 $E(X)=n\times3.5=3.5n$.

例 2　一整数等可能的在 $1,2,\cdots,10$ 中取值，以 ξ 表示除得尽这一整数的正整数的个数，求 $E(\xi)$.

解　设该整数为 X，根据题意得其分布律为

X	1	2	3	4	5	6	7	8	9	10
P	$\dfrac{1}{10}$	$\dfrac{1}{10}$	$\dfrac{1}{10}$	$\dfrac{1}{10}$	$\dfrac{1}{10}$	$\dfrac{1}{10}$	$\dfrac{1}{10}$	$\dfrac{1}{10}$	$\dfrac{1}{10}$	$\dfrac{1}{10}$

当 X 取整数 1 时，则除得尽 1 的正整数有 10 个，即 $\xi=10$；

当 X 取整数 2 时，则除得尽 2 的正整数有 5 个，即 $\xi=5$；

当 X 取整数 3 时，则除得尽 3 的正整数有 3 个，即 $\xi=5$.

以此类推，可得下列分布律：

X	1	2	3	4	5	6	7	8	9	10
P	$\dfrac{1}{10}$	$\dfrac{1}{10}$	$\dfrac{1}{10}$	$\dfrac{1}{10}$	$\dfrac{1}{10}$	$\dfrac{1}{10}$	$\dfrac{1}{10}$	$\dfrac{1}{10}$	$\dfrac{1}{10}$	$\dfrac{1}{10}$
ξ	10	5	3	2	2	1	1	1	1	1

于是 ξ 的期望

$$E(\xi)=(10+5+3+2+2+1+1+1+1+1)\times\frac{1}{10}=2.7$$

例 3　设在某一规定的时间间隔里，某电气设备用于最大负荷的时间 X（单位：min）是一个随机变量，其概率密度为

$$f(x)=\begin{cases}\dfrac{1}{1500^2}x, & 0\leqslant x\leqslant1500 \\[2mm] -\dfrac{1}{1500^2}(x-3000), & 1500<x\leqslant3000 \\[2mm] 0, & 其他\end{cases}$$

求 $E(X)$.

解　根据连续型随机变量期望的定义知

$$E(X)=\int_{-\infty}^{+\infty}xf(x)\mathrm{d}x=\int_{-\infty}^{0}0\mathrm{d}x+\int_{0}^{1500}\frac{x^2}{1500^2}\mathrm{d}x+\int_{1500}^{3000}x\frac{3000-x}{1500^2}\mathrm{d}x+\int_{3000}^{+\infty}0\mathrm{d}x$$

$$=\int_{0}^{1500}\frac{x^2}{1500^2}\mathrm{d}x+\int_{1500}^{3000}\frac{(3000-x)x}{1500^2}\mathrm{d}x=1500$$

例 4　设连续型随机变量 X 的概率密度为 $f(x)=\begin{cases}kx^a, & 0<x<1 \\ 0, & 其他\end{cases}$，其中 $k,a>0$，又已知 $E(X)=0.75$，求 k,a 的值.

解　因为

$$\int_{-\infty}^{+\infty} f(x)\mathrm{d}x = 1, \int_{-\infty}^{+\infty} xf(x)\mathrm{d}x = 0.75$$

所以

$$\int_0^1 kx^a\mathrm{d}x = 1, \int_0^1 x \cdot kx^a\mathrm{d}x = 0.75$$

即

$$\frac{k}{a+1}x^{a+1}\Big|_0^1 = 1, \frac{k}{a+2}x^{a+2}\Big|_0^1 = 0.75$$

即

$$\begin{cases} \dfrac{k}{a+1} = 1 \\ \dfrac{k}{a+2} = 0.75 \end{cases}$$

解得 $k=3$，$a=2$.

例 5　有 n 把看上去样子相同的钥匙，其中只有一把能把门打开，用它们去试开门，设抽取钥匙是等可能的，若每把钥匙试开后除去，求试开次数 ξ 的数学期望.

解　每次开门可看成钥匙的一次排列，如能开门的在第 k 位，概率为 $\dfrac{1}{n}$，所以

$$P(\xi=k) = \frac{1}{n}(k=1, 2, \cdots, n)$$

于是

$$E(\xi) = \sum_{k=1}^{n} k \cdot P(\xi = k) = \frac{1}{n}\sum_{k=1}^{n} k = \frac{1}{n} \cdot \frac{n(n+1)}{2} = \frac{n+1}{2}$$

例 6　设连续型随机变量 X 的密度函数 $f(x)$ 在 $x<0$ 时恒为零，且 $E(x)$ 存在，试证：对任意正常数 a 有 $P(X>a) \leqslant \dfrac{E(X)}{a}$.

证明　$P(X > a) = \int_a^{+\infty} f(x)\mathrm{d}x \leqslant \int_a^{+\infty} \dfrac{x}{a}f(x)\mathrm{d}x = \dfrac{1}{a}\int_a^{+\infty} xf(x)\mathrm{d}x \leqslant \dfrac{1}{a}\int_{-\infty}^{+\infty} xf(x)\mathrm{d}x$

$$= \frac{1}{a}E(X)$$

例 7　对圆的半径进行测量，测得近似值用 ξ 表示，如果 ξ 服从正态分布 $N(a, \sigma^2)(\sigma>0)$，求圆面积的近似值 η 的数学期望 $E(\eta)$.

解　因为 ξ 服从正态分布 $N(a, \sigma^2)$，所以

$$E(\eta) = E(\pi\xi^2) = \pi E(\xi^2) = \pi\{D(\xi) + [E(\xi)]^2\} = \pi(\sigma^2 + a^2)$$

例 8　滚珠直径的额定尺寸为 10 毫米，凡是不能通过直径为 10.1 毫米圆孔的或能通过直径为 9.9 毫米圆孔的滚珠都算作废品，滚珠由 7.8 克/厘米³ 的钢材制成，如果滚珠直径 ξ 在允许范围内（即 9.9~10.1 毫米）服从均匀分布，试求滚珠重量 η 的数学期望.

解　由题意可知滚珠的直径的概率密度为

$$f(x) = \begin{cases} \dfrac{1}{0.2}, & 9.9 \leqslant x \leqslant 10.1 \\ 0, & \text{其他} \end{cases}$$

而 $\eta = \dfrac{\pi}{6}\xi^3 \times 7.8 \times 10^{-3}$，于是

$$E(\eta) = E\left(\frac{7.8}{6}\pi \times 10^{-3}\xi^3\right) = \frac{7.8}{6}\pi \times 10^{-3}\int_{9.9}^{10.1}x^3\,\frac{1}{0.2}\mathrm{d}x$$

$$= \frac{7.8}{6}\pi \times \frac{1}{0.2} \times \frac{1}{4}(10.1^4 - 9.9^4) \times 10^{-3} \approx 4.08$$

例 9　某车间生产的圆盘直径 d 在区间 (a, b) 服从均匀分布，试求圆盘面积的数学期望.

解　由题意知直径 $d \sim U(a, b)$，密度为 $f(x) = \begin{cases} \dfrac{1}{b-a}, & a < x < b \\ 0, & \text{其他} \end{cases}$，圆盘面积 $S(d) = \pi \cdot \dfrac{d^2}{4}$，则数学期望为

$$E(S) = \int_{-\infty}^{+\infty}\frac{\pi}{4}x^2 \cdot f(x)\mathrm{d}x = \int_a^b \frac{\pi}{4}x^2 \cdot \frac{1}{b-a}\mathrm{d}x = \frac{\pi}{12}(a^2 + ab + b^2)$$

例 10　设袋中有 n 张卡片，记号码为 $1, 2, \cdots, n$，从中任取 $m(1 \leqslant m \leqslant n)$ 张，求号码之和的数学期望.

解　设 X 表示取出的 m 张号码之和，m 个号码分别为 $X_1, X_2, \cdots, X_m$，显然 $X = X_1 + X_2 + \cdots + X_n$. 假设每张卡片被抽到的可能性相等，于是

$$P(X_i = k) = \frac{1}{n}, \quad 1 \leqslant k \leqslant n, \ 1 \leqslant i \leqslant m$$

$$E(X_i) = \sum_{k=1}^{n}k\frac{1}{n} = \frac{1}{n}\sum_{k=1}^{n}k = \frac{1}{n} \cdot \frac{n(n+1)}{2} = \frac{n+1}{2}, \quad 1 \leqslant i \leqslant m$$

故

$$E(X) = E(X_1 + X_2 + \cdots + X_n) = mE(X_i) = \frac{m(n+1)}{2}$$

例 11　一袋中装有 5 只球，编号为 $1, 2, 3, 4, 5$，从袋中同时取出 3 只球，以 X 表示取出的 3 只球中的最大号码，试求随机变量 X 的分布律和方差 $D(X)$.

解　随机变量 X 的所有可能取值为 $3, 4, 5$，取各个值的概率为

$$P(X=3) = \frac{1}{C_5^3} = \frac{1}{10}, \ P(X=4) = \frac{C_3^2}{C_5^3} = \frac{3}{10}, \ P(X=5) = \frac{C_4^2}{C_5^3} = \frac{6}{10}$$

于是可得 X 的分布律为

X	3	4	5
P_k	$\dfrac{1}{10}$	$\dfrac{3}{10}$	$\dfrac{6}{10}$

$$E(X) = 3 \times \frac{1}{10} + 4 \times \frac{3}{10} + 5 \times \frac{6}{10} = \frac{45}{10} = 4.5$$

$$E(X^2) = 9 \times \frac{1}{10} + 16 \times \frac{3}{10} + 25 \times \frac{6}{10} = \frac{207}{10} = 20.7$$

所以

$$D(X) = E(X^2) - [E(X)^2] = 20.7 - 4.5^2 = 0.45$$

例 12 设甲、乙两家灯泡厂生产的灯泡的寿命(单位：小时)X 和 Y 的分布律分别为

X	950	1000	1050
P	0.3	0.4	0.3

Y	900	1000	1100
P	0.1	0.8	0.1

试问哪家工厂生产的灯泡质量较好？

解 哪家工厂的灯泡寿命期望值大，哪家灯泡质量就好。由期望的定义有

$$E(X) = 950 \times 0.3 + 1000 \times 0.4 + 1050 \times 0.3 = 1000$$
$$E(Y) = 900 \times 0.1 + 1000 \times 0.8 + 1100 \times 0.1 = 1000$$

$E(X) = E(Y) = 1000$，即甲、乙两家工厂的灯泡的期望值相等，说明甲、乙两家工厂生产灯泡的水平相当。这就需要进一步考虑哪家工厂灯泡的质量比较稳定，即看哪家工厂的灯泡寿命取值更集中一些，这就需要比较其方差。方差小的说明灯炮的寿命值较稳定，灯泡质量较好。由方差的定义式得

$$D(X) = (950-1000)^2 \times 0.3 + (1000-1000)^2 \times 0.4 + (1050-1000)^2 \times 0.3 = 1500$$
$$D(Y) = (900-1000)^2 \times 0.1 + (1000-1000)^2 \times 0.8 + (1100-1000)^2 \times 0.1 = 2000$$

因 $D(X) < D(Y)$，故甲厂生产的灯泡质量较乙厂稳定。

例 13 设随机变量 X 服从次数为 2 的泊松分布，利用切比雪夫不等式估计 $P(|X-2| \geqslant 4)$.

解 由 $X \sim P(2)$ 可得 $E(X) = D(X) = 2$，于是有

$$P(|X-2| \geqslant 4) = P(|X-E(X)| \geqslant 4) \leqslant \frac{1}{8} = 0.125$$

例 14 若随机变量 X 服从 $[-1, a]$ 上的均匀分布，由切比雪夫不等式有 $P(|X-1| < b) \geqslant \frac{2}{3}$，求 a, b 的值。

解 因为随机变量 X 服从 $[-1, a]$ 上的均匀分布，所以有

$$E(X) = \frac{-1+a}{2}, \quad D(X) = \frac{1}{12}(a+1)^2$$

因为 $P(|X-1| < b) \geqslant \frac{2}{3}$，即 $1 - P(|X-1| \geqslant b) \geqslant \frac{2}{3}$，$P(|X-1| \geqslant b) \leqslant \frac{1}{3}$，所以根据切比雪夫不等式，可知

$$E(X) = 1 = \frac{-1+a}{2}$$

解得 $a = 3$，于是 $D(X) = \frac{(a+1)^2}{12} = \frac{4}{3}$.

因为 $\frac{D(X)}{b^2} = \frac{1}{3}$，所以 $b^2 = 4$，$b = 2$.

例 15 某发电机给 10 000 盏电灯供电，设每晚各盏电灯的开、关是相互独立的，每盏灯开着的概率都是 0.8，试用切比雪夫不等式估计每晚同时开灯的电灯数在 7800 与 8200 之间的概率。

解 设每晚同时开灯的电灯数为 X，依题意有

$$X \sim B(10\ 000,\ 0.8),\ E(X)=8000,\ D(X)=10\ 000 \times 0.8 \times 0.2 = 1600$$

故

$$P(7800 < X < 8200) = P(|X-8000| < 200) \geqslant 1 - \frac{1600}{200^2} = 0.96$$

即每晚同时开灯的电灯数在 7800 与 8200 之间的概率为 0.96.

例 16　有一枚均匀的硬币投掷 1000 次，试用切比雪夫不等式估计：在这 1000 次投掷中出现正面的次数在 400 至 600 之间的概率至少为多少.

解　设第 i 次出现正面，则

$$\xi_i = \begin{cases} 1, & \text{出现正面} \\ 0, & \text{出现反面} \end{cases}$$

$$P(\xi_i=1) = P(\xi_i=0) = \frac{1}{2},\ E(\xi_i) = \frac{1}{2},\ D(\xi_i) = \frac{1}{4}$$

则 $i=1,\ 2,\ \cdots,\ 1000,\ \xi_1,\ \xi_2,\ \cdots,\ \xi_{1000}$ 相互独立.

又设 1000 次投掷中出现正面的次数为 η，则 $\eta = \sum\limits_{i=1}^{1000} \xi_i$，于是 η 的期望和方差分别为

$$E(\eta) = E\left(\sum_{i=1}^{1000} \xi_i\right) = \sum_{i=1}^{1000} E(\xi_i) = 1000 \times \frac{1}{2} = 500$$

$$D(\eta) = \sum_{i=1}^{1000} D(\xi_i) = 1000 \times \frac{1}{4} = 250$$

由切比雪夫不等式知，对任给定的 $\varepsilon > 0$，有 $P(|\eta - E(\eta)| < \varepsilon) \geqslant 1 - \dfrac{D(\eta)}{\varepsilon^2}$，取 $\varepsilon = 100$，有

$$P(400 < \eta < 600) = P(|\eta-500| < 100) \geqslant 1 - \frac{250}{100^2} = 0.975$$

例 17　已知正常男性成人血液中，每毫升白细胞数单位均值是 7300，均方差是 700，利用切比雪夫不等式估计正常男性成人血液中每毫升含白细胞数在 5200～9400 之间的概率.

解　设 X 表示正常男性成人血液中每毫升含白细胞数，则

$$E(X) = 7300,\ D(X) = 700^2 = \sigma^2,$$

根据切比雪夫不等式，得

$$\begin{aligned}
P(5200 < X < 9400) &= P(5200-7300 < X-7300 < 9400-7300) \\
&= P(-2100 < X-7300 < 2100) \\
&= P(-3\sigma < X-E(X) < 3\sigma) \\
&= P(|X-E(X)| < 3\sigma) \\
&= 1 - P(|X-E(X)| \geqslant 3\sigma) \\
&\geqslant 1 - \frac{\sigma^2}{(3\sigma)^2} = \frac{8}{9}
\end{aligned}$$

例 18　证明：如果随机变量 ξ 或 η 为常数，则 $\mathrm{Cov}(\xi,\ \eta) = 0$.

证明　不妨设 $\xi = c$（c 为常数），则 $E(\xi) = c$，因此

$$\mathrm{Cov}(\xi,\ \eta) = E\{[\xi-E(\xi)][\eta-E(\eta)]\} = E\{(c-c)[\eta-E(\eta)]\} = 0$$

例 19　设 $W = (aX+3Y)^2$，$E(X) = E(Y) = 0$，$D(X) = 4$，$D(Y) = 16$，$\rho_{XY} = -0.5$，求常数 a，使 $E(W)$ 的值最小，并求 $E(W)$ 的最小值.

解
$$E(W)=E(aE+3Y)^2=E(a^2X^2+9Y^2+6aXY)$$
$$=a^2E(X^2)+9E(Y^2)+6aE(XY)$$
$$=a^2\{D(X)+[E(X)]^2\}+9\{D(Y)+[E(Y)]^2\}+$$
$$6a[\rho_{XY}\sqrt{D(X)D(Y)}+E(X)E(Y)]$$
$$=4a^2+144-24a=4[(a-3)^2+27]$$

易见，当 $a=3$ 时，$E(W)$ 最小，且 $E(W)_{\min}=4\times27=108$.

注：求 $E(W)$ 最小时的 a，也可利用求导法. $\dfrac{\mathrm{d}E}{\mathrm{d}a}=8(a-3)$，令 $\dfrac{\mathrm{d}E}{\mathrm{d}a}=0$，得 $a=3$ 是唯一驻点. 又因 $\dfrac{\mathrm{d}^2E}{\mathrm{d}a^2}=8>0$，故 $a=3$ 为极小点，也是最小点，所以，当 $a=3$ 时 $E(W)$ 最小，且 $E(W)$ 的最小值为 108.

例 20 将两封信随机投入三个空邮筒，设 X、Y 分别表示第一、第二号邮筒中的信的个数. 求：

(1) (X,Y) 的联合分布律；

(2) X 和 Y 的边缘分布律，并判断 X 与 Y 是否独立；

(3) $Z=X-Y$ 的分布律；

(4) $\mathrm{Cov}(X,Z)$.

解 (1) (X,Y) 的所有可能的取值为 (i,j)，$i,j=0,1,2$，$i+j\leqslant2$，且

$$P(X=0,Y=0)=\frac{1}{3^2}=\frac{1}{9}$$

$$P(X=0,Y=1)=\frac{2\times1}{3^2}=\frac{2}{9}$$

$$P(X=1,Y=0)=\frac{2\times1}{3^2}=\frac{2}{9}$$

$$P(X=1,Y=1)=\frac{2}{3^2}=\frac{2}{9}$$

$$P(X=0,Y=2)=\frac{1}{3^2}=\frac{1}{9}$$

$$P(X=2,Y=0)=\frac{1}{3^2}=\frac{1}{9}$$

$$P(X=1,Y=2)=P(X=2,Y=1)=P(X=2,Y=2)=P(\varnothing)=0$$

故 (X,Y) 的分布律为

Y＼X	0	1	2
0	$\dfrac{1}{9}$	$\dfrac{2}{9}$	$\dfrac{1}{9}$
1	$\dfrac{2}{9}$	$\dfrac{2}{9}$	0
2	$\dfrac{1}{9}$	0	0

（2）X 的边缘分布律为

$$P(X=0)=\sum_{j=0}^{2}P(X=0,Y=j)=\frac{4}{9}$$

$$P(X=1)=\sum_{j=0}^{1}P(X=1,Y=j)=\frac{4}{9}$$

$$P(X=2)=P(X=2,Y=0)=\frac{1}{9}$$

于是有

X	0	1	2
P	$\frac{4}{9}$	$\frac{4}{9}$	$\frac{1}{9}$

Y 的边缘分布律为

$$P(Y=0)=\sum_{i=0}^{2}P(X=i,Y=0)=\frac{4}{9}$$

$$P(Y=1)=\sum_{i=0}^{1}P(X=i,Y=1)=\frac{4}{9}$$

$$P(Y=2)=P(X=0,Y=2)=\frac{1}{9}$$

于是有

Y	0	1	2
P	$\frac{4}{9}$	$\frac{4}{9}$	$\frac{1}{9}$

因为 $P(X=2,Y=2)=0$，$P(X=2)P(Y=2)=\frac{1}{81}$，$P(X=2,Y=2)\neq P(X=2)P(Y=2)$，所以 X 与 Y 不独立.

（3）$Z=X-Y$ 的分布律为

$$P(Z=-2)=P(X=0,Y=2)=\frac{1}{9}$$

$$P(Z=-1)=P(X=0,Y=1)=\frac{2}{9}$$

$$P(Z=0)=P(X=0,Y=0)+P(X=1,Y=1)=\frac{1}{3}$$

$$P(Z=1)=P(X=1,Y=0)=\frac{2}{9}$$

$$P(Z=2)=P(X=2,Y=0)=\frac{1}{9}$$

于是有

(X,Y)	$(0,0)$	$(0,1)$	$(0,2)$	$(1,0)$	$(1,1)$	$(1,2)$	$(2,0)$	$(2,1)$	$(2,2)$
P	$\frac{1}{9}$	$\frac{2}{9}$	$\frac{1}{9}$	$\frac{2}{9}$	$\frac{2}{9}$	0	$\frac{1}{9}$	0	0
$X-Y$	0	-1	-2	1	0	-1	2	1	0

Z	-2	-1	0	1	2
P	$\frac{1}{9}$	$\frac{2}{9}$	$\frac{3}{9}$	$\frac{2}{9}$	$\frac{1}{9}$

(4) $\text{Cov}(X,Z)=\text{Cov}(X,X)-\text{Cov}(X,Y)=D(X)-\text{Cov}(X,Y)$

$$E(X)=\sum_{k=0}^{2}kP(X=k)=\frac{2}{3},\ E(X^2)=\sum_{k=0}^{2}k^2P(X=k)=\frac{8}{9}$$

$$E(Y)=\sum_{k=0}^{2}kP(Y=k)=\frac{2}{3},\ E(XY)=\frac{2}{9}$$

所以

$$D(X)=E(X^2)-E^2(X)=\frac{4}{9},\ \text{Cov}(X,Y)=E(XY)-E(X)E(Y)=-\frac{2}{9}$$

故 $\text{Cov}(X,Z)=D(X)-\text{Cov}(X,Y)=\frac{4}{9}-\left(-\frac{2}{9}\right)=\frac{2}{3}.$

五、习题选解

习题3.1

1. 设随机变量 X 的分布函数为

$$F(x)=\begin{cases}0, & x<-1\\0.2, & -1\leqslant x<0\\0.8, & 0\leqslant x<1\\1, & 1\leqslant x\end{cases}$$

则 $E(X)=$_____, $E(2X+5)=$_____, $E(X^2)=$_____.

解 由已知分布函数可得如下分布律:

X	-1	0	1
P	0.2	0.6	0.2
X^2	1	0	1
$2X+5$	3	5	7

故

$$E(X)=0.2\times(-1)+0\times0.6+1\times0.2=0$$
$$E(2X+5)=3\times0.2+5\times0.6+7\times0.2=5$$
$$E(X^2)=0.2\times1+0.6\times0+0.2\times1=0.4$$

2. 按照规定，某车站每天 8:00—9:00，9:00—10:00 都恰好有一辆客车到站，但是到站的时刻是随机的，且两者到站的时间是相互独立的，其规律见下表．一乘客 8:20 到站，求他候车时间的数学期望．

到站时刻	8:00 9:00	8:30 9:30	8:50 9:50
概率	$\frac{1}{6}$	$\frac{1}{2}$	$\frac{1}{3}$

解 由题意可知该旅客可能乘坐 8:00—9:00 的客车，也可能乘坐 9:00—10:00 的客车，若乘客 8:20 到站时，8:00—9:00 的一趟车已知开走，而第二趟车 9:10 开，则该旅客的候车时间是 50 分钟，对应的概率为事件第一趟车 8:10 开车，第二趟车 9:10 开，该事件发生的概率为

$$P(X=50)=\frac{1}{6}\times\frac{1}{6}$$

该旅客其余候车的时间可类似求得，于是随机变量 X 的分布律为

X	10	30	50	70	90
P	$\frac{3}{6}$	$\frac{2}{6}$	$\frac{1}{6}\times\frac{1}{6}$	$\frac{1}{6}\times\frac{3}{6}$	$\frac{1}{6}\times\frac{2}{6}$

所以该旅客候车时间的期望为

$$E(X)=10\times\frac{3}{6}+30\times\frac{2}{6}+50\times\frac{1}{6}\times\frac{1}{6}+70\times\frac{1}{6}\times\frac{3}{6}+90\times\frac{1}{6}\times\frac{2}{6}=27.22(分钟)$$

3. 某商店对某种家用电器的销售采用先使用后付款的方式，记家电使用寿命为 X（以年记），规定：当 $X\leqslant1$ 时，一台付款 1500 元；当 $1<X\leqslant2$ 时，一台付款 2000 元；当 $2<X\leqslant3$ 时，一台付款 2500 元；当 $X>3$ 时，一台付款 3000 元．设使用寿命服从指数分布，概率密度为

$$f(x)=\begin{cases}\frac{1}{10}e^{-\frac{1}{10}x}, & x\geqslant0\\0, & x<0\end{cases}$$

试求该商店卖出一台电器时收费 Y 的数学期望．

解 根据题意得到

$$Y=\begin{cases}1500, & x\leqslant1\\2000, & 1<x\leqslant2\\2500, & 2<x\leqslant3\\3000, & x>3\end{cases}$$

$$\begin{aligned}E(Y)&=\int_{-\infty}^{+\infty}y\cdot f(x)\mathrm{d}x\\&=\int_0^1 1500\cdot f(x)\mathrm{d}x+\int_1^2 2000\cdot f(x)\mathrm{d}x+\int_2^3 2500\cdot f(x)\mathrm{d}x+\int_3^{+\infty}3000\cdot f(x)\mathrm{d}x\\&=1500\int_0^1\frac{1}{10}e^{-\frac{x}{10}}\mathrm{d}x+2000\int_1^2\frac{1}{10}e^{-\frac{x}{10}}\mathrm{d}x+2500\int_2^3\frac{1}{10}e^{-\frac{x}{10}}\mathrm{d}x+3000\int_3^{+\infty}\frac{1}{10}e^{-\frac{x}{10}}\mathrm{d}x\\&=2732.397\end{aligned}$$

4.设(X,Y)的分布律为

Y\X	-1	0	2
-1	$\frac{1}{6}$	$\frac{1}{12}$	0
0	$\frac{1}{4}$	0	0
1	$\frac{1}{12}$	$\frac{1}{4}$	$\frac{1}{6}$

求 $E(X)$，$E(X+Y)$，$E(XY)$.

解　根据(X,Y)的分布律，可得它的边缘分布为

Y\X	-1	0	2	$P(X=i)$
-1	$\frac{1}{6}$	$\frac{1}{12}$	0	$\frac{1}{4}$
0	$\frac{1}{4}$	0	0	$\frac{1}{4}$
1	$\frac{1}{12}$	$\frac{1}{4}$	$\frac{1}{6}$	$\frac{1}{2}$
$P(Y=j)$	$\frac{1}{2}$	$\frac{1}{3}$	$\frac{1}{6}$	1

根据以上的边缘分布，可知 X 和 Y 的分布律分别为

X	-1	0	1
P	$\frac{1}{4}$	$\frac{1}{4}$	$\frac{1}{2}$

Y	-1	0	2
P	$\frac{1}{2}$	$\frac{1}{3}$	$\frac{1}{6}$

因此可得

$$E(X)=(-1)\times\frac{1}{4}+0\times\frac{1}{4}+1\times\frac{1}{2}=\frac{1}{4}$$

根据 X 和 Y 的分布律即可得 $X+Y$ 和 XY 的分布律

(X,Y)	$(-1,-1)$	$(-1,0)$	$(-1,2)$	$(0,-1)$	$(0,0)$	$(0,-2)$	$(1,-1)$	$(1,0)$	$(1,2)$
P	$\frac{1}{6}$	$\frac{1}{12}$	0	$\frac{1}{4}$	0	0	$\frac{1}{12}$	$\frac{1}{4}$	$\frac{1}{6}$
$X+Y$	-2	-1	1	-1	0	2	0	1	3
XY	1	0	-2	0	0	0	-1	0	2

合并 $X+Y$ 和 XY 中取值相同的项：

$X+Y$	-2	-1	0	1	2	3
P	$\frac{1}{6}$	$\frac{1}{3}$	$\frac{1}{12}$	$\frac{1}{4}$	0	$\frac{1}{6}$

XY	-2	-1	0	1	2
P	0	$\frac{1}{12}$	$\frac{7}{12}$	$\frac{1}{6}$	$\frac{1}{6}$

因此可得

$$E(X+Y)=(-2)\times\frac{1}{6}+(-1)\times\frac{1}{3}+0\times\frac{1}{12}+1\times\frac{1}{4}+2\times0+3\times\frac{1}{6}=\frac{1}{12}$$

$$E(XY)=(-2)\times0+(-1)\times\frac{1}{12}+0\times\frac{7}{12}+1\times\frac{1}{6}+2\times\frac{1}{6}=\frac{5}{12}$$

5.设随机变量 X 的概率密度函数为

$$f(x)=\frac{1}{2}\mathrm{e}^{-|x|},\ -\infty<x<+\infty$$

求 $E(X)$，$E(X^2)$，$E[\min(|x|,1)]$.

解　根据已知条件得

$$E(X)=\int_{-\infty}^{+\infty}xf(x)\mathrm{d}x=\int_{-\infty}^{+\infty}x\,\frac{1}{2}\mathrm{e}^{-|x|}\mathrm{d}x$$

因为上式中被积函数 $x\,\frac{1}{2}\mathrm{e}^{-|x|}$ 为奇函数，所以 $E(X)=0$.

$$E(X^2)=\int_{-\infty}^{+\infty}x^2f(x)\mathrm{d}x=\int_{-\infty}^{+\infty}x^2\,\frac{1}{2}\mathrm{e}^{-|x|}\mathrm{d}x=2\int_{0}^{+\infty}x^2\,\frac{1}{2}\mathrm{e}^{-|x|}\mathrm{d}x=\int_{0}^{+\infty}x^2\mathrm{e}^{-x}\mathrm{d}x$$

$$=-\int_{0}^{+\infty}x^2\mathrm{d}\mathrm{e}^{-x}=-\left(x^2\mathrm{e}^{-x}\Big|_{0}^{+\infty}-\int_{0}^{+\infty}\mathrm{e}^{-x}\mathrm{d}x^2\right)=0+\int_{0}^{+\infty}\mathrm{e}^{-x}2x\mathrm{d}x=-2\int_{0}^{+\infty}x\mathrm{d}\mathrm{e}^{-x}$$

$$=-2\left(x\mathrm{e}^{-x}\Big|_{0}^{+\infty}-\int_{0}^{+\infty}\mathrm{e}^{-x}\mathrm{d}x\right)=-2\left(0+\mathrm{e}^{-x}\Big|_{0}^{+\infty}\right)=-2\times(-1)=2$$

因为

$$\min(|x|,1)=\begin{cases}|x|, & |x|<1 \\ 1, & |x|\geqslant1\end{cases}$$

所以

$$E[\min(|x|,1)]=\int_{-\infty}^{+\infty}\min(|x|,1)f(x)\mathrm{d}x$$

$$=\int_{|x|<1}|x|f(x)\mathrm{d}x+\int_{|x|\geqslant1}1\cdot f(x)\mathrm{d}x$$

$$=\int_{-1}^{1}|x|\cdot\frac{1}{2}\mathrm{e}^{-|x|}\mathrm{d}x+\int_{-\infty}^{-1}\frac{1}{2}\mathrm{e}^{-|x|}\mathrm{d}x+\int_{1}^{+\infty}\frac{1}{2}\mathrm{e}^{-|x|}\mathrm{d}x$$

$$=\int_{0}^{1}x\mathrm{e}^{-x}\mathrm{d}x+\frac{1}{2}\int_{-\infty}^{-1}\mathrm{e}^{x}\mathrm{d}x+\frac{1}{2}\int_{1}^{+\infty}\mathrm{e}^{-x}\mathrm{d}x=1-\mathrm{e}^{-1}$$

6.设随机变量 X 的概率密度函数为

$$f(x)=\begin{cases}ax^2+bx+c, & 0<x<1\\ 0, & 其他\end{cases}$$

已知 $E(X)=0.5$，$D(X)=0.15$，求常数 a，b，c.

解 因为 $\int_{-\infty}^{+\infty}f(x)\mathrm{d}x=1$，所以

$$\int_{-\infty}^{+\infty}f(x)\mathrm{d}x=\int_0^1(ax^2+bx+c)\mathrm{d}x=\left(\frac{ax^3}{3}+\frac{bx^2}{2}+cx\right)\Big|_0^1=\frac{a}{3}+\frac{b}{2}+c=1$$

$$E(X)=\int_{-\infty}^{+\infty}xf(x)\mathrm{d}x=\int_0^1 x(ax^2+bx+c)\mathrm{d}x=\left(\frac{ax^4}{4}+\frac{bx^3}{3}+\frac{cx^2}{2}\right)\Big|_0^1=\frac{a}{4}+\frac{b}{3}+\frac{c}{2}=\frac{1}{2}$$

$$D(X)=\int_{-\infty}^{+\infty}[x-E(X)]^2 f(x)\mathrm{d}x=\int_0^1\left(x-\frac{1}{2}\right)^2(ax^2+bx+c)\mathrm{d}x=\frac{a}{30}+\frac{b}{24}+\frac{c}{12}=\frac{3}{20}$$

根据以上三个方程，可得 a，b，c 分别为 $a=12$，$b=-12$，$c=3$.

7. 设随机变量 Y 服从参数为 1 的指数分布，随机变量

$$X_k=\begin{cases}0, & Y\leqslant k\\ 1, & Y>k\end{cases}\quad(k=1,2)$$

求：(1) (X_1,X_2) 的分布律；

(2) $E(X_1+X_2)$.

解 因为随机变量 Y 服从参数为 1 的指数分布，所以有

$$F_Y(y)=\begin{cases}1-\mathrm{e}^{-y}, & y>0\\ 0, & y\leqslant 0\end{cases}$$

由题意可知

$$X_k=\begin{cases}0, & Y\leqslant k\\ 1, & Y>k\end{cases}\quad(k=1,2)$$

即

$$X_1=\begin{cases}0, & Y\leqslant 1\\ 1, & Y>1\end{cases},\quad X_2=\begin{cases}0, & Y\leqslant 2\\ 1, & Y>2\end{cases}$$

所以有

$P(X_1=0,X_2=0)=P(Y\leqslant 1,Y\leqslant 2)=P(Y\leqslant 1)=F_Y(1)=1-\mathrm{e}^{-1}$

$P(X_1=0,X_2=1)=P(Y\leqslant 1,Y>2)=0$

$P(X_1=1,X_2=0)=P(Y>1,Y\leqslant 2)=P(1<Y\leqslant 2)=F_Y(2)-F_Y(1)=\mathrm{e}^{-1}-\mathrm{e}^{-2}$

$P(X_1=1,X_2=1)=P(Y>1,Y>2)=P(Y>2)=1-P(Y\leqslant 2)=1-F_Y(2)=\mathrm{e}^{-2}$

于是得到 (X_1,X_2) 的分布律为

X_1＼X_2	0	1
0	$1-\mathrm{e}^{-1}$	$\mathrm{e}^{-1}-\mathrm{e}^{-2}$
1	0	e^{-2}

因为

X_1+X_2	0	1	2
P	$1-\mathrm{e}^{-1}$	$\mathrm{e}^{-1}-\mathrm{e}^{-2}$	e^{-2}

所以

$$E(X_1+X_2)=\mathrm{e}^{-1}-\mathrm{e}^{-2}+2\mathrm{e}^{-2}=\mathrm{e}^{-1}+\mathrm{e}^{-2}$$

8.设随机变量(X,Y)的概率密度为

$$f(x,y)=\begin{cases} \dfrac{1}{4}x(1+3y^2), & 0<x<2,\ 0<y<1 \\ 0, & \text{其他} \end{cases}$$

求 $E(X)$，$E(Y)$，$E\left(\dfrac{Y}{X}\right)$.

解 （1）$E(X)=\displaystyle\int_{-\infty}^{+\infty}\int_{-\infty}^{+\infty}xf(x,y)\mathrm{d}x\mathrm{d}y=\int_0^1\left[\int_0^2 x\frac{x}{4}(1+3y^2)\mathrm{d}x\right]\mathrm{d}y$

而

$$\int_0^2 x\frac{x}{4}(1+3y^2)\mathrm{d}x=\frac{1}{4}\int_0^2 x^2+3x^2y^2\mathrm{d}x=\frac{2+6y^2}{3}$$

因此

$$E(X)=\int_0^1\frac{2+6y^2}{3}\mathrm{d}y=\frac{1}{3}(2y+2y^3)\Big|_0^1=\frac{4}{3}$$

（2）$E(Y)=\displaystyle\int_{-\infty}^{+\infty}\int_{-\infty}^{+\infty}yf(x,y)\mathrm{d}x\mathrm{d}y=\int_0^1\left[\int_0^2 y\frac{x}{4}(1+3y^2)\mathrm{d}x\right]\mathrm{d}y$

而

$$\int_0^2 y\frac{x}{4}(1+3y^2)\mathrm{d}x=\frac{1}{4}\int_0^2 (xy+3xy^3)\mathrm{d}x=\frac{1}{4}(2y+6y^3)$$

因此

$$E(Y)=\int_0^1\frac{1}{4}(2y+6y^3)\mathrm{d}y=\frac{1}{4}\left(y^2+\frac{3}{2}y^4\right)\Big|_0^1=\frac{5}{8}$$

（3）$E\left(\dfrac{Y}{X}\right)=\displaystyle\int_{-\infty}^{+\infty}\int_{-\infty}^{+\infty}\frac{y}{x}f(x,y)\mathrm{d}x\mathrm{d}y=\int_0^1\left[\int_0^2 \frac{y}{x}\frac{x}{4}(1+3y^2)\mathrm{d}x\right]\mathrm{d}y$

而

$$\int_0^2 \frac{y}{x}\frac{x}{4}(1+3y^2)\mathrm{d}x=\int_0^2 \frac{y}{4}(1+3y^2)\mathrm{d}x=\frac{y}{2}(1+3y^2)$$

因此

$$E\left(\frac{Y}{X}\right)=\int_0^1\frac{y}{2}(1+3y^2)\mathrm{d}y=\frac{1}{2}\left(\frac{y^2}{2}+\frac{3}{4}y^4\right)\Big|_0^1=\frac{5}{8}$$

9.设随机变量 X 与 Y 相互独立，且都服从参数为1的指数分布，记 $U=\max(X,Y)$，$V=\min(X,Y)$.

（1）求 V 的概率密度函数；

（2）求 $E(U,V)$.

解 （1）当 $v>0$ 时，$F_V(v)=P(V\leqslant v)=P(\min(X,Y)\leqslant v)=1-P(\min(X,Y)>v)$

$$=1-P(X\geqslant v,Y\geqslant v)=1-P(X\geqslant v)P(Y\geqslant v)$$

$$=1-\mathrm{e}^{-v}\mathrm{e}^{-v}=1-\mathrm{e}^{-2v}$$

当 $v \leqslant 0$ 时，$F_V(v)=0$.

所以

$$f_V(v)=F_V'(v)=\begin{cases}2\mathrm{e}^{-2v}, & v>0 \\ 0, & v\leqslant 0\end{cases}$$

(2) $E(U+V)=E(X+Y)=E(X)+E(Y)=1+1=2$.

10. 设随机变量 X 与 Y 相互独立，且 X 的概率分布为

$$P(X=0)=P(X=2)=\frac{1}{2}$$

Y 的概率密度为

$$f(y)=\begin{cases}2y, & 0<y<1 \\ 0, & \text{其他}\end{cases}$$

(1) 求 $P(Y\leqslant E(Y))$；

(2) 求 $Z=X+Y$ 的概率密度.

解　(1) 求 $P(Y\leqslant E(Y))$，可先求 $E(Y)$，即 $E(Y)=\int_{-\infty}^{+\infty}yf(y)\mathrm{d}y=\int_0^1 2y^2\mathrm{d}y=\frac{2}{3}$

因此

$$P(Y\leqslant E(Y))=P\left(Y\leqslant\frac{2}{3}\right)=\int_0^{\frac{2}{3}}2y\mathrm{d}y=\frac{4}{9}$$

(2) $Z=X+Y$ 的分布函数为

$$F_Z(z)=P(Z\leqslant z)=P(X+Y\leqslant z)$$

根据全概率公式得

$$P(X+Y\leqslant z)=P(X=0)P(X+Y\leqslant z|X=0)P(X=2)P(X+Y\leqslant z)|X=2)$$

$$=\frac{1}{2}P(Y\leqslant z|X=0)+\frac{1}{2}P(Y\leqslant z-2|X=2)$$

$$=\frac{1}{2}P(Y\leqslant z)+\frac{1}{2}P(Y\leqslant z-2)$$

当 $z<0$ 时，

$$F_Z(z)=0$$

当 $0\leqslant z<1$ 时，

$$F_Z(z)=\frac{1}{2}P(Y\leqslant z)+0=\frac{1}{2}\int_0^z 2y\mathrm{d}y=\frac{z^2}{2}$$

当 $1\leqslant z<2$ 时，

$$F_Z(z)=\frac{1}{2}P(Y\leqslant 1)+0=\frac{1}{2}$$

当 $2\leqslant z<3$ 时，

$$F_Z(z)=\frac{1}{2}+\frac{1}{2}P(Y\leqslant z-2)=\frac{1}{2}+\frac{1}{2}\int_0^{z-2}2y\mathrm{d}y=\frac{1}{2}(z^2-4z+5)$$

当 $z\geqslant 3$ 时，

$$F_Z(z)=1$$

因此

$$f_Z(z) = F'_Z(z) = \begin{cases} z, & 0 \leqslant z < 1 \\ z - 2, & 2 \leqslant z < 3 \\ 0, & \text{其他} \end{cases}$$

习题 3.2

1.设随机变量 X 的概率密度为

$$f(x) = \begin{cases} 1 - |1 - x|, & 0 < x < 2 \\ 0, & \text{其他} \end{cases}$$

求 $E(X)$，$D(X)$.

解 $E(X) = \int_{-\infty}^{+\infty} x f(x) \mathrm{d}x = \int_0^1 x^2 \mathrm{d}x + \int_1^2 x(2-x) \mathrm{d}x = 3 - 2 = 1$

$E(X^2) = \int_{-\infty}^{+\infty} x^2 f(x) \mathrm{d}x = \int_0^1 x^3 \mathrm{d}x + \int_1^2 x^2(2-x) \mathrm{d}x = \dfrac{7}{6}$

$D(X) = E(X^2) - [E(X)]^2 = \dfrac{7}{6} - 1 = -\dfrac{1}{6}$

2.设随机变量 X 的概率密度为 $f(x) = \dfrac{1}{2} \mathrm{e}^{-|x|}$ $(-\infty < x < +\infty)$，求 $E(X)$，$D(X)$.

解 对于

$$E(X) = \int_{-\infty}^{+\infty} x f(x) \mathrm{d}x = \int_{-\infty}^{+\infty} x \frac{1}{2} \mathrm{e}^{-|x|} \mathrm{d}x$$

令 $G(x) = x \dfrac{1}{2} \mathrm{e}^{-|x|}$，由于 $G(-x) = -x \dfrac{1}{2} \mathrm{e}^{-|x|} = -G(x)$，故 $G(x)$ 为奇函数. 因此

$$E(X) = \int_{-\infty}^{+\infty} x \frac{1}{2} \mathrm{e}^{-|x|} \mathrm{d}x = 0$$

对于

$$E(X^2) = \int_{-\infty}^{+\infty} x^2 f(x) \mathrm{d}x = \int_{-\infty}^{+\infty} x^2 \frac{1}{2} \mathrm{e}^{-|x|} \mathrm{d}x$$

令 $g(x) = x^2 \dfrac{1}{2} \mathrm{e}^{-|x|}$，由于 $g(-x) = x^2 \dfrac{1}{2} \mathrm{e}^{-|x|} = g(x)$，故 $g(x)$ 为偶函数. 因此

$$E(X^2) = \int_{-\infty}^{+\infty} x^2 \frac{1}{2} \mathrm{e}^{-|x|} \mathrm{d}x = 2 \int_0^{+\infty} x^2 \frac{1}{2} \mathrm{e}^{-x} \mathrm{d}x = \int_0^{+\infty} x^2 \mathrm{e}^{-x} \mathrm{d}x = -\int_0^{+\infty} x^2 \mathrm{e}^{-x} \mathrm{d}(-x)$$

$$= -\int_0^{+\infty} x^2 \mathrm{d}\mathrm{e}^{-x} = -x^2 \mathrm{e}^{-x} \Big|_0^{+\infty} + \int_0^{+\infty} \mathrm{e}^{-x} \cdot 2x \mathrm{d}x = 0 + 2 \int_0^{+\infty} x \mathrm{d}\mathrm{e}^{-x}(-1)$$

$$= -2x \mathrm{e}^{-x} \Big|_0^{+\infty} + 2 \int_0^{+\infty} \mathrm{e}^{-x} \mathrm{d}x = -2x \mathrm{e}^{-x} \Big|_0^{+\infty} - 2\mathrm{e}^{-x} \Big|_0^{+\infty} = -2 \frac{x+1}{\mathrm{e}^x} \Big|_0^{\infty} = 0$$

$$D(X) = E(X^2) - [E(X)]^2 = 2 - 0 = 2$$

3. 设两个相互独立的随机变量 X，Y 的分布律分别为

X	9	10	11
P	0.3	0.5	0.2

Y	−2	0	1	2
P	0.3	0.1	0.4	0.2

求 $D(X-Y)$.

解 根据 X，Y 的分布律可得 (X,Y) 及 $X-Y$ 的分布律：

(X,Y)	$(9,-2)$	$(9,0)$	$(9,1)$	$(9,2)$	$(10,-2)$	$(10,0)$	$(10,1)$	$(10,2)$	$(11,-2)$	$(11,0)$	$(11,1)$	$(11,2)$
P	0.09	0.03	0.12	0.06	0.15	0.05	0.20	0.10	0.06	0.02	0.08	0.04
$X-Y$	13	9	8	7	12	10	9	8	13	11	10	9

将以上 $X-Y$ 的分布律合并同类项得到

$X-Y$	13	12	11	10	9	8	7
P	0.06	0.15	0.11	0.13	0.27	0.22	0.06

根据以上的分布律可得如下期望和方差：

$$E(X-Y)=13\times0.06+12\times0.15+11\times0.11+10\times0.13+9\times0.27+8\times0.22+7\times0.06=9.7$$

$$E[(X-Y)^2]=13^2\times0.06+12^2\times0.15+11^2\times0.11+10^2\times0.13+9^2\times0.27+8^2\times0.22+7^2\times0.06=96.94$$

$$D(X-Y)=E[(X-Y)^2]-[E(X-Y)]^2=96.94-9.7^2=2.85$$

4. 设二维随机变量 (X,Y) 的概率密度为 $f(x,y)=\begin{cases}k, & 0\leqslant x\leqslant1,\ 0\leqslant y\leqslant x \\ 0, & 其他\end{cases}$，试求常数 k，并验证 $E(XY)\neq E(X)E(Y)$.

解 (1) 根据题意得

$$\int_{-\infty}^{+\infty}\int_{-\infty}^{+\infty}f(x,y)\mathrm{d}x\mathrm{d}y=\int_0^1\left(\int_0^x k\mathrm{d}y\right)\mathrm{d}x=\int_0^1 kx\mathrm{d}x=\frac{k}{2}=1$$

由此可得 $k=2$.

(2) $E(X)=\displaystyle\int_{-\infty}^{+\infty}\int_{-\infty}^{+\infty}xf(x,y)\mathrm{d}x\mathrm{d}y=\int_0^1\left(\int_0^x x2\mathrm{d}y\right)\mathrm{d}x=\int_0^1 2x^2\mathrm{d}x=\frac{2}{3}$

$E(Y)=\displaystyle\int_{-\infty}^{+\infty}\int_{-\infty}^{+\infty}yf(x,y)\mathrm{d}x\mathrm{d}y=\int_0^1\left(\int_0^x y2\mathrm{d}y\right)\mathrm{d}x=\int_0^1 x^2\mathrm{d}x=\frac{1}{3}$

$E(XY)=\displaystyle\int_{-\infty}^{+\infty}\int_{-\infty}^{+\infty}xyf(x,y)\mathrm{d}x\mathrm{d}y=\int_0^1\left(\int_0^x xy2\mathrm{d}y\right)\mathrm{d}x=\int_0^1 x^3\mathrm{d}x=\frac{1}{4}$

因为 $E(XY)=\dfrac{1}{4}\neq E(X)E(X)=\dfrac{2}{9}$，所以 $E(XY)\neq E(X)E(X)$.

5. 设连续型随机变量 X_1，X_2 相互独立且方差均存在，X_1 与 X_2 的概率密度分别为 $f_1(x)$，$f_2(x)$，随机变量 Y_1 的概率密度为 $f_{Y_1}(y)=\dfrac{1}{2}[f_1(y)+f_2(y)]$，随机变量 $Y_2=\dfrac{1}{2}(X_1+X_2)$，则以下关系正确的是_____.

(A) $E(Y_1)>E(Y_2)$，$D(Y_1)>D(Y_2)$ (B) $E(Y_1)=E(Y_2)$，$D(Y_1)=D(Y_2)$

(C) $E(Y_1)=E(Y_2)$，$D(Y_1)<D(Y_2)$ (D) $E(Y_1)=E(Y_2)$，$D(Y_1)>D(Y_2)$

解 $E(Y_1) = \int_{-\infty}^{+\infty} y f_{Y_1}(y) \mathrm{d}y = \frac{1}{2} \int_{-\infty}^{+\infty} y [f_1(y) + f_2(y)] \mathrm{d}y = \frac{1}{2} [E(X_1) + E(X_2)]$

$\qquad E(Y_2) = E\left[\frac{1}{2}(X_1 + X_2)\right] = \frac{1}{2}[E(X_1) + E(X_2)]$

所以

$E(Y_1) = E(Y_2)$

$$\begin{aligned} D(Y_1) - D(Y_2) &= E(Y_1^2) - [E(Y_1)]^2 - E(Y_2^2) + [E(Y_2)]^2 \\ &= E(Y_1^2) - E(Y_2^2) \\ &= \int_{-\infty}^{+\infty} y^2 \frac{1}{2} [f_1(y) + f_2(y)] \mathrm{d}y - E\left[\frac{1}{4}(X_1^2 + 2X_1 X_2 + X_2^2)\right] \\ &= \frac{1}{2} E(X_1^2) + \frac{1}{2} E(X_2^2) - \frac{1}{4} [E(X_1^2) + 2E(X_1 X_2) + E(X_2^2)] \\ &= \frac{1}{4} [E(X_1^2) - 2E(X_1 X_2) + E(X_2^2)] \\ &= \frac{1}{4} E(X_1 - X_2)^2 \end{aligned}$$

通常 $E(X_1 - X_2)^2 \geqslant 0$，而 X_1 与 X_2 相互独立，则必有 $E(X_1 - X_2)^2 > 0$.

若 $E(X_1 - X_2)^2 = 0$，则

$$D(X_1 - X_2) = E^2(X_1 - X_2) - [E(X_1 - X_2)]^2 = 0$$

就有 $X_1 - X_2 = C$(常数)，当然 Y_1 与 Y_2 不可能相互独立. 所以

$$D(Y_1) - D(Y_2) = \frac{1}{4} E(X_1 - X_2)^2 > 0, \ D(Y_1) > D(Y_2)$$

答案选(D).

┌┈┈┈┈┈┈┈┐
┊ **习题 3.3** ┊
└┈┈┈┈┈┈┈┘

1. 设二维随机变量 (X, Y) 的联合概率密度为

$$f(x, y) = \begin{cases} 1, & |y| < x, \ 0 < x < 1 \\ 0, & \text{其他} \end{cases}$$

求 $E(X)$，$E(Y)$，$\mathrm{Cov}(X, Y)$.

解 $|y| < x$，即 $-x < y < x$，因此

$E(X) = \int_{-\infty}^{+\infty} \int_{-\infty}^{+\infty} x f(x, y) \mathrm{d}x \mathrm{d}y = \int_0^1 \left(\int_{-x}^{x} x \mathrm{d}y\right) \mathrm{d}x = \int_0^1 2x^2 \mathrm{d}x = \frac{2}{3}$

$E(Y) = \int_{-\infty}^{+\infty} \int_{-\infty}^{+\infty} y f(x, y) \mathrm{d}x \mathrm{d}y = \int_0^1 \left(\int_{-x}^{x} y \mathrm{d}y\right) \mathrm{d}x = \int_0^1 0 \mathrm{d}x = 0$

$E(XY) = \int_{-\infty}^{+\infty} \int_{-\infty}^{+\infty} xy f(x, y) \mathrm{d}x \mathrm{d}y = \int_0^1 \left(\int_{-x}^{x} xy \mathrm{d}y\right) \mathrm{d}x = \int_0^1 0 \mathrm{d}x = 0$

$\mathrm{Cov}(X, Y) = E(XY) - E(X)E(Y) = 0$

2.设离散型随机变量(X,Y)的分布律为

X \ Y	-1	0	1
-1	$\frac{1}{8}$	$\frac{1}{8}$	$\frac{1}{8}$
0	$\frac{1}{8}$	0	$\frac{1}{8}$
1	$\frac{1}{8}$	$\frac{1}{8}$	$\frac{1}{8}$

试证 X 与 Y 不相关,但不相互独立.

证明　根据题目可得 X 与 Y 的分布律分别为

X	-1	0	1
P	$\frac{3}{8}$	$\frac{1}{4}$	$\frac{3}{8}$

Y	-1	0	1
P	$\frac{3}{8}$	$\frac{1}{4}$	$\frac{3}{8}$

根据 X 与 Y 的分布律,可得(X,Y)和 XY 的分布律:

(X,Y)	$(-1,-1)$	$(-1,0)$	$(-1,1)$	$(0,-1)$	$(0,0)$	$(0,1)$	$(1,-1)$	$(1,0)$	$(1,1)$
P	$\frac{1}{8}$	$\frac{1}{8}$	$\frac{1}{8}$	$\frac{1}{8}$	0	$\frac{1}{8}$	$\frac{1}{8}$	$\frac{1}{8}$	$\frac{1}{8}$
XY	1	0	-1	0	0	0	-1	0	1

将 XY 分布律中的同类项合并:

XY	-1	0	1
P	$\frac{1}{4}$	$\frac{5}{8}$	$\frac{1}{4}$

根据以上分布律可得:

$$E(X)=\frac{3}{8}\times(-1)+\frac{1}{4}\times0+\frac{3}{8}\times1=0$$

$$E(Y)=\frac{3}{8}\times(-1)+\frac{1}{4}\times0+\frac{3}{8}\times1=0$$

$$E(XY)=\frac{1}{4}\times(-1)+\frac{5}{8}\times0+\frac{1}{4}\times1=0$$

因为 $E(XY)=E(X)E(Y)=0$,所以 X,Y 不相关.

列出 X 与 Y 的边缘分布:

Y X	-1	0	1	$P(X=i)$
-1	$\dfrac{1}{8}$	$\dfrac{1}{8}$	$\dfrac{1}{8}$	$\dfrac{3}{8}$
0	$\dfrac{1}{8}$	0	$\dfrac{1}{8}$	$\dfrac{1}{4}$
1	$\dfrac{1}{8}$	$\dfrac{1}{8}$	$\dfrac{1}{8}$	$\dfrac{3}{8}$
$P(Y=j)$	$\dfrac{3}{8}$	$\dfrac{1}{4}$	$\dfrac{3}{8}$	1

由以上 X，Y 的分布律及边缘分布可知：

$$P(X=-1,Y=-1)=\frac{1}{8},\ P(X=-1)P(Y=-1)=\frac{3}{8}\times\frac{3}{8}=\frac{9}{64}$$

$$P(X=-1,Y=-1)\neq P(X=-1)P(Y=-1)$$

所以 X 与 Y 不相互独立.

3. 设二维随机变量 (X,Y) 服从区域 $D\{(x,y\,|\,0<x<1,\ x<y<1)\}$ 上的均匀分布，试求相关系数 ρ_{XY}，并讨论 X 与 Y 的相关性和独立性.

解　积分区域 D 如第 3 题附图所示，其面积为 $A=\dfrac{1}{2}$，得到 (X,Y) 的概率密度为

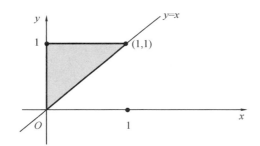

第 3 题附图

$$f(x,y)=\begin{cases}2,& x,y\in D\\0,& x,y\notin D\end{cases}\qquad f_Z(z)=\begin{cases}0,& z<0\\[2mm]\dfrac{b}{2a},& 0\leqslant z<\dfrac{a}{b}\\[2mm]\dfrac{a}{2bz^2},& z\geqslant\dfrac{a}{b}\end{cases}$$

因此

$$E(X)=\int_{-\infty}^{+\infty}\int_{-\infty}^{+\infty}xf(x,y)\mathrm{d}x\mathrm{d}y=\int_0^1\left(\int_x^1 2x\mathrm{d}y\right)\mathrm{d}x=\int_0^1 2(x-x^2)\mathrm{d}x=\frac{1}{3}$$

$$E(Y)=\int_{-\infty}^{+\infty}\int_{-\infty}^{+\infty}yf(x,y)\mathrm{d}x\mathrm{d}y=\int_0^1\left(\int_x^1 2y\mathrm{d}y\right)\mathrm{d}x=\frac{2}{3}$$

$$E(XY)=\int_{-\infty}^{+\infty}\int_{-\infty}^{+\infty}xyf(x,y)\mathrm{d}x\mathrm{d}y=\int_0^1\left(\int_x^1 2xy\mathrm{d}y\right)\mathrm{d}x=\int_0^1(x-x^3)\mathrm{d}x=\frac{1}{4}$$

$$E(X^2) = \int_{-\infty}^{+\infty}\int_{-\infty}^{+\infty} x^2 f(x, y)\mathrm{d}x\mathrm{d}y = \int_0^1 \left(\int_x^1 2x^2\mathrm{d}y\right)\mathrm{d}x = \int_0^1 2(x^2 - x^3)\mathrm{d}x = \frac{1}{6}$$

$$E(Y^2) = \int_{-\infty}^{+\infty}\int_{-\infty}^{+\infty} y^2 f(x, y)\mathrm{d}x\mathrm{d}y = \int_0^1 \left(\int_x^1 2y^2\mathrm{d}y\right)\mathrm{d}x = \int_0^1 \frac{2}{3}(1 - x^3)\mathrm{d}x = \frac{1}{2}$$

$$D(X) = E(X^2) - [E(X)]^2 = \frac{1}{6} - \frac{1}{9} = \frac{1}{18}$$

$$D(Y) = E(Y^2) - [E(Y)]^2 = \frac{1}{2} - \frac{4}{9} = \frac{1}{18}$$

$$\rho_{XY} = \frac{E(XY) - E(X)E(Y)}{\sqrt{D(X)D(Y)}} = \frac{1}{2}, \text{ 所以 } X \text{ 与 } Y \text{ 相关.}$$

$$f_Y(y) = \int_{-\infty}^{+\infty} f(x, y)\mathrm{d}x = \int_0^1 2\mathrm{d}x = 2y, \, 0 < y < 1$$

$$f_X(x) = \int_{-\infty}^{+\infty} f(x, y)\mathrm{d}y = \int_x^1 2\mathrm{d}y = 2(1 - x), \, 0 < x < 1$$

因为 $f_X(x) \cdot f_Y(y) = 4(1-x) \neq f(x, y) = 2$，所以 X 与 Y 不互相独立.

4. 已知 (X, Y) 的联合概率密度为 $f(x, y) = \begin{cases} 2 - x - y, & 0 \leqslant x \leqslant 1, \, 0 \leqslant y \leqslant 1 \\ 0, & \text{其他} \end{cases}$

(1) 试求 $E(X)$，$E(Y)$，$D(X)$，$D(Y)$，$D(X+Y)$；

(2) 讨论 X 与 Y 的相关性和独立性.

解　(1) $E(X) = \int_{-\infty}^{+\infty}\int_{-\infty}^{+\infty} xf(x, y)\mathrm{d}x\mathrm{d}y = \int_0^1 \left[\int_0^1 x(2 - x - y)\mathrm{d}y\right]\mathrm{d}x$

$$= \int_0^1 \left(2x - x^2 - \frac{x}{2}\right)\mathrm{d}x = \frac{5}{12}$$

同理可得

$$E(Y) = \frac{5}{12}$$

$$E(XY) = \int_{-\infty}^{+\infty}\int_{-\infty}^{+\infty} xyf(x, y)\mathrm{d}x\mathrm{d}y = \int_0^1 \left[\int_0^1 xy(2 - x - y)\mathrm{d}x\right]\mathrm{d}y$$

$$= \int_0^1 \left(\frac{2}{3}y - \frac{1}{2}y^2\right)\mathrm{d}y = \frac{1}{6}$$

$$E(X^2) = \int_{-\infty}^{+\infty}\int_{-\infty}^{+\infty} x^2 f(x, y)\mathrm{d}x\mathrm{d}y = \int_0^1 \left[\int_0^1 x^2(2 - x - y)\mathrm{d}y\right]\mathrm{d}x$$

$$= \int_0^1 \left(\frac{3}{2}x^2 - x^3\right)\mathrm{d}x = \frac{1}{4}$$

同理可得

$$E(Y^2) = \frac{1}{4}$$

因此

$$D(X) = E(X^2) - [E(X)]^2 = \frac{1}{4} - \left(\frac{5}{12}\right)^2 = \frac{11}{144} = D(Y)$$

因为

$$D(X+Y) = D(X) + D(Y) + 2\mathrm{Cov}(X, Y)$$

$$\text{Cov}(X,Y)=E(XY)-E(X)E(Y)=\frac{1}{6}-\left(\frac{5}{12}\right)^2=-\frac{1}{144}$$

所以

$$D(X+Y)=\frac{11}{144}+\frac{11}{144}+2\left(-\frac{1}{144}\right)=\frac{5}{36}$$

(2) 因为 $E(XY)=\frac{1}{6}\neq E(X)E(Y)=\left(\frac{5}{12}\right)^2$，所以 X 与 Y 相关.

$$f_Y(y)=\int_{-\infty}^{+\infty}f(x,y)\mathrm{d}x=\int_0^1(2-x-y)\mathrm{d}x=\frac{3}{2}-y$$

$$f_X(x)\cdot f_Y(y)=\left(\frac{3}{2}-x\right)\left(\frac{3}{2}-y\right)\neq f(xy)=2-x-y$$

所以 X 和 Y 不独立.

5.设随机变量 X 与 Y 的概率分布分别为

X	0	1
P	$\frac{1}{3}$	$\frac{2}{3}$

Y	-1	0	1
P	$\frac{1}{3}$	$\frac{1}{3}$	$\frac{1}{3}$

且 $P(X^2=Y^2)=1$.求：

(1) 二维随机变量 (X,Y) 的分布律；

(2) $Z=XY$ 的分布律；

(3) 随机变量 X 与 Y 的相关系数 ρ_{XY}.

解 (1) 根据 (X,Y) 的概率分布列出其边缘分布：

X \ Y	-1	0	1	$P_i.$
0				$\frac{1}{3}$
1				$\frac{2}{3}$
$P._j$	$\frac{1}{3}$	$\frac{1}{3}$	$\frac{1}{3}$	

再填入 $P(X=0,Y=-1)=P(X=0,Y=1)=P(X=1,Y=0)=0$，可得：

X \ Y	-1	0	1	$P_i.$
0	0		0	$\frac{1}{3}$
1		0		$\frac{2}{3}$
$P._j$	$\frac{1}{3}$	$\frac{1}{3}$	$\frac{1}{3}$	

最后得到(X,Y)的分布律：

Y\X	-1	0	1	$P_{i\cdot}$
0	0	$\frac{1}{3}$	0	$\frac{1}{3}$
1	$\frac{1}{3}$	0	$\frac{1}{3}$	$\frac{2}{3}$
$P_{\cdot j}$	$\frac{1}{3}$	$\frac{1}{3}$	$\frac{1}{3}$	1

（2）$Z=XY$ 的可能取值为 $-1,0,1$. 由(X,Y)的分布律可得 Z 的分布律：

Z	-1	0	1
P	$\frac{1}{3}$	$\frac{1}{3}$	$\frac{1}{3}$

（3）由 X,Y 及 Z 的概率分布可得

$$E(X)=\frac{2}{3},\ D(X)=\frac{2}{9},\ E(Y)=0,\ D(Y)=\frac{2}{3},\ E(XY)=E(Z)=0$$

因为 $\mathrm{Cov}(X,Y)=E(XY)-E(X)E(Y)=0$，所以 $\rho_{XY}=0$.

> 习题 3.4

1. 设随机变量 $X\sim N(2,4)$，求 $P(1<X\leqslant 6.2)$.

解 根据已知条件随变量 X 服从 $\mu=2$，$\sigma=2$ 的正态分布，则

$$P(1<X\leqslant 6.2)=P\left(\frac{1-\mu}{\sigma}<\frac{X-\mu}{\sigma}\leqslant\frac{6.2-\mu}{\sigma}\right)=P\left(-\frac{1}{2}<\frac{X-\mu}{\sigma}\leqslant 2.1\right)$$
$$=\Phi(2.1)-\Phi(-0.5)=\Phi(2.1)-[1-\Phi(0.5)]$$
$$=\Phi(2.1)+\Phi(0.5)-1$$
$$=0.9821+0.6915-1=0.6736$$

2. 已知 $X\sim N(2,\sigma^2)$，且 $P(2<X\leqslant 4)=0.3$，求 $P(X<0)$.

解 根据已知可得 $\mu=2$，则

$$P(2<X\leqslant 4)=P\left(\frac{2-\mu}{\sigma}<\frac{X-\mu}{\sigma}\leqslant\frac{4-\mu}{\sigma}\right)=P\left(0<\frac{X-\mu}{\sigma}\leqslant\frac{2}{\sigma}\right)$$

即 $\Phi\left(\frac{2}{\sigma}\right)-\Phi(0)=0.3$，可得 $\Phi\left(\frac{2}{\sigma}\right)=0.3+\Phi(0)=0.3+0.5=0.8$. 因此

$$P(X<0)=P\left(\frac{X-\mu}{\sigma}<\frac{0-\mu}{\sigma}\right)=P\left(\frac{X-2}{\sigma}<\frac{0-2}{\sigma}\right)$$
$$=\Phi\left(-\frac{2}{\sigma}\right)=1-\Phi\left(\frac{2}{\sigma}\right)=1-0.8=0.2$$

3. 设随机变量 $X\sim N(0,4)$，$Y\sim N(0,9)$，且 X 与 Y 相互独立，则随机变量 $Z=X-$

$2Y \sim$ _____.

解 因为 $X \sim N(0, 4)$，$Y \sim N(0, 9)$，所以 $\mu_1 = 0$，$\sigma_1^2 = 4$，$\mu_2 = 0$，$\sigma_2^2 = 9$. 又因为 $Z = X - 2Y = aX + bY$，$\mu_3 = a\mu_1 + b\mu_2 = 0$，$\sigma_3^2 = a^2\sigma_1^2 + b^2\sigma_2^2 = 1 \times 4 + 4 \times 9 = 40$，所以 $Z \sim (0, 40)$.

4.设随机变量 X 服从正态分布 $N(\mu, \sigma_1^2)$，随机变量 Y 服从正态分布 $N(\mu_2, \sigma_2^2)$，$P(|X - \mu_1| < 1) > P(|Y - \mu_2| < 1)$，则必有以下哪种关系_____.

(A) $\sigma_1 < \sigma_2$ (B) $\sigma_1 > \sigma_2$

(C) $\mu_1 < \mu_2$ (D) $\mu_1 > \mu_2$

解 $P(|X - \mu_1| < 1) = P\left(\left|\dfrac{X - \mu_1}{\sigma_1}\right| < \dfrac{1}{\sigma_1}\right)$，随机变量 $\dfrac{X - \mu_1}{\sigma_1} \sim N(0, 1)$，且其概率密度函数为偶数，故

$$P\left(\left|\frac{X - \mu_1}{\sigma_1}\right| < \frac{1}{\sigma_1}\right) = 2P\left(0 < \frac{X - \mu_1}{\sigma_1} < \frac{1}{\sigma_1}\right) = 2\Phi\left[\Phi\left(\frac{1}{\sigma_1}\right) - \Phi(0)\right]$$

$$= 2\Phi\left(\frac{1}{\sigma_1}\right) - 1$$

同理可得

$$P(|Y - \mu_2| < 1) = 2\Phi\left(\frac{1}{\sigma_2}\right) - 1$$

因为 $\Phi(x)$ 是单调增函数，当 $P(|X - \mu_1| < 1) > P(|Y - \mu_2| < 1)$ 时，

$$2\Phi\left(\frac{1}{\sigma_1}\right) - 1 > 2\Phi\left(\frac{1}{\sigma_2}\right) - 1, \quad \text{即} \quad \Phi\left(\frac{1}{\sigma_1}\right) > \Phi\left(\frac{1}{\sigma_2}\right)$$

所以 $\dfrac{1}{\sigma_1} > \dfrac{1}{\sigma_2}$，即 $\sigma_1 < \sigma_2$. 答案选(A).

5.设从甲地到乙地有两条路可走.第一条路程较短，但交通比较拥挤，所需时间(单位：分钟)服从正态分布 $N(50, 10^2)$.第二条路程较长，但意外阻塞较少，所需时间服从正态分布 $N(60, 4^2)$.现有 70 分钟可用，问：应选择走哪一条路？若仅有 65 分钟可用，又该如何选择？

解 (1) 若有 70 分钟可用，且 $X_1 \sim N(50, 10^2)$，$X_2 \sim N(60, 4^2)$，则

$$P(X_1 < 70) = P\left(\frac{X_1 - \mu_1}{\sigma_1} < \frac{70 - \mu_1}{\sigma_1}\right) = P\left(\frac{X_1 - \mu_1}{\sigma_1} < 2\right) = \Phi(2) = 0.9772$$

$$P(X_2 < 70) = P\left(\frac{X_2 - \mu_2}{\sigma_2} < \frac{70 - \mu_2}{\sigma_2}\right) = P\left(\frac{X_2 - \mu_2}{\sigma_2} < 2.5\right) = \Phi(2.5) = 0.9789$$

由以上分析可知当时间是 70 分钟时，选择第二条路的概率比较大.

(2) 若有 65 分钟可用，则

$$P(X_1 < 65) = P\left(\frac{X_1 - \mu_1}{\sigma_1} < \frac{65 - \mu_1}{\sigma_1}\right) = P\left(\frac{X_1 - \mu_1}{\sigma_1} < 1.5\right) = \Phi(1.5) = 0.9332$$

$$P(X_2 < 65) = P\left(\frac{X_2 - \mu_2}{\sigma_2} < \frac{65 - \mu_2}{\sigma_2}\right) = P\left(\frac{X_2 - \mu_2}{\sigma_2} < 1.25\right) = \Phi(1.25) = 0.8944$$

由以上分析可知当时间是 65 分钟时，选择第一条路的概率比较大.

6. 设测量的误差 $X \sim N(7.5, 100)$(单位：m)，问：要进行多少次独立测量，才能使至少有一次误差的绝对值不超过 10 m 的概率大于 0.9？

解　　$P(|X| \leqslant 10) = \Phi\left(\dfrac{10-7.5}{10}\right) - \Phi\left(\dfrac{-10-7.5}{10}\right) = \Phi(0.25) - \Phi(-1.75)$

$$= \Phi(0.25) + \Phi(1.75) - 1 = 0.5586$$

设 A 表示进行 n 次独立测量至少有一次误差的绝对值不超过 10 m，则

$$P(A) = 1 - (1 - 0.5586)^n > 0.9$$

当 $n = 2$ 时，$P(A) = 0.8052$；

当 $n = 3$ 时，$P(A) = 0.91$.

所以至少进行 3 次独立测量才能满足条件.

7. 某公司在某次招工考试中，准备招工 300 名（其中 280 名正式工，20 名临时工），而报考的人数是 1657 名，考试满分为 400 分.考试后不久，通过当地新闻媒介得到如下信息：考试总评成绩是 166 分，360 分以上的高分考生 31 名.某考生 A 的成绩是 256 分，则他能否被录取？如被录取能否是正式工？

解　先预测最低录取分数线，记该最低分数线为 x_0.

设该考生成绩为 X，则 X 是随机变量，对一次成功的考试，X 应服从正态分布，即 $X \sim N(166, \sigma^2)$，则 $\dfrac{X-166}{\sigma} \sim N(0,1)$，因为成绩高于 360 分的概率为 $\dfrac{31}{1657}$，所以

$$P(X > 360) = P\left(\dfrac{X-166}{\sigma} > \dfrac{360-166}{\sigma}\right) \approx \dfrac{31}{1657}$$

于是

$$P(0 \leqslant X \leqslant 360) = P\left(\dfrac{0-166}{\sigma} \leqslant \dfrac{X-166}{\sigma} \leqslant \dfrac{360-166}{\sigma}\right) = 1 - \dfrac{31}{1657} \approx 0.981$$

查表可知：$\dfrac{360-166}{\sigma} \approx 2.08$，求得 $\sigma = 93$. 所以 $X \sim N(166, 93^2)$.

因为最低录取分数线 x_0 确定，应使高于此分数线的考生概率等于 $\dfrac{300}{1657}$，即

$$P(X > x_0) = P\left(\dfrac{X-166}{93} > \dfrac{x_0-166}{93}\right) \approx \dfrac{300}{1657}$$

所以

$$P(0 \leqslant X \leqslant x_0) = P\left(\dfrac{0-160}{93} \leqslant \dfrac{X-160}{93} \leqslant \dfrac{x_0-160}{93}\right) = 1 - \dfrac{300}{1657} \approx 0.819$$

查表可知：$\dfrac{x_0-166}{93} \approx 0.91$，求得 $x_0 = 251$，即最低录取分数线为 251.

下面预测考生 A 的名次，他的分数为 256，查表可得：

$$P(X > 256) = P\left(\dfrac{X-166}{93} > \dfrac{256-166}{93}\right) = 1 - \Phi(0.968) = 1 - 0.834 = 0.166$$

这说明考试成绩高于 256 分的概率为 0.166，即高于考生 A 的人数占总人数的 16.6%，所以考试名次排名在 A 之后的人数是 $1657 \times 16.6\% \approx 275$，即考生 A 大概排在 276 名.

因为最低录取分数线 251 分，低于 A 的成绩，A 会被录取，且排名在 276 名左右，所以 A 有可能被正式录取.

8.设 $f_1(x)$ 为标准正态分布的概率密度函数，$f_2(x)$ 为 $[-1,3]$ 上均匀分布的概率密度函数，若

$$f(x)=\begin{cases}af_1(x),&x\leqslant 0\\bf_2(x),&x>0\end{cases}\quad(a>0,b>0)$$

为概率密度函数，则 a,b 应满足什么条件？

解　因为 $\int_{-\infty}^{+\infty}f(x)\mathrm{d}x=1$，所以 $\int_{-\infty}^0 af_1(x)\mathrm{d}x+\int_0^{+\infty}bf_2(x)\mathrm{d}x=1$.

又因为 $f_1(x)$ 为标准正态分布，所以 $\int_{-\infty}^0 af_1(x)\mathrm{d}x=a\int_{-\infty}^0 f_1(x)\mathrm{d}x=\frac{a}{2}$.

$f_2(x)$ 在 $[-1,3]$ 上均匀分布，有

$$f_2(x)=\begin{cases}\dfrac{1}{4},&-1\leqslant x\leqslant 3\\0,&\text{其他}\end{cases}$$

$$\int_0^{+\infty}bf_2(x)\mathrm{d}x=\int_0^3 b\frac{1}{4}\mathrm{d}x=\frac{3b}{4}$$

于是 $\frac{a}{2}+\frac{3b}{4}=1$，即 $2a+3b=4$.

9.设二维随机变量 $(X,Y)\sim N(1,0,1,1,0)$，则 $P(XY-Y<0)=$ _____.

解　因为 $(X,Y)\sim N(1,0,1,1,0)$，所以 X 与 Y 相互独立，且 $X\sim N(1,1)$，$Y\sim N(0,1)$，也就是 $(X-1)\sim N(0,1)$ 与 Y 相互独立.

再根据对称性 $P(X-1<0)=P(X-1>0)=P(Y<0)=P(Y>0)=\frac{1}{2}$ 不难求出 $P(XY-Y<0)$ 的值. 即

$$\begin{aligned}P(XY-Y<0)&=P((X-1)Y<0)\\&=P(X-1<0,Y>0)+P(X-1>0,Y<0)\\&=P(X-1<0)P(Y>0)+P(X-1>0)P(Y<0)\\&=\frac{1}{2}\times\frac{1}{2}+\frac{1}{2}\times\frac{1}{2}=\frac{1}{2}\end{aligned}$$

10.设二维随机变量 $(X,Y)\sim N(\mu,\mu,\sigma^2,\sigma^2,0)$，则 $E(XY^2)=$ _____.

解　因为 $(X,Y)\sim N(\mu,\mu,\sigma^2,\sigma^2,0)$，所以 X 与 Y 相互独立，且

$$E(X)=E(Y)=\mu,\quad D(X)=D(Y)=\sigma^2$$

$$E(XY^2)=E(X)E(Y^2)=\mu\{D(Y)+[E(Y)]^2\}=\mu(\sigma^2+\mu^2)=\mu\sigma^2+\mu^3$$

11. 设随机变量 X 的分布函数为 $F(x)=0.5\Phi(x)+0.5\Phi\left(\frac{x-4}{2}\right)$，其中 $\Phi(x)$ 为标准正态分布函数，则 $E(X)=$ _____.

解　已知 $F(x)=\frac{1}{2}\Phi(x)+\frac{1}{2}\Phi\left(\frac{x-4}{2}\right)$，则 X 的概率密度为

$$f(x)=F'(x)=\frac{1}{2}\varphi(x)+\frac{1}{4}\varphi\left(\frac{x-4}{2}\right)$$

其中 $\varphi(x)$ 为标准正态概率密度.

$$E(x) = \int_{-\infty}^{+\infty} x f(x) \mathrm{d}x = \int_{-\infty}^{+\infty} \frac{x}{2} \varphi(x) \mathrm{d}x + \int_{-\infty}^{+\infty} \frac{x}{4} \varphi\left(\frac{x-4}{4}\right) \mathrm{d}x$$

$$= \frac{1}{2} \int_{-\infty}^{+\infty} x \varphi(x) \mathrm{d}x + \int_{-\infty}^{+\infty} \frac{x-4}{2} \varphi\left(\frac{x-4}{2}\right) \mathrm{d}\left(\frac{x-4}{2}\right) + \int_{-\infty}^{+\infty} 2\varphi\left(\frac{x-4}{2}\right) \mathrm{d}\left(\frac{x-4}{2}\right)$$

$$= 0 + \int_{-\infty}^{+\infty} t\varphi(t) \mathrm{d}t + 2\int_{-\infty}^{+\infty} \varphi(t) \mathrm{d}t = 2$$

总习题三

一、填空题

1. 已知随机变量 X 的概率密度为

$$\varphi(x) = \frac{1}{\sqrt{\pi}} \mathrm{e}^{-x^2+2x-1}, \quad -\infty < x < +\infty$$

则 $E(X) = $ _____，$D(X) = $ _____.

解 根据题意可得

$$\varphi(x) = \frac{1}{\sqrt{\pi}} \mathrm{e}^{-x^2+2x-1} = \frac{1}{\sqrt{2\pi} \cdot \frac{1}{\sqrt{2}}} \mathrm{e}^{-\frac{(x-1)^2}{2\left(\frac{1}{\sqrt{2}}\right)^2}}$$

因此 $X \sim N\left(1, \left(\frac{1}{\sqrt{2}}\right)^2\right)$. 所以 $E(X) = 1$，$D(X) = \frac{1}{2}$.

2. 设随机变量 X 的分布律为 $P(X=k) = \frac{C}{k!}$，$k = 0, 1, 2, \cdots$，则 $E(X^2) = $ _____.

解 由于泊松分布的分布率为 $P(X=k) = \frac{\lambda^k}{k!} \mathrm{e}^{-\lambda}$，$k = 0, 1, 2, \cdots$，对比 $P(X=k) = \frac{c}{k!}$，$k = 0, 1, 2, \cdots$ 可以看出 $c = \mathrm{e}^{-1}$，$X \sim P(1)$，所以 $E(X) = D(X) = 1$，而 $E(X^2) = E(X)^2 + D(X) = 1 + 1 = 2$.

3. 设随机变量 X 的概率密度为

$$f(x) = \begin{cases} kx^\alpha, & 0 < x < 1 \\ 0, & \text{其他} \end{cases} \quad (k, \alpha > 0)$$

又 $E(X) = \frac{3}{4}$，则 $k = $ _____，$\alpha = $ _____.

解 由于 $\int_{-\infty}^{+\infty} f(x) \mathrm{d}x = 1$，所以有

$$\int_{-\infty}^{+\infty} f(x) \mathrm{d}x = \int_0^1 f(x) \mathrm{d}x = \int_0^1 kx^\alpha \mathrm{d}x = k \int_0^1 x^\alpha \mathrm{d}x = \frac{k}{\alpha+1} = 1$$

又因为 $E(X) = \frac{3}{4}$，所以有

$$E(X) = \int_{-\infty}^{+\infty} x f(x) \mathrm{d}x = \int_0^1 x f(x) \mathrm{d}x = k \int_0^1 x^{\alpha+1} \mathrm{d}x = \frac{k}{\alpha+2} = \frac{3}{4}$$

解得 $k=3$，$\alpha=2$.

二、选择题

1.设随机变量 X 与 Y 不相关，且 $E(X)=2$，$E(Y)=1$，$D(X)=3$，则 $E[X(X+Y-2)]=$ _____.

(A) -3 　　(B) 3 　　(C) -5 　　(D) 5

解
$$\begin{aligned} E[X(X+Y-2)] &= E(X^2+XY-2X)=E(X^2)+E(XY)-E(2X) \\ &= D(X)+[E(X)^2]+E(X) \cdot E(Y)-2E(X) \\ &= 3+4+2-4=5 \end{aligned}$$

答案选(D).

2.设随机变量 X 与 Y 相互独立，且 $E(X)$，$E(Y)$ 存在，记 $U=\max\{X,Y\}$，$V=\min\{X,Y\}$，则 $E(UV)=$ _____.

(A) $E(U) \cdot E(V)$ 　(B) $E(X) \cdot E(Y)$ 　　(C) $E(U) \cdot E(Y)$ 　　(D) $E(X) \cdot E(V)$

解　根据公式
$$U=\max\{X,Y\}=\frac{X+Y+|X-Y|}{2}, \quad V=\min\{X,Y\}=\frac{X+Y-|X-Y|}{2}$$

所以
$$UV=\frac{X+Y+|X-Y|}{2} \cdot \frac{X+Y-|X-Y|}{2}=\frac{(X+Y)^2-|X-Y|^2}{4}=\frac{4XY}{4}=XY$$

故 $E(UV)=E(XY)=E(X)E(Y)$.

答案选(B).

3. 将长度为 1 的木棒随机截成两段，则两段长度的相关系数为 _____.

(A) 1 　　　(B) $\dfrac{1}{2}$ 　　　(C) $-\dfrac{1}{2}$ 　　　(D) -1

解　设木棍截成两段的长度分别为 X 和 Y，显然 $X+Y=1$，即 $Y=1-X$，则
$$D(Y)=D(1-X)=D(X)$$
$$\mathrm{Cov}(X,Y)=\mathrm{Cov}(X,1-X)=\mathrm{Cov}(X,1)-\mathrm{Cov}(X,X)=0-D(X)=-D(X)$$

所以有
$$\rho_{XY}=\frac{\mathrm{Cov}(X,Y)}{\sqrt{D(X)D(Y)}}=\frac{-D(X)}{\sqrt{D(X)D(Y)}}=-1$$

答案选(D).

三、解答题

1.设随机变量 X 的分布律为

X	0	2	6
P	$\dfrac{3}{12}$	$\dfrac{4}{12}$	$\dfrac{5}{12}$

求 $E(X)$，$E[\ln(X+2)]$.

解　根据 X 的分布律，可得 $\ln(X+2)$ 的分布律如下：

X	0	2	6
P	$\frac{3}{12}$	$\frac{4}{12}$	$\frac{5}{12}$
$\ln(X+2)$	$\ln2$	$\ln4$	$\ln8$

因此

$$E(X)=0\times\frac{3}{12}+2\times\frac{4}{12}+6\times\frac{5}{12}=\frac{19}{6}$$

$$E[\ln(X+2)]=\ln2\times\frac{3}{12}+\ln4\times\frac{4}{12}+\ln8\times\frac{5}{12}=\frac{13}{6}\ln2$$

2.设二维随机变量(X,Y)的联合概率分布律为

Y \ X	1	2	3	4	5
1	$\frac{1}{12}$	$\frac{1}{24}$	0	$\frac{1}{24}$	$\frac{1}{30}$
2	$\frac{1}{24}$	$\frac{1}{24}$	$\frac{1}{24}$	$\frac{1}{24}$	$\frac{1}{30}$
3	$\frac{1}{12}$	$\frac{1}{24}$	$\frac{1}{24}$	0	$\frac{1}{30}$
4	$\frac{1}{12}$	0	$\frac{1}{24}$	$\frac{1}{24}$	$\frac{1}{30}$
5	$\frac{1}{24}$	$\frac{1}{24}$	$\frac{1}{24}$	$\frac{1}{24}$	$\frac{1}{30}$

求 $E(X)$，$D(X)$，$E(Y)$，$D(Y)$，ρ_{XY}.

解 根据以上的联合概率分布律可得 X，Y 的分布律分别为

X	1	2	3	4	5
P	$\frac{1}{3}$	$\frac{1}{6}$	$\frac{1}{6}$	$\frac{1}{6}$	$\frac{1}{6}$

Y	1	2	3	4	5
P	$\frac{1}{5}$	$\frac{1}{5}$	$\frac{1}{5}$	$\frac{1}{5}$	$\frac{1}{5}$

根据 X，Y 的分布律可得如下结果：

$$E(X)=1\times\frac{1}{3}+2\times\frac{1}{6}+3\times\frac{1}{6}+4\times\frac{1}{6}+5\times\frac{1}{6}=\frac{8}{3}$$

$$E(X^2)=1\times\frac{1}{3}+4\times\frac{1}{6}+9\times\frac{1}{6}+16\times\frac{1}{6}+25\times\frac{1}{6}=\frac{28}{3}$$

$$D(X)=E(X^2)-[E(X)]^2=\frac{28}{3}-\frac{64}{9}=\frac{20}{9}$$

$$E(Y)=1\times\frac{1}{5}+2\times\frac{1}{5}+3\times\frac{1}{5}+4\times\frac{1}{5}+5\times\frac{1}{5}=3$$

$$E(Y^2)=1\times\frac{1}{5}+4\times\frac{1}{5}+9\times\frac{1}{5}+16\times\frac{1}{5}+25\times\frac{1}{5}=11$$

$D(Y)=E(Y^2)-[E(Y)]^2=11-9=2$

$E(XY)=1\times\dfrac{1}{12}+2\times\dfrac{1}{24}+4\times\dfrac{1}{24}+5\times\dfrac{1}{30}+2\times\dfrac{1}{24}+4\times\dfrac{1}{24}+6\times\dfrac{1}{24}+8\times\dfrac{1}{24}+10\times\dfrac{1}{30}+$

$\quad 3\times\dfrac{1}{12}+6\times\dfrac{1}{24}+9\times\dfrac{1}{24}+15\times\dfrac{1}{30}+4\times\dfrac{1}{12}+12\times\dfrac{1}{24}+16\times\dfrac{1}{24}+20\times\dfrac{1}{30}+$

$\quad 5\times\dfrac{1}{24}+10\times\dfrac{1}{24}+15\times\dfrac{1}{24}+20\times\dfrac{1}{24}+25\times\dfrac{1}{30}=\dfrac{65}{8}$

$$\rho_{XY}=\frac{E(XY)-E(X)E(Y)}{\sqrt{D(X)D(Y)}}=\frac{\dfrac{65}{8}-8}{\dfrac{2}{3}\sqrt{10}}=\frac{3\sqrt{10}}{160}$$

3. 设随机变量 X 的分布函数为

$$F(x)=\begin{cases}0,&x<0\\x^3,&0\leqslant x\leqslant1\\1,&x>1\end{cases}$$

求 $E(X)$.

解　因为 $F'(x)=f(x)=\begin{cases}3x^2,&0\leqslant x\leqslant1\\0,&其他\end{cases}$，所以

$$E(X)=\int_{-\infty}^{+\infty}xf(x)\mathrm{d}x=\int_0^1 x\cdot 3x^2\mathrm{d}x=\frac{3}{4}$$

4. 设随机变量 X 的概率密度为

$$f(x)=\begin{cases}\dfrac{1}{2}\cos\dfrac{x}{2},&0\leqslant x\leqslant\pi\\0,&其他\end{cases}$$

对 X 独立重复观察 4 次，用 Y 表示观察值大于 $\dfrac{\pi}{3}$ 的次数，试求 $E(Y^2)$.

解　根据题意可知 Y 是服从 $B(4,p)$ 的二项分布，其中

$$P\left(X>\frac{\pi}{3}\right)=\int_{\frac{\pi}{3}}^{\pi}\frac{1}{2}\cos\frac{x}{2}\mathrm{d}x=\frac{1}{2}$$

由 $D(Y)=E(Y^2)-[E(Y)]^2$，可得 $E(Y^2)=D(Y)+[E(Y)]^2$.

又因为 $Y\sim B\left(4,\dfrac{1}{2}\right)$，可知

$$E(Y)=np=2,\ D(Y)=np(1-p)=4\times\frac{1}{2}\times\left(1-\frac{1}{2}\right)=1$$

于是可得

$$E(Y^2)=D(Y)+[E(Y)]^2=1+2^2=5$$

5. 设随机变量 X 的概率密度为

$$f(x)=\begin{cases}a+bx^2,&0<x<1\\0,&其他\end{cases}$$

已知 $E(X)=\dfrac{3}{5}$，求 $D(X)$.

解　因为 $\int_{-\infty}^{+\infty}f(x)\mathrm{d}x=1$，所以

$$\int_0^1 (a+bx^2)\,dx = a + \frac{b}{3} = 1$$

即 $a = 1 - \dfrac{b}{3}$. 而

$$E(X) = \int_0^1 xf(x)\,dx = \int_0^1 x(a+bx^2)\,dx = \frac{a}{2} + \frac{b}{4} = \frac{3}{5}$$

将 $a = 1 - \dfrac{b}{3}$ 代入上式，可得 $a = \dfrac{3}{5}$，$b = \dfrac{6}{5}$. 因此

$$E(X^2) = \int_0^1 x^2 f(x)\,dx = \int_0^1 x^2 \left(\frac{3}{5} + \frac{6}{5}x^2\right)dx = \frac{11}{25}$$

$$D(X) = E(X^2) - [E(X)]^2 = \frac{11}{25} - \frac{9}{25} = \frac{2}{25}$$

6. 设随机变量 X 与 Y 的联合分布律如下：

X＼Y	0	1	2
0	$\frac{1}{4}$	0	$\frac{1}{4}$
1	0	$\frac{1}{3}$	0
2	$\frac{1}{12}$	0	$\frac{1}{12}$

求：(1) $P(X=2Y)$；

(2) $\text{Cov}(X-Y,\ Y)$.

解　(1) $P(X=2Y) = P(X=0,\ Y=0) + P(X=2,\ Y=1) = \dfrac{1}{4} + 0 = \dfrac{1}{4}$.

(2) 由 (X,Y) 的概率分布可得 X，Y，XY 的概率分布为

X＼Y	0	1	2	$P(X=i)$
0	$\frac{1}{4}$	0	$\frac{1}{4}$	$\frac{1}{2}$
1	0	$\frac{1}{3}$	0	$\frac{1}{3}$
2	$\frac{1}{12}$	0	$\frac{1}{12}$	$\frac{1}{6}$
$P(Y=j)$	$\frac{1}{3}$	$\frac{1}{3}$	$\frac{1}{3}$	1

XY	0	1	4
P	$\frac{7}{12}$	$\frac{1}{3}$	$\frac{1}{12}$

故

$$E(X) = 0 \times \frac{1}{2} + 1 \times \frac{1}{3} + 2 \times \frac{1}{6} = \frac{2}{3}$$

$$E(Y) = \frac{1}{3} \times (0 + 1 + 2) = 1$$

$$D(Y) = \frac{1}{3} \times (0-1)^2 + \frac{1}{3} \times (1-1)^2 + \frac{1}{3} \times (2-1)^2 = \frac{2}{3}$$

$$E(XY) = 1 \times \frac{1}{3} + 4 \times \frac{1}{12} = \frac{2}{3}$$

所以

$$\text{Cov}(X-Y, Y) = E(XY) - E(X)E(Y) - D(Y) = \frac{2}{3} - \frac{2}{3} - \frac{2}{3} = -\frac{2}{3}$$

7. 设 (X, Y) 的概率密度为

$$f(x, y) = \begin{cases} 12y^2, & 0 \leqslant y \leqslant x \leqslant 1 \\ 0, & \text{其他} \end{cases}$$

求：(1) $E(X)$，$E(Y)$；

(2) $E(XY)$；

(3) $E(X^2 + Y^2)$.

解 (1) $E(X) = \int_{-\infty}^{+\infty} \int_{-\infty}^{+\infty} x f(x, y) \mathrm{d}x \mathrm{d}y = \int_0^1 \left(\int_0^x x 12y^2 \mathrm{d}y \right) \mathrm{d}x = \int_0^1 4x^4 \mathrm{d}x = \frac{4}{5}$；

$E(Y) = \int_{-\infty}^{+\infty} \int_{-\infty}^{+\infty} y f(x, y) \mathrm{d}x \mathrm{d}y = \int_0^1 \left(\int_0^x y 12y^2 \mathrm{d}y \right) \mathrm{d}x = \int_0^1 3x^4 \mathrm{d}x = \frac{3}{5}$.

(2) $E(XY) = \int_0^1 \left(\int_0^x xy 12y^2 \mathrm{d}y \right) \mathrm{d}x = \int_0^1 3x^5 \mathrm{d}x = \frac{1}{2}$.

(3) $E(X^2 + Y^2) = \int_0^1 \left[\int_0^x (x^2 + y^2) 12y^2 \mathrm{d}y \right] \mathrm{d}x = \int_0^1 \frac{32}{5} x^5 \mathrm{d}x = \frac{16}{15}$.

8. 二维随机变量 (X, Y) 的概率密度为

$$f(x, y) = \begin{cases} \dfrac{1}{\pi}, & x^2 + y^2 \leqslant 1 \\ 0, & \text{其他} \end{cases}$$

试问：(1) X 与 Y 是否相互独立？

(2) X 与 Y 是否相关？

解 (1) 易知

$$f_X(x) = \int_{-\infty}^{+\infty} f(x, y) \mathrm{d}x = \int_{x_1}^{x_2} \frac{\mathrm{d}x}{\pi} = \int_{-\sqrt{1-y^2}}^{\sqrt{1-y^2}} \frac{\mathrm{d}x}{\pi} = \frac{2\sqrt{1-y^2}}{\pi}$$

同理可得

$$f_Y(y) = \frac{2\sqrt{1-x^2}}{\pi}$$

因为

$$f_X(x) \cdot f_Y(y) = \frac{4\sqrt{1-y^2}\sqrt{1-x^2}}{\pi^2} \neq f(x, y) = \frac{1}{\pi}$$

所以 X 与 Y 不相互独立.

（2）易知

$$E(X) = \int_{-\infty}^{+\infty} \int_{-\infty}^{+\infty} x f(x, y) \mathrm{d}x \mathrm{d}y = \int_{-1}^{1} \left(\int_{-\sqrt{1-x^2}}^{\sqrt{1-x^2}} x \cdot \frac{1}{\pi} \mathrm{d}y \right) \mathrm{d}x \int_{-1}^{1} \frac{2x}{\pi} \sqrt{1-x^2} \mathrm{d}x = 0$$

同理可得

$$E(Y) = 0$$

由于

$$E(XY) = \int_{-\infty}^{+\infty} \int_{-\infty}^{+\infty} xy f(x, y) \mathrm{d}x \mathrm{d}y = \int_{-\infty}^{+\infty} \int_{-\infty}^{+\infty} \frac{xy}{\pi} \mathrm{d}x \mathrm{d}y = \int_{-1}^{1} \left(\int_{-\sqrt{1-x^2}}^{\sqrt{1-x^2}} \frac{xy}{\pi} \mathrm{d}y \right) \mathrm{d}x$$

$$= \int_{-1}^{1} \frac{x(1-x^2)}{\pi} \mathrm{d}x = 0$$

而 $E(X) = E(Y) = E(XY) = 0$，即 $E(XY) = E(X) \cdot E(Y)$，所以 X 和 Y 不相关.

9. 从学校乘汽车到火车站的途中有 3 个交通站岗，假设在各交通站岗遇到红灯的事件是相互独立的，且概率均为 $\frac{2}{5}$，设 X 为途中遇到红灯的次数，求随机变量 X 的分布律、分布函数和数学期望.（假设只有红灯和绿灯）

解 根据题意知 X 的取值为：$0, 1, 2, 3$.

当 $X = 0$ 时，所有灯都为绿灯，其概率为 $p_0 = \left(\frac{3}{5} \right)^3 = \frac{27}{125}$；

当 $X = 1$ 时，其中 1 灯为红灯，其概率为 $p_1 = C_3^1 \left(\frac{3}{5} \right)^2 \frac{2}{5} = \frac{54}{125}$；

当 $X = 2$ 时，其中 2 灯为红灯，其概率为 $p_2 = C_3^2 \left(\frac{2}{5} \right)^2 \frac{3}{5} = \frac{36}{125}$；

当 $X = 3$ 时，所有灯都为红灯，其概率为 $p_3 = \left(\frac{2}{5} \right)^3 = \frac{8}{125}$.

X 的分布律为

X	0	1	2	3
P	$\frac{27}{125}$	$\frac{54}{125}$	$\frac{36}{125}$	$\frac{8}{125}$

X 的数学期望为

$$E(X) = 1 \times \frac{54}{125} + 2 \times \frac{36}{125} + 3 \times \frac{8}{125} = \frac{6}{5}$$

X 的分布函数为

$$F(X) = \begin{cases} 0, & x < 0 \\ \dfrac{27}{125}, & 0 \leqslant x < 1 \\ \dfrac{81}{125}, & 1 \leqslant x < 2 \\ \dfrac{117}{125}, & 2 \leqslant x < 3 \\ 1, & x \geqslant 3 \end{cases}$$

10. 一台设备由三大部件构成，在设备运转中各部件需要调整的概率为 0.10，0.20 和

0.30，假设各部件的状态相互独立，以 X 表示需要调整的部件数，试求 $E(X)$ 和 $D(X)$.

解　根据题意知 X 的取值为：0，1，2，3.

当 $X=0$ 时，都不需要调整，即

$$p_0=0.9\times0.8\times0.7=0.504$$

当 $X=1$ 时，仅一个需要调整，即

$$p_1=0.1\times0.8\times0.7+0.2\times0.9\times0.7+0.3\times0.8\times0.9=0.398$$

当 $X=2$ 时，有两个需要调整，即

$$p_2=0.1\times0.2\times0.7+0.1\times0.3\times0.8+0.2\times0.3\times0.9=0.092$$

当 $X=3$ 时，有三个需要调整，即

$$p_3=0.1\times0.2\times0.3=0.006$$

根据以上分析，可得 X 的分布律为

X	0	1	2	3
P	0.504	0.398	0.092	0.006

因此

$$E(X)=1\times0.398+2\times0.092+3\times0.006=0.6$$
$$E(X^2)=1\times0.398+2^2\times0.092+3^2\times0.006=0.82$$
$$D(X)=E(X^2)-[E(X)]^2=0.82-0.36=0.46$$

11. 设随机变量 X 的概率密度为

$$f(x)=\frac{1}{2}\mathrm{e}^{-|x|}, \quad -\infty<x<+\infty$$

(1) 求 X 与 $|X|$ 的协方差，判断 X 与 $|X|$ 是否相关？

(2) 判断 X 与 $|X|$ 是否独立，并说明你的理由.

解　(1) 根据数学期望和方差的定义有

$$E(X)=\int_{-\infty}^{+\infty}xf(x)\mathrm{d}x$$

因为 $xf(x)=\dfrac{x}{2}\mathrm{e}^{-|x|}$ 为奇函数，所以 $E(X)=0$. 因此

$$D(X)=\int_{-\infty}^{+\infty}[x-E(X)]^2f(x)\mathrm{d}x=\int_{-\infty}^{+\infty}x^2f(x)\mathrm{d}x=\int_{0}^{+\infty}x^2\mathrm{e}^{-x}\mathrm{d}x=2$$

由协方差的公式，有

$$\mathrm{Cov}(X,|X|)=E(X|X|)-E(X)E(|X|)=E(X|X|)-0=E(X|X|)$$
$$=\int_{-\infty}^{+\infty}x|x|f(x)\mathrm{d}x=0$$

所以 $\rho_{X|X|}=\dfrac{\mathrm{Cov}(X,|X|)}{\sqrt{D(X)}\sqrt{D(|X|)}}=0$，即 X 与 $|X|$ 不相关.

(2) 对给定 $0<a<+\infty$，显然事件 $\{|X|<a\}$ 包含在事件 $\{X<a\}$ 中，且

$$P(X<a)<1, \ P(|X|<a)>0$$

于是

$$P(X<a,|X|<a)=P(|X|<a)$$
$$P(X<a)P(|X|<a)<P(|X|<a)$$

所以

$$P(X<a, |X|<a) \neq P(X<a)P(|X|<a)$$

$$P(X=1, Y=2) = P(X=2, Y=1) = P(X=2, Y=2) = P(\varnothing) = 0$$

故 X 与 $|X|$ 不独立.

12. 将 n 个球(标号为 $1, 2, \cdots, n$)随机地放进 n 个盒子(标号为 $1, 2, \cdots, n$)中去,一个盒子装一个球. 若一个球装入与球同号的盒子中,称为一个配对,记 X 为总的配对数,求 $E(X)$.

解　引入随机变量

$$X_i = \begin{cases} 1, & \text{第 } i \text{ 号球恰好装入第 } i \text{ 号盒子} \\ 0, & \text{第 } i \text{ 号球没有装入第 } i \text{ 号盒子} \end{cases}$$

则

$$X = \sum_{i=1}^{n} X_i, \quad E(X) = \sum_{i=1}^{n} E(X_i)$$

而 X_i 显然服从 $(0 \sim 1)$ 分布,因此

$$P(X_i = 1) = \frac{1}{n}, \quad P(X_i = 0) = \frac{n-1}{n}$$

$$E(X_i) = 1 \times \frac{1}{n} = \frac{1}{n}$$

从而

$$E(X) = \sum_{i=1}^{n} \frac{1}{n} = 1$$

13. 标号为 $1, 2, 3, 4$ 的四个袋子中均有 3 个白球,2 个黑球,先从 $1, 2, 3$ 号袋中任取一球放入 4 号袋,记 4 号袋中的白球数为 X,求 $E(X)$.

解　根据题意知 X 的取值为:$3, 4, 5, 6$.

当 $X=3$ 时,所有袋取黑球,$p_3 = \frac{2}{5} \times \frac{2}{5} \times \frac{2}{5} = \frac{8}{125}$;

当 $X=4$ 时,其中 1 袋取白球,$p_4 = C_3^1 \frac{3}{5} \times \frac{2}{5} \times \frac{2}{5} = \frac{36}{125}$;

当 $X=5$ 时,其中 2 袋取白球,$p_5 = C_3^2 \frac{3}{5} \times \frac{3}{5} \times \frac{2}{5} = \frac{54}{125}$;

当 $X=6$ 时,其中 3 袋取白球,$p_6 = C_3^3 \frac{3}{5} \times \frac{3}{5} \times \frac{3}{5} = \frac{27}{125}$.

根据以上分析,可得如下分布律:

X	3	4	5	6
P	$\frac{8}{125}$	$\frac{36}{125}$	$\frac{54}{125}$	$\frac{27}{125}$

因此

$$E(X) = 3 \times \frac{8}{125} + 4 \times \frac{36}{125} + 5 \times \frac{54}{125} + 6 \times \frac{27}{125} = \frac{24}{5}$$

14. 已知随机变量 X 与 Y 分别服从正态分布 $N(1,3^2)$ 和 $N(0,4^2)$，且 X,Y 的相关系数 $\rho_{XY}=-\dfrac{1}{2}$，设 $Z=\dfrac{X}{3}+\dfrac{Y}{2}$．求：

（1）Z 的数学期望及方差；

（2）X,Z 的相关系数 ρ_{XZ}．

解　（1）根据题意可得：

X 服从正态分布 $N(1,3^2)$，即 $\mu_1=1$，$\sigma_1^2=3^2$；

Y 服从正态分布 $N(0,4^2)$，即 $\mu_2=0$，$\sigma_2^2=4^2$．

由于 $Z=\dfrac{X}{3}+\dfrac{Y}{2}$，则

$$E(Z)=E\left(\frac{X}{3}+\frac{Y}{2}\right)=E\left(\frac{X}{3}\right)+E\left(\frac{Y}{2}\right)=\frac{1}{3}E(X)+\frac{1}{2}E(Y)$$

因为 $E(X)=\mu_1=1$，$E(Y)=\mu_2=0$，可得

$$E(Z)=\frac{1}{3}\times1+0=\frac{1}{3}$$

$$D(Z)=D\left(\frac{X}{3}+\frac{Y}{2}\right)=D\left(\frac{X}{3}\right)+D\left(\frac{Y}{2}\right)+2\mathrm{Cov}\left(\frac{X}{3},\frac{Y}{2}\right)$$

$$=\frac{1}{9}D(X)+\frac{1}{4}D(Y)+2\times\frac{1}{3}\times\frac{1}{2}\mathrm{Cov}(X,Y)$$

根据题意可知

$$D(X)=9,\ D(Y)=16$$

$$\rho_{XY}=\frac{\mathrm{Cov}(X,Y)}{\sqrt{D(X)}\cdot\sqrt{D(Y)}}=\frac{\mathrm{Cov}(X,Y)}{3\times4}=-\frac{1}{2}$$

因此

$$\mathrm{Cov}(X,Y)=-6$$

$$D(Z)=\frac{1}{9}D(X)+\frac{1}{4}D(Y)+2\times\frac{1}{3}\times\frac{1}{2}\mathrm{Cov}(X,Y)=1+4+\frac{1}{3}\times(-6)=3$$

（2）因为

$$\mathrm{Cov}(X,Z)=\mathrm{Cov}\left(X,\frac{X}{3}+\frac{Y}{2}\right)=\mathrm{Cov}\left(X,\frac{X}{3}\right)+\mathrm{Cov}\left(X,\frac{Y}{2}\right)$$

$$=\frac{1}{3}\mathrm{Cov}(X,X)+\frac{1}{2}\mathrm{Cov}(X,Y)=\frac{1}{3}D(X)+\frac{1}{2}\times(-6)=0$$

所以

$$\rho_{XZ}=\frac{\mathrm{Cov}(X,Z)}{\sqrt{D(X)}\cdot\sqrt{D(Z)}}=0$$

第四章　大数定律与中心极限定理

一、基本要求

1. 了解切比雪夫大数定律、辛钦大数定律及伯努利大数定律.

2. 了解独立同分布的中心极限定理和棣莫佛-拉普拉斯中心极限定理；了解棣莫佛-拉普拉斯中心极限定理在实际问题中的应用.

二、基本内容

1. 大数定律

1) 定义

设 X_1，X_2，$\cdots$，X_n，$\cdots$ 是一个随机变量序列，如果存在一个常数 a，使得对任意 $\varepsilon > 0$ 总有

$$\lim_{n \to \infty} P(|X_n - a| < \varepsilon) = 1$$

那么，称随机变量序列 X_1，X_2，$\cdots$，X_n，$\cdots$ 依概率收敛于 a，记作 $X_n \xrightarrow{P} a$.

2) 大数定律

(1) 切比雪夫大数定律：设 X_1，X_2，$\cdots$，X_n，$\cdots$ 是两两相互独立的随机变量序列，方差均存在. 如果存在常数 c，使得 $D(X_i) \leqslant c$，$i = 1, 2, \cdots$，那么

$$\frac{1}{n} \sum_{i=1}^{n} X_i \xrightarrow{P} \frac{1}{n} \sum_{i=1}^{n} E(X_i)$$

如果 $E(X_i) = \mu$，$i = 1, 2, \cdots$，那么，切比雪夫大数定律可以表达成

$$\frac{1}{n} \sum_{i=1}^{n} X_i \xrightarrow{P} \mu$$

(2) 辛钦大数定律：设 X_1，X_2，$\cdots$，X_n，$\cdots$ 是相互独立同分布的随机变量序列，且 X_i 的数学期望存在，$E(X_i) = \mu$，$i = 1, 2, \cdots$，那么

$$\frac{1}{n} \sum_{i=1}^{n} X_i \xrightarrow{P} \mu$$

(3) 伯努利大数定律：假设 n_A 是 n 重伯努利试验中事件 A 发生的次数，在每次试验中事件 A 发生的概率为 $p(0 < p < 1)$，那么 $\dfrac{n_A}{n} \xrightarrow{P} p$.

2. 中心极限定理

(1) 独立同分布中心极限定理：设 X_1，X_2，$\cdots$，X_n，$\cdots$ 是一个独立同分布的随机变量序列，且 $E(X_i) = \mu$，$D(X_i) = \sigma^2 > 0$，$i = 1, 2, \cdots$，那么

$$\lim_{n\to\infty}P\left(\frac{\dfrac{1}{n}\sum\limits_{i=1}^{n}X_i-\mu}{\sigma/\sqrt{n}}\leqslant x\right)=\lim_{n\to\infty}P\left(\frac{\sum\limits_{i=1}^{n}X_i-n\mu}{\sigma\sqrt{n}}\leqslant x\right)=\frac{1}{\sqrt{2\pi}}\int_{-\infty}^{x}\mathrm{e}^{-\frac{t^2}{2}}\mathrm{d}t=\Phi(x)$$

（2）棣莫佛-拉普拉斯定理：设 n_A 为 n 重伯努利试验中事件 A 发生的次数，$p(0<p<1)$ 是事件 A 在每次试验中发生的概率，则对任意 x，有

$$\lim_{n\to\infty}P\left(\frac{n_A-np}{\sqrt{np(1-p)}}\leqslant x\right)=\int_{-\infty}^{x}\frac{1}{\sqrt{2\pi}}\mathrm{e}^{-\frac{t^2}{2}}\mathrm{d}t=\Phi(x)$$

三、释疑解难

1. 大数定律的数学意义是什么？

答　在大量的随机试验中发现平均值和频率有一定的稳定性，大数定律正是从严格的数学形式上证明了平均值和频率的稳定性，并肯定了可以用平均值代替期望，用频率代替概率的合理性.

2. 中心极限定理的意义是什么？

答　在现实生活和科学技术中存在这么一种现象，即不论相互独立的随机变量 X_1，X_2，$\cdots$，X_n 服从怎样的分布，在它们共同作用下的随机变量极限服从正态分布，亦即 $\sum\limits_{i=1}^{n}X_i\sim N(0,1)$，原则上认为 X_1，X_2，$\cdots$，X_n 中的每一个对 $\sum\limits_{i=1}^{n}X_i$ 的影响是微小且均匀的，没有一个的影响是非常突出的.

3. 大数定律和中心极限定理有什么关系？

答　大数定律和中心极限定理都是通过极限理论来研究随机变量序列的；不同之处在于大数定律研究的是 $n\to\infty$ 时序列函数的极限，而中心极限定理研究的是序列总和的极限. 当 X_1，X_2，$\cdots$，X_n，$\cdots$ 相互独立又同分布，且有大于 0 的有限方差时，大数定律和中心极限定理同时成立.

四、典型例题

例 1　设 X_1，X_2，$\cdots$，X_n 是独立同分布的随机变量序列，$E(X_i)=\mu$，$D(X_i)=\sigma^2(i=1,2,\cdots,n)$，令 $Y_n=\dfrac{2}{n(n+1)}\sum\limits_{i=1}^{n}iX_i$，证明随机变量序列 $\{Y_n\}$ 依概率收敛于 μ.

证明　由于

$$E(Y_n)=E\left[\frac{2}{n(n+1)}\sum_{i=1}^{n}iX_i\right]=\frac{2}{n(n+1)}E\left(\sum_{i=1}^{n}iX_i\right)$$

$$=\frac{2}{n(n+1)}\sum_{i=1}^{n}iE(X_i)=\frac{2\mu}{n(n+1)}\sum_{i=1}^{n}i=\mu$$

$$D(Y_n)=\frac{4}{n^2(n+1)^2}\sum_{i=1}^{n}i^2D(X_i)=\frac{4\sigma^2}{n^2(n+1)^2}\cdot\frac{n(n+1)(2n+1)}{6}=\frac{4(2n+1)\sigma^2}{6n(n+1)}$$

利用切比雪夫不等式得

$$P(|Y_n-E(Y_n)|\geqslant\varepsilon)=P(|Y_n-\mu|\geqslant\varepsilon)\leqslant\frac{D(Y_n)}{\varepsilon^2}=\frac{4(2n+1)\sigma^2}{6n(n+1)\varepsilon^2}\xrightarrow{n\to\infty}0$$

所以 $Y_n\xrightarrow[n\to\infty]{P}\mu$.

例 2　设 $X_1,X_2,\cdots,X_n$ 为一列独立同分布的随机变量，其共同分布是参数为 1 的指数分布，证明：$Y_n=\min(X_1,X_2,\cdots,X_n)\xrightarrow{P}0$.

证明　由于 $Y_n\geqslant0$，因此对任意 $\varepsilon>0$，有

$$P(Y_n>\varepsilon)=P[\min(X_1,X_2,\cdots,X_n)>\varepsilon]=[P(X_i>\varepsilon)]^n=\mathrm{e}^{-n\varepsilon}\to0$$

于是有 $Y_n\xrightarrow{P}0$.

例 3　假设 $X_1,X_2,\cdots,X_n,\cdots$ 是相互独立且在 $[a,b]$ 上同均匀分布的随机变量，$f(x)$ 是在 $[a,b]$ 上连续的函数.试证明：$\lim\limits_{n\to\infty}\dfrac{b-a}{n}\sum\limits_{i=1}^{n}f(X_i)=\displaystyle\int_a^bf(x)\mathrm{d}x$.

证明　易见 $f(X_1),f(X_2),\cdots,f(X_n)$ 是独立同分布的随机变量，由于 X_i 的概率密度为 $g(x)=\dfrac{1}{b-a}(a\leqslant x\leqslant b)$，因此

$$E[(b-a)f(X_i)]=\int_a^b(b-a)f(x)g(x)\mathrm{d}x=\int_a^bf(x)\mathrm{d}x$$

由此，根据辛钦大数定律，有

$$\lim_{n\to\infty}\frac{b-a}{n}\sum_{i=1}^{n}f(X_i)=E[(b-a)f(X_i)]=\int_a^bf(x)\mathrm{d}x$$

例 4　设 $X_1,X_2,\cdots,X_n,\cdots$ 是相互独立的随机变量序列，且

$$P(X_n=\pm\sqrt{\ln n})=\frac{1}{2},\ n=1,2,\cdots$$

验证 $\{X_n\}$ 服从大数定律.

证明　$E(X_i)=0$，$D(X_i)=E(X_i^2)=\ln i$，且有

$$D\left(\sum_{i=1}^{n}X_i\right)=\sum_{i=1}^{n}D(X_i)=\sum_{i=1}^{n}\ln i\leqslant n\ln n$$

所以 $\dfrac{1}{n^2}D\left(\sum\limits_{i=1}^{n}X_i\right)\leqslant\dfrac{\ln n}{n}\to0(n\to\infty)$，于是随机变量序列 $\{X_n\}$ 服从大数定律.

例 5　一大批种子中良种占 $\dfrac{1}{6}$，利用切比雪夫不等式估计在任意挑选的 6000 粒种子中，良种所占的比例与 $\dfrac{1}{6}$ 比较不超过 1% 的概率.

解　设 X 表示任意挑选出的 6000 粒种子中的良种粒数，则 $X\sim B\left(600,\dfrac{1}{6}\right)$，因而

$$E(X)=np=6000\times\frac{1}{6}=1000,\quad D(X)=npq=6000\times\frac{1}{6}\times\frac{5}{6}=\frac{5}{6}\times1000$$

事件 $\left(\left|\dfrac{X}{6000}-\dfrac{1}{6}\right|<\dfrac{1}{100}\right)=(|X-1000|<60)$，则

$$P\left(\left|\frac{X}{6000}-\frac{1}{6}\right|<\frac{1}{100}\right)=P(|X-E(X)|<60)\geqslant1-\frac{D(X)}{60^2}=0.7685$$

即在任意挑选出的 6000 粒种子中，良种的比例与 $\frac{1}{6}$ 比较不超过 1% 的概率至少为 0.7685.

例 6　设连续型随机变量 ξ 的期望 $E(\xi)$ 和方差 $D(\xi)$ 都存在，试证对任意 $\varepsilon>0$，有

$$P(|\xi-E(\xi)|\geqslant\varepsilon)\leqslant\frac{D(\xi)}{\varepsilon^2}$$

证明　设 ξ 的密度为 $\varphi(x)$，则

$$P(|\xi-E(\xi)|\geqslant\varepsilon)=\int_{|x-E(\xi)|\geqslant\varepsilon}\varphi(x)\mathrm{d}x\leqslant\int_{|x-E(\xi)|\geqslant\varepsilon}\varphi(x)\frac{[x-E(\xi)]^2}{\varepsilon^2}\mathrm{d}x$$

$$\leqslant\frac{1}{\varepsilon^2}\int_{-\infty}^{+\infty}[x-E(\xi)]^2\varphi(x)\mathrm{d}x=\frac{D(\xi)}{\varepsilon^2}$$

例 7　在一次空战中，出现了 50 架轰炸机和 100 架歼击机，每架轰炸机受到两架歼击机的攻击，这样，空战分为 50 个由一架轰炸机和两架歼击机的小型空战. 设在每个小型空战里，轰炸机被打下的概率为 0.4，求空战里有不少于 35% 的轰炸机被打下的概率.

解　设 ξ 表示被打下的轰炸机的个数 ($\xi\geqslant50\times35\%$)，根据中心极限定理，有

$$P(17<\xi\leqslant50)=P\left(\frac{17-20}{\sqrt{12}}<\frac{\xi-20}{\sqrt{12}}\leqslant\frac{50-20}{\sqrt{12}}\right)$$

$$=P\left(-0.867<\frac{\xi-20}{3.46}\leqslant8.67\right)$$

$$=F_{0.1}(8.67)-F_{0.1}(-0.867)$$

$$=1-[1-F_{0.1}(0.867)]$$

$$=F_{0.1}(0.867)\approx0.806$$

例 8　一药厂试制一种新药，卫生部门为了检验此药的效果，在 100 名患者中进行了试验，并决定此药若对 75 名或者更多患者有效，则批准该厂投入生产此药. 如果该新药的治愈率为 80%，求该药能通过检验的概率.

解　设 100 名参试的患者中，该药对 ξ 名患者有效，假定各患者的情况彼此独立，则可认为 ξ 服从 $B(100,0.8)$，从而有 $n=100$，$p=0.8$，$np=80$，$\sqrt{np(1-p)}=4$. 应用棣莫弗-拉普拉斯中心极限定理知该药能通过检验的概率是

$$P(\xi\geqslant75)=1-P\left(\frac{\xi-80}{4}<\frac{75-80}{4}\right)\approx1-F_{0.1}(-1.25)=F_{0.1}(1.25)=0.8944$$

例 9　有一批钢材，其中 80% 的长度不小于 3 m. 现从这批钢材中随机地取出 100 根，求长度小于 3 m 的钢材不超过 30 根的概率.

解　由题意知 $n=100$，$p=0.2$，设长度小于 3 m 的钢材根数为 m，则所求概率为

$$P(m\leqslant30)\approx\Phi\left(\frac{30-100\times0.2}{\sqrt{100\times0.2\times0.8}}\right)=\Phi(2.5)=0.9938$$

例 10　已知一本 300 页的书中每页印刷错误的个数服从泊松分布 $P(0.2)$. 求这本书的印刷错误总数不多于 70 的概率.

解　设第 i 页的印刷错误个数为 $X_i(i=1,2,\cdots,300)$，则 $E(X_i)=0.2$，$D(X_i)=0.2$，且 X_i 相互独立，故所求概率为

$$P\left[\sum_{i=1}^{300}X_i\leqslant70\right]\approx\Phi\left(\frac{70-60}{\sqrt{300\times0.2}}\right)=\Phi\left(\frac{\sqrt{15}}{3}\right)=\Phi(1.29)=0.9015$$

例 11　卡车装运水泥，设每袋水泥的重量 X(以 kg 计)服从 $N(50,2.5^2)$，问：最多装多少袋水泥才能使总重量超过 2000 kg 的概率不大于 0.05？

解　设最多装 n 袋水泥才能满足要求．由题设知，$X_i \sim N(50,2.5^2)$，$i=1,2,\cdots,n$，且 $X_1,X_2,\cdots,x_n$ 相互独立．总重量为 $\sum\limits_{i=1}^{n} X_i$，要求 $P\left(\sum\limits_{i=1}^{n} X_i > 2000\right) \leqslant 0.05$，先求 n．

因为 $\sum\limits_{i=1}^{n} X_i \sim N(50n,n\cdot 2.5^2)$，所以

$$P\left(\sum_{i=1}^{n} X_i > 2000\right) = P\left(\frac{\sum\limits_{i=1}^{n} X_i - 50n}{2.5\sqrt{n}} > \frac{2000-50n}{2.5\sqrt{n}}\right) = 1 - \Phi\left(\frac{2000-50n}{2.5\sqrt{n}}\right) \leqslant 0.05$$

即 $P\left(\dfrac{4000-100n}{5\sqrt{n}}\right) \geqslant 0.95$，查标准正态分布表得 $\dfrac{4000-100n}{5\sqrt{n}} = 1.645$，由方程 $100n + 8.225\sqrt{n} - 4000 = 0$ 解得 $n \approx 39.483$(袋)，故最多装 $n=39$ 袋水泥才能使总重量超过 2000 kg 的概率不大于 0.05．

五、习题选解

┌╌╌╌╌╌╌╌┐
┆ **习题 4.1** ┆
└╌╌╌╌╌╌╌┘

1. 设 $X_1,X_2,\cdots,X_n,\cdots$ 是独立同分布的随机变量序列，且假设 $E(X)=2$，$D(X)=6$，证明：

$$\frac{X_1^2 + X_2 X_3 + X_4^2 + X_5 X_6 + \cdots + X_{3n-2}^2 + X_{3n-1} X_{3n}}{n} \to a，n \to \infty$$

并确定常数 a 的值．

证明　$X_1,X_2,\cdots,X_n,\cdots$ 是独立同分布的随机变量序列，则

$$\begin{aligned}
E(X_{3n-1}^2 + X_{3n-1} X_{3n}) &= E(X_{3n-2}^2) + E(X_{3n-1} X_{3n}) \\
&= D(X_{3n-2}) + E(X_{3n-2})^2 + E(X_{3n-1})E(X_{3n}) \\
&= 6+4+4 = 14
\end{aligned}$$

因为 $\{X_{3n-1}^2 + X_{3n-1} X_{3n}\}$ 满足辛钦大数定律条件，所以

$$\frac{X_1^2 + X_2 X_3 + X_4^2 + X_5 X_6 + \cdots + X_{3n-2}^2 + X_{3n-1} X_{3n}}{n} \to 14，n \to \infty$$

即 $a=14$．

2. 设 $X_1,X_2,\cdots,X_n,\cdots$ 是独立同分布的随机变量序列，其共同分布为

$$P\left(X_n = \frac{2^k}{k^2}\right) = \frac{1}{2^k}，k=1,2,\cdots$$

证明：$\{X_n\}$ 服从大数定律．

证明　因为 $X_1,X_2,\cdots,X_n,\cdots$ 是独立同分布的随机变量序列，$E(X_n) = \sum\limits_{i=1}^{\infty} \dfrac{2^k}{k^2} \times \dfrac{1}{2^k} = \sum\limits_{i=1}^{\infty} \dfrac{1}{k^2} = \dfrac{\pi^2}{6}$，所以 $\{X_n\}$ 服从大数定律．

3.设 X_1，X_2，$\cdots$，X_n，$\cdots$是独立同分布的随机变量序列，其概率密度函数为 $f(x)$，试问：序列$\{X_n\}$是否一定满足切比雪夫大数定律？

解 因为 X_1，X_2，$\cdots$，X_n，$\cdots$是独立同分布的随机变量序列，其概率密度函数为 $f(x)$，期望和方差不一定存在，所以不一定满足切比雪夫大数定律.

4.设 X_1，X_2，$\cdots$，X_n，$\cdots$是独立同分布的随机变量序列，其分布律为 $P(X_i = 2^{i-2\ln i}) = 2^{-i}$，$i=1$，$2$，$\cdots$，证明：序列$\{X_n\}$服从辛钦大数定律.

证明
$$E(X_i) = \sum_{i=1}^{\infty} 2^{i-2\ln i} \cdot 2^{-i} = \sum_{i=1}^{\infty} 2^{-2\ln i} = \sum_{i=1}^{\infty} \frac{1}{4^{\ln i}}$$

因为
$$4^{\ln i} = e^{\ln i \cdot \ln 4} = i^{\ln 4}，\quad i=1，2，\cdots$$
$$\ln 4 = \ln\left(e \cdot \frac{4}{e}\right) = 1 + \ln\frac{4}{e} > 0$$

所以
$$E(X_i) = \sum_{i=1}^{\infty} \frac{1}{4^{\ln i}} = \sum_{i=1}^{\infty} \frac{1}{i^{1+\ln\frac{4}{e}}} = \mu < +\infty$$

由正项级数的 P 级数审敛法知其收敛，于是$\{X_n\}$独立，又同分布具有相同的数学期望 $E(X_i) = \mu(i=1，2，\cdots)$，从而有
$$\lim_{n\to\infty} P\left(\left|\frac{1}{n}\sum_{i=1}^{n} X_i - \mu\right| < \varepsilon\right) = 1$$
因此序列$\{X_n\}$服从辛钦大数定律.

习题 4.2

1.已知某厂生产的晶体管的寿命服从均值 100 小时的指数分布.现在从该厂生产的产品中随机地抽取 64 只，试求这 64 只晶体管的寿命总和超过 7000 小时的概率.假定这些晶体管的寿命是相互独立的.

解 设第 i 个晶体管的寿命为 X_i，则
$$P\left(\sum_{i=1}^{64} X_i > 7000\right) = 1 - P\left(\sum_{i=1}^{64} X_i \leqslant 7000\right)$$

因为 $\dfrac{\sum\limits_{i=1}^{64} x_i - n\mu}{\sqrt{n}\sigma} \sim N(0，1)$，即 $n=64$，$\mu=100$，$\sigma^2=10^4$，所以

$$P\left(\sum_{i=1}^{64} X_i \leqslant 7000\right) = P\left(\frac{\sum\limits_{i=1}^{64} X_i - 6400}{800} \leqslant \frac{7000-6400}{800}\right)$$

$$= P\left(\frac{\sum\limits_{i=1}^{64} X_i - 6400}{800} \leqslant \frac{3}{4}\right) = \Phi\left(\frac{3}{4}\right) = 0.7734$$

从而

$$P\left(\sum_{i=1}^{64}X_i>7000\right)=1-P\left(\sum_{i=1}^{64}X_i\leqslant7000\right)=1-0.7734=0.2266$$

2. 为了测定一台机床的重量，把它分解成若干部件来称量. 假定每个部件的称量误差（单位：千克）服从区间$(-2,2)$上的均匀分布. 试问：最多可以把这台机床分解成多少个部件，才能以不低于 99% 的概率保证总重量误差的绝对值不超过 10 千克？

解 设第 i 个部件的误差为 X_i. 因为 $X_i\sim u(-2,2)$，所以有

$$E(X)=\frac{-2+2}{2}=0=\mu,\ D(X)=\frac{(2+2)^2}{12}=\frac{4}{3}=\sigma^2$$

$$\frac{\sum_{i=1}^{n}X_i-n\mu}{\sqrt{n\sigma^2}}=\frac{\sum_{i=1}^{n}X_i-n\cdot0}{\sqrt{n}\cdot\frac{2}{\sqrt{3}}}=\frac{\sum_{i=1}^{n}X_i}{2\sqrt{\frac{n}{3}}}\sim N(0,1)$$

$$P\left(\left|\sum_{i=1}^{n}X_i\right|\leqslant10\right)=P\left(-10\leqslant\sum_{i=1}^{n}X_i\leqslant10\right)=P\left(\frac{-10}{2\sqrt{\frac{n}{3}}}\leqslant\frac{\sum_{i=1}^{n}X_i}{2\sqrt{\frac{n}{3}}}\leqslant\frac{10}{2\sqrt{\frac{n}{3}}}\right)$$

$$=P\left(\frac{-5}{\sqrt{\frac{n}{3}}}\leqslant\frac{\sum_{i=1}^{n}X_i}{2\sqrt{\frac{n}{3}}}\leqslant\frac{5}{\sqrt{\frac{n}{3}}}\right)=\Phi\left(\frac{5}{\sqrt{\frac{n}{3}}}\right)-\Phi\left(-\frac{5}{\sqrt{\frac{n}{3}}}\right)$$

$$=2\Phi\left(\frac{5}{\sqrt{\frac{n}{3}}}\right)-1=0.99$$

由此可知 $2\Phi\left(\dfrac{5}{\sqrt{\frac{n}{3}}}\right)\geqslant1.99$，且 $\Phi\left(\dfrac{5}{\sqrt{\frac{n}{3}}}\right)\geqslant0.995=\Phi(2.57)$，因此 $\dfrac{5}{\sqrt{\frac{n}{3}}}\approx2.57$，$n\approx11.35$，

故最多可以把这台机床分解成 11 个部分才能满足要求.

3. 已知男孩的出生率为 51.5%. 试求刚出生的 10 000 个婴儿中男孩个数多于女孩的概率.

解 设 10 000 个婴儿中有 X_n 个为男孩，$X_n\sim B(10\ 000,0.515)$，则有

$$np=10\ 000\times0.515=5150$$

$$\sqrt{np(1-p)}=\sqrt{10\ 000\times0.515\times0.485}=\sqrt{2497.75}=49.9775$$

$$P(X_n>10\ 000-X_n)=P(X_n>5000)=P\left(\frac{X_n-np}{\sqrt{np(1-p)}}>\frac{5000-np}{\sqrt{np(1-p)}}\right)$$

$$=P\left(\frac{X_n-5150}{49.9775}>\frac{5000-5150}{49.9775}\right)$$

$$=P\left(\frac{X_n-5150}{49.9775}>-3.001\right)$$

$$=1-P\left(\frac{X_n-5150}{49.9775}\leqslant-3.001\right)$$

$$=1-[1-\Phi(3.001)]=\Phi(3.001)=0.9987\approx0.999$$

4.报童沿街向行人兜售报纸.设每位行人买报纸的概率为 0.2,且他们买报纸与否是相互独立的.试求:报童在向 100 位行人兜售报纸之后,卖掉 15~30 份报纸的概率.

解　设报童卖掉 X 份报纸,$X\sim B(100,0.2)$,则有

$$np=100\times0.2=20,\quad\sqrt{np(1-p)}=4$$

$$P(15<X<30)=P\left(\frac{15-np}{\sqrt{np(1-p)}}<\frac{X-np}{\sqrt{np(1-p)}}<\frac{30-np}{\sqrt{np(1-p)}}\right)$$

$$=P\left(-\frac{5}{4}<\frac{X-np}{\sqrt{np(1-p)}}<\frac{5}{2}\right)$$

$$=\Phi(2.5)-\Phi(-1.25)$$

$$=\Phi(2.5)+\Phi(1.25)-1=0.8882$$

5. 某厂有 200 台车床,每台车床的开工率仅为 0.1.设每台车床开工与否是相互独立的,假定每台车床开工时需要 50 千瓦电力.试问:供电局至少应该提供该厂多少电力,才能以不低于 99.9% 的概率保证该厂不会因供电不足而影响生产?

解　设供电局至少提供 W 千瓦电力,X 为任意时刻正常工作的机床数量,则由棣莫弗-拉普拉斯中心极限定理知

$$P(50X<W)\geqslant0.999,\quad P\left(X<\frac{W}{50}\right)\geqslant0.999$$

由于 $n=200$,$p=0.1$,因此

$$P\left(\frac{X-200\times0.1}{\sqrt{200\times0.1\times0.9}}<\frac{\frac{W}{50}-200\times0.1}{\sqrt{200\times0.1\times0.9}}\right)\geqslant0.999$$

即

$$P\left(\frac{X-200\times0.1}{\sqrt{200\times0.1\times0.9}}<\frac{W-1000}{150\sqrt{2}}\right)\geqslant0.999$$

从而 $\dfrac{W-1000}{150\sqrt{2}}\geqslant3.1$,故 $W\geqslant1657$.

总习题四

一、选择题

1.设 $X_1,X_2,\cdots,X_n,\cdots$ 为独立同分布的随机变量序列,且均服从参数为 $\lambda(\lambda>1)$ 的指数分布,记 $\Phi(x)$ 为标准正态分布函数,则有_____.

(A) $\displaystyle\lim_{n\to\infty}P\left(\frac{\sum_{i=1}^{n}X_i-n\lambda}{\lambda\sqrt{n}}\leqslant x\right)=\Phi(x)$ 　　(B) $\displaystyle\lim_{n\to\infty}P\left(\frac{\sum_{i=1}^{n}X_i-n\lambda}{\sqrt{n\lambda}}\leqslant x\right)=\Phi(x)$

$$(C)\ \lim_{n\to\infty}P\left(\frac{\lambda\sum\limits_{i=1}^{n}X_i-n}{\sqrt{n}}\leqslant x\right)=\varPhi(x) \qquad (D)\ \lim_{n\to\infty}P\left(\frac{\sum\limits_{i=1}^{n}X_i-\lambda}{\lambda\sqrt{n}}\leqslant x\right)=\varPhi(x)$$

解 因为 X_1，X_2，$\cdots$，X_n，$\cdots$ 独立同分布、方差存在，根据中心极限定理知

$$\lim_{n\to\infty}P\left(\frac{\sum\limits_{i=1}^{n}X_i-E\left(\sum\limits_{i=1}^{n}X_i\right)}{\sqrt{D\left(\sum\limits_{i=1}^{n}X_i\right)}}\leqslant x\right)=\lim_{n\to\infty}P\left(\frac{\sum\limits_{i=1}^{n}X_i-\dfrac{n}{\lambda}}{\sqrt{\dfrac{n}{\lambda^2}}}\leqslant x\right)$$

$$=\lim_{n\to\infty}P\left(\frac{\lambda\sum\limits_{i=1}^{n}X_i-n}{\sqrt{n}}\leqslant x\right)=\varPhi(x)$$

故选(C).

2.设随机变量 X_1，X_2，$\cdots$，X_n 相互独立，$S_n=X_1+X_2+\cdots+X_n$，则根据林德贝格-列维中心极限定理，当 n 充分大时，S_n 近似服从正态分布，只要 X_1，X_2，$\cdots$，X_n _____.

(A) 有相同的数学期望 　　　　(B) 有相同的方差

(C) 服从同一指数分布 　　　　(D) 服从同一离散分布

解 根据林德贝格-列维中心极限定理可知，X_1，X_2，$\cdots$，X_n 要服从同一指数分布.

故选(C).

二、解答题

1.某彩电公司每月生产 20 万台背投彩电，次品率为 0.0005.检验时每台次品未被查出的概率为 0.01.试用中心极限定理，求检验后出厂的彩电中次品数超过 3 台的概率.

解 令查出的次品数为 X，则

$$P(X>3)=P\left(\frac{X-np}{\sqrt{np(1-p)}}>\frac{3-np}{\sqrt{np(1-p)}}\right)$$

因为 $n=2\times10^5$，$p=5\times10^{-4}\times10^{-2}=5\times10^{-6}$，所以

$$np=1,\ \sqrt{np(1-p)}=\sqrt{0.999\,995}=0.999\,997$$

从而

$$P(X>3)=1-P\left(\frac{X-np}{\sqrt{np(1-p)}}\leqslant\frac{3-1}{\sqrt{np(1-p)}}\right)$$

$$=1-\left(\frac{X-np}{\sqrt{np(1-p)}}\leqslant2\right)=1-\varPhi(2)$$

$$=1-0.9772=0.0228$$

2.学校食堂出售盒饭，共有 4 元、4.5 元、5 元三种价格.出售哪一种盒饭是随机的，售出三种价格盒饭的概率分别为 0.3、0.2、0.5.已知某天共售出 200 盒饭，试用中心极限定理，求这天收入在 910 元至 930 元之间的概率.

解 根据题意可得三种盒饭的分布律如下：

X	4	4.5	5
P	0.3	0.2	0.5

因此

$$E(X) = 4 \times 0.3 + 4.5 \times 0.2 + 5 \times 0.5 = 4.6 = \mu$$
$$E(X^2) = 4^2 \times 0.3 + 4.5^2 \times 0.2 + 5^2 \times 0.5 = 21.35$$
$$D(X) = E(X^2) - [E(X)]^2 = 0.19 = \sigma^2$$

因为 $n\mu = 200 \times 4.6 = 920$，$\sqrt{n\sigma^2} = 6.164$，所以

$$P\left(930 \geqslant \sum_{i=1}^{200} X_i \geqslant 910\right) = P\left(\frac{930 - n\mu}{\sqrt{n\sigma^2}} \geqslant \frac{\sum\limits_{i=1}^{200} X_i - n\mu}{\sqrt{n\sigma^2}} \geqslant \frac{910 - n\mu}{\sqrt{n\sigma^2}}\right)$$

$$= P\left(\frac{930 - 920}{6.164} \geqslant \frac{\sum\limits_{i=1}^{200} X_i - n\mu}{\sqrt{n\sigma^2}} \geqslant \frac{910 - 920}{\sqrt{6.164}}\right)$$

$$= P\left(1.6223 \geqslant \frac{\sum\limits_{i=1}^{200} X_i - n\mu}{\sqrt{n\sigma^2}} \geqslant -1.6223\right)$$

$$= \Phi(1.6223) - \Phi(-1.6223) = 2\Phi(1.6223) - 1$$
$$= 1.8948 - 1 = 0.8949$$

3. 抽样检查产品质量时，如果发现次品多于 10 个，则拒绝接受这批产品. 设某批产品的次品率为 10%，问：至少应抽取多少个产品检查才能保证拒绝接受该产品的概率达到 0.9?

解 令 X 为发现次品的数量，则 $X \sim B(n, 0.1)$.

由棣莫弗-拉普拉斯中心极限定理知

$$\frac{X - np}{\sqrt{np(1-p)}} = \frac{X - 0.1n}{\sqrt{n \times 0.1 \times 0.9}} = \frac{X - 0.1n}{0.3\sqrt{n}} \sim N(0, 1)$$

又 $(X > 10) = 1 - P(X \leqslant 10) = 0.9$，从而 $P(X \leqslant 10) = 0.1$，即

$$P\left(\frac{X - 0.1n}{0.3\sqrt{n}} \leqslant \frac{10 - 0.1n}{0.3\sqrt{n}}\right) = 0.1 = \Phi\left(\frac{10 - 0.1n}{0.3\sqrt{n}}\right)$$

则

$$\Phi\left(\frac{0.1n - 10}{0.3\sqrt{n}}\right) = 1 - \Phi\left(\frac{10 - 0.1n}{0.3\sqrt{n}}\right) = 1 - 0.1 = 0.9$$

查表可得

$$\frac{0.1n - 10}{0.3\sqrt{n}} = 1.29$$

解得 $n \approx 147$.

4. 某校共有 4900 个学生，已知每天晚上每个学生到阅览室去学习的概率为 0.1，问：阅览室要准备多少个座位，才能以 99% 的概率保证每个去阅览室的学生都有座位?

解　设去阅览室学习的人数为 X，需要准备的座位为 x，则

$$X \sim B(4900, 0.1), \quad np = 490, \quad \sqrt{np(1-p)} = 21$$

$$P(0 \leqslant X \leqslant x) = P\left(\frac{0-490}{21} \leqslant \frac{X-490}{21} \leqslant \frac{x-490}{21}\right) = \Phi\left(\frac{x-490}{21}\right) - \Phi\left(-\frac{490}{21}\right)$$

查表可得

$$\Phi\left(\frac{x-490}{21}\right) \approx 0.99$$

即 $\dfrac{x-490}{21} = 2.33$，解得 $x = 538.93 \approx 539$.

第五章　数理统计的基本概念

一、基本要求

1. 理解总体、个体、样本和统计量的概念；掌握直方图的作法、样本平均值和样本方差的计算.

2. 了解 χ^2 分布、t 分布、F 分布的定义并会查表计算；了解正态总体的某些常用统计量的分布.

二、基本内容

1. 总体与样本

在数理统计中，将研究对象的全体称为总体；组成总体的每个元素称为个体.

从总体中抽取的一部分个体，称为总体的一个样本；样本中个体的个数称为样本的容量.

从分布函数为 $F(x)$ 的随机变量 X 中随机地抽取的相互独立的 n 个随机变量，具有与总体相同的分布，则 $X_1, X_2, \cdots, X_n$ 称为从总体 X 得到的容量为 n 的随机样本. 一次具体的抽取记录 $x_1, x_2, \cdots, x_n$ 是随机变量 $X_1, X_2, \cdots, X_n$ 的一个观察值，也用来表示这些随机变量.

2. 经验分布函数

设总体 X 的样本观察值为 $x_1, x_2, \cdots, x_n$，将此值按从小到大的顺序排列为 $x_{(1)} \leqslant x_{(2)} \leqslant \cdots \leqslant x_{(n)}$，作函数

$$F_n(x) = \begin{cases} 0, & x < x_{(1)} \\ \dfrac{k}{n}, & x_{(k)} \leqslant x < x_{(k+1)}, \ k=1, 2, \cdots, n-1 \\ 1, & x_{(n)} \leqslant x \end{cases}$$

称 $F_n(x)$ 为总体 X 的经验分布函数（或样本分布函数）.

3. 统计量

设 $X_1, X_2, \cdots, X_n$ 是总体 X 的一个样本，则不含未知参数的样本的连续函数 $g(X_1, X_2, \cdots, X_n)$ 称为统计量. 统计量也是一个随机变量，常见的统计量有以下几个：

（1）样本均值：

$$\overline{X} = \frac{1}{n} \sum_{i=1}^{n} X_i$$

（2）样本方差：

$$S^2 = \frac{1}{n-1} \sum_{i=1}^{n} (X_i - \overline{X})^2 = \frac{1}{n-1} \Big(\sum_{i=1}^{n} X_i^2 - n\overline{X}^2 \Big)$$

（3）样本标准差：

$$S = \sqrt{S^2} = \sqrt{\frac{1}{n-1} \sum_{i=1}^{n} (X_i - \overline{X})^2}$$

（4）样本 k 阶原点矩：

$$A_k = \frac{1}{n} \sum_{i=1}^{n} X_i^k, \ k = 1, 2, \cdots$$

（5）样本 k 阶中心矩：

$$B_k = \frac{1}{n} \sum_{i=1}^{n} (X_i - \overline{X})^k, \ k = 1, 2, \cdots$$

4. 正态总体的样本均值与样本方差的分布

（1）设 $X \sim N(\mu, \sigma^2)$，$X_1, X_2, \cdots, X_n$ 是 X 的一个样本，则有如下结论：

① 样本均值 $\overline{X}$ 服从正态分布，即

$$\overline{X} \sim N\Big(\mu, \frac{\sigma^2}{n}\Big)$$

或

$$U = \frac{\overline{X} - \mu}{\sqrt{\sigma^2/n}} \sim N(0, 1)$$

② 样本方差

$$\frac{(n-1)S^2}{\sigma^2} \sim \chi^2(n-1)$$

③ 统计量

$$\frac{\overline{X} - \mu}{S/\sqrt{n}} \sim t(n-1)$$

（2）设 $X \sim N(\mu_1, \sigma_1^2)$，$Y \sim N(\mu_2, \sigma_2^2)$，$X_1, X_2, \cdots, X_{n_1}$ 是 X 的一个样本，$Y_1, Y_2, \cdots, Y_{n_2}$ 是 Y 的一个样本，两者相互独立，则有如下结论：

① 统计量

$$\frac{(\overline{X} - \overline{Y}) - (\mu_1 - \mu_2)}{\sqrt{\sigma_1^2/n_1 + \sigma_2^2/n_2}} \sim N(0, 1)$$

② 当 $\sigma_1 = \sigma_2$ 时，统计量

$$\frac{(\overline{X} - \overline{Y}) - (\mu_1 - \mu_2)}{\sqrt{1/n_1 + 2/n_2} \cdot S_w} \sim t(n_1 + n_2 - 2)$$

其中

$$S_w^2 = \frac{(n_1-1)S_1^2 + (n_2-1)S_2^2}{n_1 + n_2 - 2}, \ S_w = \sqrt{S_w^2}$$

③ 统计量

$$\frac{S_1^2/\sigma_1^2}{S_2^2/\sigma_2^2} \sim F(n_1-1, n_2-1)$$

④ 统计量

$$\frac{\sum_{i=1}^{n_1}(X_i-\mu_1)^2/\sigma_1^2}{\sum_{j=1}^{n_2}(Y_j-\mu_2)^2/\sigma_2^2}\cdot\frac{n_2}{n_1}\sim F(n_1,n_2)$$

三、释疑解难

1. 为什么要引进统计量？为什么统计量中不能含有未知参数？

答　引进统计量是为了将杂乱无序的样本值归结为一个便于进行统计推断和研究分析的形式，集中样本所含信息，使之更易揭示问题实质.

如果统计量中仍含有未知参数，则无法依靠样本观测值求出未知参数的估计值，从而失去了利用统计量估计未知参数的意义.

2. 什么是自由度？

答　所谓自由度，通常是指不受任何约束，可以自由变动的变量的个数. 在数理统计中，自由度是对随机变量的二次型（或称为二次统计量）而言的. 因为一个含有 n 个变量的二次型

$$\sum_{i=1}^n\sum_{j=1}^n a_{ij}X_iX_j\quad(a_{ij}=a_{ji}\,;\,i,j=1,2,\cdots,n)$$

的秩是指对称矩阵 $\boldsymbol{A}=(a_{ij})_{n\times n}$ 的秩，它的大小反映 n 个变量中能自由变动的无约束变量的多少. 我们所说的自由度，就是二次型的秩.

四、典型例题

例 1　设 X_1，X_2，$\cdots$，X_n 是来自标准正态总体的简单随机样本，$\overline{X}$ 和 S^2 分别为样本均值和样本方差，则_____.

（A）$\overline{X}$ 服从标准正态分布　　　　（B）$\sum_{i=1}^n X_i^2$ 服从自由度为 $n-1$ 的 χ^2 分布

（C）$n\overline{X}$ 服从标准正态分布　　　（D）$(n-1)S^2$ 服从自由度为 $n-1$ 的 χ^2 分布

解　显然，$(n-1)S^2$ 服从自由度为 $n-1$ 的 χ^2 分布，故应选（D）. 其余选项不成立是明显的：对于服从标准正态分布的总体，$\overline{X}\sim N\left(0,\dfrac{1}{n}\right)$，$n\overline{X}\sim N(0,n)$，由于 X_1，X_2，$\cdots$，X_n 相互独立并且都服从标准正态分布，因此 $\sum_{i=1}^n X_i^2$ 服从自由度为 n 的 χ^2 分布.

例 2　设随机变量 $X\sim t(n)(n\geqslant 1)$，若 $Y=\dfrac{1}{X^2}$，则_____.

（A）$Y\sim\chi^2(n)$　　　　　　　　（B）$Y\sim\chi^2(n-1)$

（C）$Y\sim F(n,1)$　　　　　　　　（D）$Y\sim F(1,n)$

解　根据 t 分布的性质，若随机变量 $X\sim t(n)$，则 $X^2\sim F(1,n)$. 又根据 F 分布的性质，

若 $X^2 \sim F(1, n)$，则 $Y = \dfrac{1}{X^2} \sim F(n, 1)$，故应选(C).

例 3　设 X_1，X_2，$\cdots$，X_9 为来自正态总体 $X \sim N(\mu, 4)$ 的样本，而 $\overline{X}$ 是样本均值，则满足 $P(|\overline{X} - \mu| < \mu) = 0.95$ 的常数为 _____ . $(\Phi(1.96) = 0.975)$

解　由条件知 $U = \dfrac{\overline{X} - \mu}{2/\sqrt{9}} = \dfrac{3}{2}(\overline{X} - \mu) \sim N(0, 1)$，从而

$$P(|\overline{X} - \mu| < \mu) = P\left(\frac{3}{2}|\overline{X} - \mu| < \frac{3}{2}\mu\right) = P\left(|U| < \frac{3}{2}\mu\right)$$

则 $2\Phi\left(\dfrac{3}{2}\mu\right) - 1 = 0.95$，即 $\Phi\left(\dfrac{3}{2}\mu\right) = 0.975$，查表得 $\dfrac{3}{2}\mu = 1.96$，$\mu = \dfrac{2}{3} \times 1.96 = 1.3067$.

例 4　设总体 X 服从正态分布 $N(\mu, \sigma^2)$ $(\sigma > 0)$，从总体中抽取简单随机样本 $X_1, X_2,$ $\cdots, X_{2n}$ $(n \geqslant 2)$，其样本均值为 $\overline{X} = \dfrac{1}{2n} \sum\limits_{i=1}^{2n} X_i$，求统计量 $Y = \sum\limits_{i=1}^{n} (X_i + X_{n+i} - 2\overline{X})^2$ 的数学期望.

解　将本题作为 n 个随机变量处理.

设 $Y_i = X_i + X_{n+i}$ $(i = 1, 2, \cdots, n)$，则

$$E(Y_i) = E(X_i + X_{n+i}) = 2\mu, \quad D(Y_i) = D(X_i + X_{n+i}) = 2\sigma^2$$

故 Y_1，Y_2，$\cdots$，Y_n 为来自正态总体 $N(2\mu, 2\sigma^2)$ 的简单随机样本，样本均值为

$$\overline{Y} = \frac{1}{n} \sum_{i=1}^{n} Y_i = 2 \cdot \frac{1}{2n} \sum_{i=1}^{n} (X_i + X_{n+i}) = 2\overline{X}$$

样本方差为

$$S_Y^2 = \frac{1}{n-1} \sum_{i=1}^{n} (Y_i - \overline{Y})^2 = \frac{1}{n-1} \sum_{i=1}^{n} (X_i + X_{n+i} - 2\overline{X})^2 = \frac{1}{n-1} Y$$

由于样本方差为总体方差的无偏估计量，故有

$$E\left(\frac{1}{n-1} Y\right) = 2\sigma^2$$

因此

$$E(Y) = 2(n-1)\sigma^2$$

例 5　设总体 X 服从正态分布 $N(12, 4)$，而 X_1，X_2，$\cdots$，X_5 是来自总体 X 的简单随机样本；$\overline{X}$ 是样本均值，$X_{(1)}$ 和 $X_{(5)}$ 分别是最小观测值和最大观测值. 试求：

(1) $P(\overline{X} > 13)$；

(2) $P(X_{(1)} < 10)$；

(3) $P(X_{(5)} > 15)$.

解　(1) 由于总体 $X \sim N(12, 4)$，因此样本均值 $\overline{X} \sim N\left(12, \dfrac{4}{5}\right)$，于是

$$P(\overline{X} > 13) = P\left(\frac{\overline{X} - 12}{\frac{2}{\sqrt{5}}} > \frac{13 - 12}{\frac{2}{\sqrt{5}}}\right) = P\left(\frac{\overline{X} - 12}{\frac{2}{\sqrt{5}}} > \frac{\sqrt{5}}{2}\right)$$

$$=1-P\left(\frac{\overline{X}-12}{\frac{2}{\sqrt{5}}}\leqslant\frac{\sqrt{5}}{2}\right)=1-\Phi(1.12)$$

$$=1-0.8686=0.1414$$

(2) 为求 $P(X_{(1)}<10)$，先求最小观测值 $X_{(1)}$ 的概率分布. 对于任意 x，有

$$
\begin{aligned}
P(X_{(1)}\leqslant x) &= P(\min\{X_1,X_2,\cdots,X_5\}\leqslant x)\\
&= 1-P(\min\{X_1,X_2,\cdots,X_5\}>x)\\
&= 1-P(X_1>x,X_2>x,\cdots,X_5>x)\\
&= 1-P(X_1>x)P(X_2>x)\cdots P(X_5>x)\\
&= 1-[P(X>x)]^5\\
&= 1-[1-P(X\leqslant x)]^5\\
&= 1-\left[1-P\left(\frac{X-12}{2}\leqslant\frac{x-12}{2}\right)\right]^5\\
&= 1-\left[1-\Phi\left(\frac{x-12}{2}\right)\right]^5
\end{aligned}
$$

因此

$$P(X_{(1)}<10)=1-\left[1-\Phi\left(\frac{10-12}{2}\right)\right]^5=1-[1-\Phi(-1)]^5=1-[\Phi(1)]^5=0.4684$$

(3) 为求 $P(X_{(5)}>15)$，先求最大观测值 $X_{(5)}$ 的概率分布. 对于任意 x，有

$$
\begin{aligned}
P(X_{(5)}\leqslant x) &= P(\max\{X_1,X_2,\cdots,X_5\}\leqslant x)\\
&= P(X_1\leqslant x)P(X_2\leqslant x)\cdots P(X_5\leqslant x)\\
&= [P(X\leqslant x)]^5\\
&= \left[P\left(\frac{X-12}{2}\leqslant\frac{x-12}{2}\right)\right]^5\\
&= \left[\Phi\left(\frac{x-12}{2}\right)\right]^5
\end{aligned}
$$

因此

$$P(X_{(5)}>15)=1-P(X_{(5)}\leqslant 15)=1-\left[\Phi\left(\frac{15-12}{2}\right)\right]^5=1-[\Phi(1.5)]^5=0.2922$$

例 6　设 $X_1,X_2,\cdots,X_{10}$ 为总体 $N(0,0.3^2)$ 的一个样本，求 $P\left(\sum\limits_{i=1}^{10}X_i^2>1.44\right)$.

解　因为 $X_1,X_2,\cdots,X_{10}$ 为总体 $N(0,0.3^2)$ 的一个样本，所以

$$\sum_{i=1}^{10}\frac{X_i^2}{0.3^2}\sim\chi^2(10)$$

$$P\left(\sum_{i=1}^{10}X_i^2>1.44\right)=P\left(\sum_{i=1}^{10}\frac{X_i^2}{0.3^2}>\frac{1.44}{0.09}\right)=P(\chi^2(10)>16)=0.1$$

例 7　从一正态总体中抽取容量为 10 的一个样本，若有 2% 的样本均值与总体均值之差的绝对值在 4 以上，试求总体的标准差.

解　因为总体 X 服从 $N(0,0.3^2)$，所以 $\dfrac{\overline{X}-\mu}{\sigma/\sqrt{10}}\sim N(0,1)$. 由

$$P(|\overline{X}-\mu|>4)=0.02$$

知

$$P\left(\left|\frac{\overline{X}-\mu}{\sigma/\sqrt{10}}\right|>\frac{4\sqrt{10}}{\sigma}\right)=0.02$$

即

$$\Phi\left(-\frac{4\sqrt{10}}{\sigma}\right)=0.01,\ \Phi\left(\frac{4\sqrt{10}}{\sigma}\right)=0.99$$

查表得

$$\frac{4\sqrt{10}}{\sigma}=2.33$$

解得

$$\sigma=\frac{4\sqrt{10}}{2.33}=5.43$$

例 8　设总体 X 服从 $N(72,100)$，为使样本均值大于 70 的概率不小于 0.95，样本容量至少应取多大?

解　假设样本容量为 n，则

$$\overline{X}\sim N\left(72,\frac{100}{n}\right),\ \frac{\overline{X}-72}{\frac{10}{\sqrt{n}}}\sim N(0,1)$$

由 $P(\overline{X}>70)\geq0.95$ 得

$$P\left(\frac{\overline{X}-72}{\frac{10}{\sqrt{n}}}>\frac{70-72}{\frac{10}{\sqrt{n}}}\right)\geq0.95$$

所以

$$\Phi\left(\frac{\sqrt{n}}{5}\right)\leq0.95,\ \frac{\sqrt{n}}{5}\geq1.65,\ n\geq68.0625$$

例 9　设总体 X 服从 $N(\mu,4)$，样本 $X_1,X_2,\cdots,X_n$ 来自 X，$\overline{X}$ 为样本均值. 求满足下列条件的样本容量的最小值.

(1) $E(|\overline{X}-\mu|^2)\leq0.1$；

(2) $P(|\overline{X}-\mu|^2\leq0.1)\geq0.95$.

解　(1) 由题意可知

$$E(|\overline{X}-\mu|^2)=D(\overline{X})=\frac{1}{n}D(X)=\frac{4}{n}\leq0.1$$

所以 $n\geq40$.

(2) 因为

$$\overline{X}-N\left(\mu,\frac{4}{n}\right),\ \frac{\overline{X}-\mu}{\frac{2}{\sqrt{n}}}\sim N(0,1)$$

所以

$$P(|\overline{X}-\mu|\leqslant 0.1)=P\left(\left|\frac{\overline{X}-\mu}{\frac{2}{\sqrt{n}}}\right|\leqslant\frac{0.1\sqrt{n}}{2}\right)\geqslant 0.95$$

$$\Phi\left(\frac{1}{20}\sqrt{n}\right)\geqslant 0.975$$

查表得$\frac{1}{20}\sqrt{n}\geqslant 1.96$，解得 $n\geqslant 1537$.

五、习题选解

习题 5.1

1.设总体 X 服从泊松分布 $P(\lambda)$，$X_1,X_2,\cdots,X_n$ 为来自总体的样本，$\overline{X},S^2$ 分别为样本均值与样本方差.

(1) 确定样本的联合分布律；

(2) 求 $E(\overline{X}),D(\overline{X}),E(S^2)$.

解 （1）由 $X\sim P(\lambda)$ 知分布律为

$$P(X=x)=\frac{\lambda^x e^{-\lambda}}{x!}\quad(x=0,1,\cdots)$$

联合分布律为

$$P(X_1=x_1,X_2=x_2,\cdots,X_n=x_n)=\prod_{i=1}^n\frac{\lambda^{x_i}e^{-\lambda}}{x_i!}=\frac{\lambda^{\sum\limits_{i=1}^n x_i}e^{-n\lambda}}{\prod\limits_{i=1}^n x_i!}$$

(2) $E(\overline{X})=\lambda,D(\overline{X})=\frac{\lambda}{n},E(S^2)=\lambda.$

2.设总体 X 具有分布函数 $F(x)$ 及概率密度函数 $f(x)$，$X_1,X_2,\cdots,X_n$ 为来自该总体的样本，求最小顺序统计量 $X_{(1)}=\min(X_1,\cdots,X_n)$ 及最大顺序统计量 $X_{(n)}=\max(X_1,\cdots,X_n)$ 的概率密度函数.

解 因为

$$F_{X_{(1)}}(x)=P(X_{(1)}\leqslant x)=1-P(X_1>x)P(X_2>x)\cdots P(X_n>x)=1-[1-F(x)]^n$$

所以

$$f_{X_{(1)}}(x)=[F_{X_{(1)}}(x)]'=n[1-F(x)]^{n-1}f(x)$$

因为

$$F_{X_{(1)}}(x)=P(X_{(n)}\leqslant x)=P(X_1\leqslant x)P(X_2\leqslant x)\cdots P(X_n\leqslant x)=[F(x)]^n$$

所以

$$f_{X_{(n)}}(x)=[F_{X_{(n)}}(x)]'=n[F(x)]^{n-1}f(x)$$

4.设 $x_1,x_2,\cdots,x_n$ 是来自总体 X 的一组样本观察值，$\overline{x}$ 为样本均值.证明：

(1) $\sum\limits_{i=1}^n(x_i-\overline{x})=0$；

(2) 对任意常数 c，在形如 $\sum\limits_{i=1}^{n}(x_i-c)^2$ 的函数中，$\sum\limits_{i=1}^{n}(x_i-\overline{x})^2$ 最小.

证明 (1) $\sum\limits_{i=1}^{n}(x_i-\overline{x})=\sum\limits_{i=1}^{n}x_i-\sum\limits_{i=1}^{n}\overline{x}=\sum\limits_{i=1}^{n}x_i-n\overline{x}=\sum\limits_{i=1}^{n}x_i-\sum\limits_{i=1}^{n}x_i=0.$

(2) 设 $f(c)=\sum\limits_{i=1}^{n}(x_i-c)^2$，可得

$$f'(c)=\Big(\sum_{i=1}^{n}(x_i-c)^2\Big)'=\sum_{i=1}^{n}2(x_i-c)(-1)=2cn-\sum_{i=1}^{n}2x_i$$

令 $f'(c)=2cn-\sum\limits_{i=1}^{n}2x_i=0$，可得

$$c=\frac{1}{n}\sum_{i=1}^{n}x_i=\overline{x}（唯一驻点）$$

所以此时取得最小值.

习题 5.2

1. 设总体 $X\sim N(0,1)$，X_1，X_2，$\cdots$，X_6 是来自该总体的一个样本，又设 $Y=(X_1+X_2+X_3)^2+(X_4+X_5+X_6)^2$. 试确定常数 c，使得 cY 服从 χ^2 分布.

解 因为 $cY=(\sqrt{c}X_1+\sqrt{c}X_2+\sqrt{c}X_3)^2+(\sqrt{c}X_4+\sqrt{c}X_5+\sqrt{c}X_6)^2$ 服从 χ^2 分布，所以

$$D(\sqrt{c}X_1+\sqrt{c}X_2+\sqrt{c}X_3)^2=3cD(X)=1$$

解得

$$c=\frac{1}{3}$$

2. 设总体 $X\sim\chi^2(n)$，样本为 X_1，X_2，$\cdots$，X_n，求样本均值 $\overline{X}$ 的数学期望和方差.

解 $E(\overline{X})=\frac{1}{n}\sum\limits_{i=1}^{n}E(\chi^2)=n,\ D(\overline{X})=\frac{1}{n^2}\sum\limits_{i=1}^{n}D(\chi^2)=2.$

3. 设 X_1，X_2，$\cdots$，X_{10} 为总体 $N(0,0.3^2)$ 的样本，求 $P\Big(\sum\limits_{i=1}^{10}X_i^2>1.44\Big)$.

解 因为 $X\sim N(0,0.3^2)$，所以 $\frac{X_i}{0.3}\sim N(0,1)$，即 $\sum\limits_{i=1}^{10}\Big(\frac{X_i}{0.3}\Big)^2\sim\chi^2(10)$，于是

$$P\Big(\sum_{i=1}^{10}X_i^2>1.44\Big)=P\Big(\sum_{i=1}^{10}\Big(\frac{X_i}{0.3}\Big)^2>\frac{1.44}{0.3^2}\Big)=0.1$$

5. 设 X_1，X_2，$\cdots$，X_n，X_{n+1}，$\cdots$，X_{n+m} 是取自总体 $N(0,\sigma^2)$ 的容量为 $n+m$ 的样本，求统计量 $\dfrac{\sqrt{m}\sum\limits_{i=1}^{n}X_i}{\sqrt{n}\sqrt{\sum\limits_{i=n+1}^{n+m}X_i^2}}$ 的分布.

解 因为 $X\sim N(0,\sigma^2)$，所以 $\frac{X_i}{\sigma}\sim N(0,1)$，即

$$\sum_{i=n+1}^{n+m}\left(\frac{X_i}{\sigma}\right)^2 \sim \chi^2(m)$$

所以

$$\frac{\sqrt{m}\sum_{i=1}^{n}X_i}{\sqrt{n}\sqrt{\sum_{i=n+1}^{n+m}X_i^2}} = \frac{\sum_{i=1}^{n}\frac{X_i}{\sigma}\Big/\sqrt{n}}{\sqrt{\sum_{i=n+1}^{n+m}\left(\frac{X_i}{\sigma}\right)^2}\Big/\sqrt{m}} \sim t(m)$$

7. 设总体 $X\sim N(0,\sigma^2)$，样本为 X_1，X_2，试求 $\left(\dfrac{X_1-X_2}{X_1+X_2}\right)^2$ 的分布.

解　因为 $X\sim N(0,\sigma^2)$，所以 $X_1-X_2\sim N(0,2\sigma^2)$，$X_1+X_2\sim N(0,2\sigma^2)$，从而

$$\frac{(X_1-X_2)^2}{(X_1+X_2)^2}=\frac{\left(\dfrac{X_1-X_2}{\sqrt{2}\sigma}\right)^2}{\left(\dfrac{X_1+X_2}{\sqrt{2}\sigma}\right)^2}\sim F(1,1)$$

8. 若 $X\sim t(n)$，求 $\dfrac{1}{X^2}$ 的分布.

解　因为 $X\sim t(n)$，所以 $\dfrac{1}{X^2}\sim F(n,1)$，$X_1+X_2\sim N(0,2\sigma^2)$.

10. 在总体 $N(52,6.3^2)$ 中随机抽取容量为 36 的样本，求样本均值 $\overline{X}$ 落在 50.8 到 53.8 之间的概率.

解　因为 $X\sim N(52,6.3^2)$，所以 $\overline{X}\sim N(52,1.05^2)$，从而

$$P(50.8<\overline{X}<53.8)=P\left(\frac{50.8-52}{1.05}<\frac{\overline{X}-52}{1.05}<\frac{53.8-52}{1.05}\right)$$
$$=\Phi(1.71)-\Phi(-1.14)=0.8293$$

11. 从总体 $X\sim N(62,100)$ 中抽取容量为 n 的样本，为使样本均值 $\overline{X}$ 大于 60 的概率不小于 0.95，问：样本容量 n 至少应取多大？

解　因为 $X\sim N(62,10^2)$，所以 $\overline{X}\sim N\left(62,\dfrac{100}{n}\right)$，从而

$$P(\overline{X}>60)=1-P(\overline{X}\leqslant 60)=1-P\left(\frac{\overline{X}-62}{10/\sqrt{n}}\leqslant\frac{60-62}{10/\sqrt{n}}\right)$$
$$=1-\Phi\left(-\frac{2}{10/\sqrt{n}}\right)=\Phi\left(\frac{2}{10/\sqrt{n}}\right)\geqslant 0.95=\Phi(1.64)$$

即 $\dfrac{2}{10/\sqrt{n}}\geqslant 1.64$，解得 $n\geqslant 67.27$，故 n 至少应取 68.

总习题五

一、填空题

1.在总体 $X\sim N(5,16)$ 中随机抽取一个容量为 36 的样本，则样本均值 $\overline{X}$ 落在 4 与 6 之间的概率为_____.

解 因为 $X \sim N(5, 16)$，所以 $\overline{X} \sim N\left(5, \dfrac{16}{36}\right)$，从而

$$P(4 < \overline{X} < 6) = P\left(\dfrac{4-5}{2/3} < \dfrac{\overline{X}-52}{1.05} < \dfrac{6-5}{2/3}\right)$$

$$= \Phi(1.5) - \Phi(-1.5)$$

$$= 2\Phi(1.5) - 1 = 0.8664$$

4. 若 $F \sim F(10, 5)$，则 $P\left(F < \dfrac{1}{F_{0.95}(5, 10)}\right) = $ _____ .

解 $P\left(F < \dfrac{1}{F_{0.95}(5, 10)}\right) = P(F < F_{0.05}(10, 5)) = 1 - 0.05 = 0.95.$

5. 设随机变量 $X \sim N(\mu, 2^2)$，$Y \sim \chi^2(n)$，且 X 与 Y 相互独立. 若令 $T = \dfrac{X-\mu}{2\sqrt{Y}}\sqrt{n}$，则 T 服从自由度为_____的_____分布.

解 $T = \dfrac{X-\mu}{2\sqrt{Y}}\sqrt{n} = \dfrac{(X-\mu)/2}{\sqrt{Y}/\sqrt{n}}$，所以 T 服从自由度为 n 的 t 分布.

三、计算题

2. 设 $X_1, X_2, \cdots, X_n$ 是来自总体 X 的样本，$\overline{X}$ 表示样本均值，S^2 为样本方差，在下列情况下分别求 $E(\overline{X})$，$D(\overline{X})$ 和 $E(S^2)$：

(1) $X \sim B(1, p)$；

(2) $X \sim E(\lambda)$；

(3) $X \sim U(0, 2\theta)$.

解 (1) 因为 $X \sim B(1, p)$，所以 $E(X) = p$，$D(X) = p(1-p)$，从而

$$E(\overline{X}) = p, \ D(\overline{X}) = \dfrac{p(1-p)}{n}, \ E(S^2) = p(1-p)$$

(2) 因为 $X \sim E(\lambda)$，所以 $E(X) = \dfrac{1}{\lambda}$，$D(X) = \dfrac{1}{\lambda^2}$，从而

$$E(\overline{X}) = \dfrac{1}{\lambda}, \ D(\overline{X}) = \dfrac{1}{n\lambda^2}, \ E(S^2) = \dfrac{1}{\lambda^2}$$

(3) 因为 $X \sim U(0, 2\theta)$，所以 $E(X) = \theta$，$D(X) = \dfrac{\theta^2}{3}$，从而

$$E(\overline{X}) = \theta, \ D(\overline{X}) = \dfrac{\theta^2}{3n}, \ E(S^2) = \dfrac{\theta^2}{3}$$

3. 设总体 $X \sim N(0, 1)$，$X_1, X_2, \cdots, X_5$ 是来自总体 X 的样本. 令

$$Y = a(X_1 + X_2 + X_3)^2 + b(X_4 + X_5)^2$$

试求常数 a, b，使得随机变量 Y 服从 χ^2 分布.

解 因为 $Y = (\sqrt{a}X_1 + \sqrt{a}X_2 + \sqrt{a}X_3)^2 + (\sqrt{b}X_4 + \sqrt{b}X_5)^2$ 服从 χ^2 分布，所以

$$D(\sqrt{a}X_1 + \sqrt{a}X_2 + \sqrt{a}X_3) = 3aD(X) = 1, \ D(\sqrt{b}X_4 + \sqrt{b}X_5) = 2bD(X) = 1$$

解得 $a = \dfrac{1}{3}$，$b = \dfrac{1}{2}$.

4. 从正态总体 $X \sim N(4.2, 5^2)$ 中抽取容量为 n 的样本，若要求其样本均值位于区间 $(2.2, 6.2)$ 内的概率不小于 0.95，试求最小的样本容量 n.

解　因为 $X \sim N(4.2, 5^2)$，所以 $\overline{X} \sim N\left(4.2, \dfrac{25}{n}\right)$，从而

$$P(2.2 < \overline{X} < 6.2) = P\left(\frac{2.2 - 4.2}{5/\sqrt{n}} < \frac{\overline{X} - 4.2}{5/\sqrt{n}} \leqslant \frac{6.2 - 4.2}{5/\sqrt{n}}\right)$$

$$= \Phi\left(\frac{2}{5/\sqrt{n}}\right) - \Phi\left(-\frac{2}{5/\sqrt{n}}\right) = 2\Phi\left(\frac{2}{5/\sqrt{n}}\right) - 1 \geqslant 0.95$$

即 $\Phi\left(\dfrac{2}{5/\sqrt{n}}\right) \geqslant 0.975 = \Phi(1.96)$，解得 $n \geqslant 24.01$，故最小样本容量 n 为 25.

5. 设总体 $X \sim N(150, 400)$，$Y \sim N(125, 625)$，且 X，Y 相互独立，现从这两个总体中分别抽取容量为 5 的样本，样本均值分别为 $\overline{X}$，$\overline{Y}$，求 $P(\overline{X} - \overline{Y} \leqslant 0)$.

解　因为总体 $X \sim N(150, 400)$，$Y \sim N(125, 625)$，所以 $\overline{X} \sim N\left(150, \dfrac{400}{5}\right)$，$\overline{Y} \sim N\left(125, \dfrac{625}{5}\right)$，且 $\overline{X}$ 与 $\overline{Y}$ 独立，$\overline{X} - \overline{Y} \sim (25, 205)$，从而

$$P(\overline{X} - \overline{Y} < 0) = P\left(\frac{\overline{X} - \overline{Y} - 25}{\sqrt{205}} < \frac{0 - 25}{\sqrt{205}}\right) = \Phi(-1.75) = 1 - \Phi(1.75) = 0.0401$$

6. 设总体 $X \sim N(\mu, 4^2)$，X_1，X_2，$\cdots$，X_{10} 为来自总体 X 的一个容量为 10 的简单随机样本，S^2 为样本方差，且 $P(S^2 > a) = 0.1$. 求 a 的值.

解　因为总体 $X \sim N(\mu, \sigma^2)$，所以 $\dfrac{9S^2}{4^2} \sim \chi^2(9)$，从而

$$P(S^2 > a) = P\left(\frac{9S^2}{16} > \frac{9a}{16}\right) = 0.1$$

解得

$$a = 26.105$$

四、证明题

设 X_1，X_2，$\cdots$，X_9 为来自总体 X 的简单随机样本，$Y_1 = \dfrac{1}{6}(X_1 + X_2 + \cdots + X_6)$，$Y_2 = \dfrac{1}{3}(X_7 + X_8 + X_9)$，$S^2 = \dfrac{1}{2}\sum_{i=7}^{9}(X_i - Y_2)^2$，$Z = \dfrac{\sqrt{2}(Y_1 - Y_2)}{S}$. 证明统计量 Z 服从自由度为 2 的 t 分布.

证明　设总体 $X \sim N(\mu, \sigma^2)$，则 $Y_1 \sim N\left(\mu, \dfrac{\sigma^2}{6}\right)$，$Y_2 \sim N\left(\mu, \dfrac{\sigma^2}{3}\right)$，且 Y_1 与 Y_2 独立，$\dfrac{Y_1 - Y_2}{\sigma/\sqrt{2}} \sim N(0, 1)$，而 $\dfrac{2S^2}{\sigma^2} \sim \chi^2(2)$，故

$$Z = \frac{\sqrt{2}(Y_1 - Y_2)}{S} = \frac{\dfrac{\sqrt{2}(Y_1 - Y_2)}{\sigma/\sqrt{2}}}{\sqrt{\dfrac{2S^2/\sigma^2}{2}}} \sim t(2)$$

因此命题成立.

第六章　参　数　估　计

一、基本要求

1. 理解点估计的概念，理解矩估计法与极大似然估计法.

2. 了解无偏性、有效性、一致性等估计量的评判标准.

3. 理解区间估计的概念，会求单个正态总体均值与方差的置信区间，会求两个正态总体均值差与方差比的置信区间.

二、基本内容

1. 参数的点估计及其求法

根据总体 X 的一个样本来估计参数的真值称为参数的点估计.

1）估计量

根据总体 X 的一个样本 X_1，X_2，$\cdots$，X_n 构造的用其观察值来估计参数 θ 真值的统计量 $\hat{\theta}(X_1$，X_2，$\cdots$，$X_n)$ 称为估计量，$\hat{\theta}(x_1$，x_2，$\cdots$，$x_n)$ 称为估计值.

2）矩估计法

用样本矩作为相应的总体矩估计来求出估计量的方法称为矩估计法. 其思想是：如果总体中有 k 个未知参数，可以用前 k 阶样本矩估计相应的前 k 阶总体矩，然后利用未知参数与总体矩的函数关系，求出参数的估计量.

3）最大似然估计法

设总体 X 的分布律为 $p(x,\theta)$，其中 θ 为未知参数，X_1，X_2，$\cdots$，X_n 是取自总体 X 的样本，x_1，x_2，$\cdots$，x_n 为一组样本观测值，则总体 X 的联合分布律称为似然函数，记作 $L = \prod_{i=1}^{n} p(x_i，\theta)$，取对数 $\ln L = \sum_{i=1}^{n} \ln p(x_i，\theta)$，由 $\dfrac{\mathrm{d}\ln L}{\mathrm{d}\theta}=0$，求得似然函数 L 的极大值 $\hat{\theta}$，即为未知参数 θ 的极大似然估计. 其思想是：在已知总体 X 的概率分布时，对总体进行 n 次观测，得到一个样本，选取概率最大的 θ 值 $\hat{\theta}$ 作为未知参数 θ 的真值的估计是最合理的.

2. 估计量的评价标准

1）无偏性

设 $\hat{\theta}(X_1$，X_2，$\cdots$，$X_n)$ 是未知参数 θ 的点估计量，若 $E(\hat{\theta})=\theta$，则称 $\hat{\theta}$ 是 θ 的无偏估计量. 否则称为有偏估计量.

2）有效性

设 $\hat{\theta}_1$ 与 $\hat{\theta}_2$ 都是 θ 的无偏估计量，若对任意样本容量 n，有 $D(\hat{\theta}_1)<D(\hat{\theta}_2)$，则称估计量

$\hat{\theta}_1$ 比 $\hat{\theta}_2$ 有效.

3）相合性（一致性）

设 $\hat{\theta}$ 为 θ 的估计量，$\hat{\theta}$ 与样本容量 n 有关，记为 $\hat{\theta}=\hat{\theta}_n$，对于任意给定的 $\varepsilon>0$，都有 $\lim\limits_{n\to\infty}P(|\hat{\theta}_n-\theta|<\varepsilon)=1$，则称 $\hat{\theta}$ 为参数 θ 的一致估计量.

3. 参数的区间估计

设总体 X 分布的未知参数为 θ，参数空间为 Θ，X_1，X_2，$\cdots$，X_n 为取自总体的样本. 对给定的 $\alpha(0<\alpha<1)$，构造两个统计量 $\hat{\theta}_1(X_1，X_2，\cdots，X_n)$ 和 $\hat{\theta}_2(X_1，X_2，\cdots，X_n)$，若

$$P(\hat{\theta}_1(X_1，X_2，\cdots，X_n)<\theta<\hat{\theta}_2(X_1，X_2，\cdots，X_n))=1-\alpha$$

则称随机区间 $(\hat{\theta}_1，\hat{\theta}_2)$ 为 θ 的置信水平为 $1-\alpha$ 的置信区间，或简称 $(\hat{\theta}_1，\hat{\theta}_2)$ 是 θ 的 $1-\alpha$ 置信区间；$\hat{\theta}_1$ 和 $\hat{\theta}_2$ 分别称为置信下限和置信上限. 常取 $\alpha=0.01$，0.05，0.10 等.

$1-\alpha$ 置信区间的含义是：若反复抽样多次（各次的样本容量相等，均为 n），每一组样本值确定一个区间 $(\hat{\theta}_1，\hat{\theta}_2)$，每个这样的区间要么包含 θ 的真值，要么不包含 θ 的真值. 按照伯努利大数定律，在这么多的区间中，包含 θ 真值的约占 $100(1-\alpha)\%$，不包含 θ 真值的约占 $100\alpha\%$. 例如，若 $\alpha=0.01$，反复抽样 1000 次，则得到的 1000 个区间中，不包含 θ 真值的约为 10 个.

设总体 X 分布的未知参数为 θ，参数空间为 Θ，X_1，X_2，$\cdots$，X_n 为取自总体的样本. 对给定的 $\alpha(0<\alpha<1)$，有

$$P(\hat{\theta}_1(X_1，X_2，\cdots，X_n)<\theta<c_1)=1-\alpha$$

其中，$\hat{\theta}_1(X_1，X_2，\cdots，X_n)$ 为统计量，c_1 为常数或 $+\infty$，则称 $(\theta_1(X_1，X_2，\cdots，X_n)，c_1)$ 为 θ 的置信度为 $1-\alpha$ 的单侧置信区间，称 $\hat{\theta}_1(X_1，X_2，\cdots，X_n)$ 为 θ 的置信度为 $1-\alpha$ 的单侧置信下限.

类似地，若有

$$P(c_2<\theta<\hat{\theta}_2(X_1，X_2，\cdots，X_n))=1-\alpha$$

其中，$\hat{\theta}_2(X_1，X_2，\cdots，X_n)$ 为统计量，c_2 为常数或 $-\infty$，则称 $(c_2，\hat{\theta}_2(X_1，X_2，\cdots，X_n))$ 为 θ 的置信度为 $1-\alpha$ 的单侧置信区间，称 $\hat{\theta}_2(X_1，X_2，\cdots，X_n)$ 为 θ 的置信度为 $1-\alpha$ 的单侧置信上限.

（1）单个正态总体均值与方差的置信区间如下表.

待估参数	其他参数	枢轴量	分布	置信区间
μ	σ^2 已知	$\dfrac{\overline{X}-\mu}{\sigma/\sqrt{n}}$	$N(0，1)$	$\left(\overline{X}-z_{\frac{\alpha}{2}}\dfrac{\sigma}{\sqrt{n}}，\overline{X}+z_{\frac{\alpha}{2}}\dfrac{\sigma}{\sqrt{n}}\right)$
	σ^2 未知	$\dfrac{\overline{X}-\mu}{S/\sqrt{n}}$	$t(n-1)$	$\left(\overline{X}-t_{\frac{\alpha}{2}}(n-1)\dfrac{S}{\sqrt{n}}，\overline{X}+t_{\frac{\alpha}{2}}(n-1)\dfrac{S}{\sqrt{n}}\right)$
σ^2	μ 已知	$\dfrac{\sum\limits_{i=1}^{n}(X_i-\mu)^2}{\sigma^2}$	$\chi^2(n)$	$\left(\dfrac{\sum\limits_{i=1}^{n}(X_i-\mu)^2}{\chi^2_{\frac{\alpha}{2}}(n)}，\dfrac{\sum\limits_{i=1}^{n}(X_i-\mu)^2}{\chi^2_{1-\frac{\alpha}{2}}(n)}\right)$
	μ 未知	$\dfrac{(n-1)S^2}{\sigma^2}$	$\chi^2(n-1)$	$\left(\dfrac{(n-1)S^2}{\chi^2_{\frac{\alpha}{2}}(n-1)}，\dfrac{(n-1)S^2}{\chi^2_{1-\frac{\alpha}{2}}(n-1)}\right)$

（2）两个正态总体均值差与方差比的置信区间如下表.

待估参数	其他参数	枢轴量	分布	置信区间
$\mu_1-\mu_2$	σ_1^2，σ_2^2 均已知	$\dfrac{\overline{X}-\overline{Y}-(\mu_1-\mu_2)}{\sqrt{\dfrac{\sigma_1^2}{n_1}+\dfrac{\sigma_2^2}{n_2}}}$	$N(0,1)$	$\left(\overline{X}-\overline{Y}-z_{\frac{\alpha}{2}}\sqrt{\dfrac{\sigma_1^2}{n_1}+\dfrac{\sigma_2^2}{n_2}},\right.$ $\left.\overline{X}-\overline{Y}+z_{\frac{\alpha}{2}}\sqrt{\dfrac{\sigma_1^2}{n_1}+\dfrac{\sigma_2^2}{n_2}}\right)$
	$\sigma_1^2=\sigma_2^2$ 均未知	$\dfrac{\overline{X}-\overline{Y}-(\mu_1-\mu_2)}{S_w\sqrt{\dfrac{1}{n_1}+\dfrac{1}{n_2}}}$	$t(n_1+n_2-2)$	$\left(\overline{X}-\overline{Y}-t_{\frac{\alpha}{2}}(n_1+n_2-2)S_w\sqrt{\dfrac{1}{n_1}+\dfrac{1}{n_2}},\right.$ $\left.\overline{X}-\overline{Y}+t_{\frac{\alpha}{2}}(n_1+n_2-2)S_w\sqrt{\dfrac{1}{n_1}+\dfrac{1}{n_2}}\right)$
$\dfrac{\sigma_1^2}{\sigma_2^2}$	μ_1，μ_2 均未知	$\dfrac{S_1^2/S_2^2}{\sigma_1^2/\sigma_2^2}$	$F(n_1-1,n_2-1)$	$\left(\dfrac{S_1^2}{S_2^2}\dfrac{1}{F_{\frac{\alpha}{2}}(n_1-1,n_2-1)},\right.$ $\left.\dfrac{S_1^2}{S_2^2}\dfrac{1}{F_{1-\frac{\alpha}{2}}(n_1-1,n_2-1)}\right)$

三、释疑解难

1. 有了点估计为什么还要引入区间估计？

答　点估计是利用样本值求得参数 θ 的一个近似值，对了解参数 θ 的大小有一定的参考价值，但没有给出近似值的精确程度和可信程度，因此在使用中意义不大. 而区间估计是通过两个（或一个）统计量 $\hat{\theta}_1,\hat{\theta}_2(\hat{\theta}_1\leqslant\hat{\theta}_2)$，构成随机区间 $(\hat{\theta}_1,\hat{\theta}_2)$，使此区间包含未知参数 θ 的概率不小于事先设定的常数 $\alpha(0<\alpha<1)$. $1-\alpha$ 的值越大，则 $(\hat{\theta}_1,\hat{\theta}_2)$ 包含 θ 真值的概率越大，即由样本值得到的区间 $(\hat{\theta}_1,\hat{\theta}_2)$ 覆盖未知参数 θ 的可信程度越大，而区间 $(\hat{\theta}_1,\hat{\theta}_2)$ 的长度越小，又反映估计 θ 的精确程度越高. 所以区间估计不仅是提供了 θ 的一个估计范围，还给出了估计范围的精确与可信程度，弥补了点估计的不足，有广泛的应用意义.

2. 怎样理解置信度 $1-\alpha$ 的意义？

答　置信度 $1-\alpha$ 有两种方式的理解.

对于一个置信区间 $(\hat{\theta}_1,\hat{\theta}_2)$ 而言，$1-\alpha$ 表示随机区间 $(\hat{\theta}_1,\hat{\theta}_2)$ 中包含未知参数的概率不小于事先设定的数值 $1-\alpha$.

对于区间估计而言，$1-\alpha$ 表示在样本容量不变的情况下反复抽样得到的全部区间中，包含 θ 真值的区间不少于 $100(1-\alpha)\%$.

3. 怎样处理区间估计中精度与可靠性之间的矛盾？

答　区间估计量 $(\hat{\theta}_1,\hat{\theta}_2)$ 的长度称为精度，$1-\alpha$ 称为 $(\hat{\theta}_1,\hat{\theta}_2)$ 的可靠程度. 长度越短，精确程度越高；$1-\alpha$ 越大，可靠程度越大. 但在样本容量固定时，两者不能兼顾. 因此，奈曼指出的原则是，先照顾可靠程度，在满足可靠性 $P(\hat{\theta}_1<\theta<\hat{\theta}_2)=1-\alpha$ 时，再提高精度. 否则，只有增加样本容量，才能解决.

四、典型例题

例 1 设 X_1，X_2，$\cdots$，X_n 是来自总体 X 的样本，总体 X 的概率分布为

$$X \sim \begin{pmatrix} -1 & 0 & 2 \\ 2\theta & \theta & 1-3\theta \end{pmatrix}$$

其中 $0<\theta<\dfrac{1}{3}$. 试求未知参数 θ 的矩估计量.

解 总体 X 的数学期望为

$$E(X)=-2\theta+2(1-3\theta)=2-8\theta$$

用样本均值 $\overline{X}$ 估计数学期望 $E(X)$，得 θ 的矩估计量为

$$\overline{X}=-2\theta+2(1-3\theta)=2-8\theta,\hat{\theta}=\frac{1}{8}(2-\overline{X})$$

例 2 设总体 X 的概率密度为

$$f(x,\theta)=\begin{cases} \theta x^{\theta-1}, & 0<x<1 \\ 0, & \text{其他} \end{cases}$$

其中未知参数 $\theta>0$，X_1，X_2，$\cdots$，X_n 是来自总体 X 的样本，则 θ 的矩估计量为 _____ .

解 总体 X 的数学期望（一阶原点矩）为

$$\alpha_1=E(X)=\int_{-\infty}^{+\infty}xf(x,\theta)\mathrm{d}x=\theta\int_0^1 x^\theta\mathrm{d}x=\frac{\theta}{\theta+1}$$

用一阶样本矩（样本均值）$\hat{\alpha}_1=\overline{X}$ 估计总体 X 的一阶矩 $\alpha_1=E(X)$，得关于未知参数 θ 的方程，其解就是 θ 的矩估计量：$\hat{\theta}=\dfrac{\overline{X}}{1-\overline{X}}$.

例 3 已知总体 X 的概率密度为

$$f(x)=\begin{cases} \dfrac{6x}{\theta^3}(\theta-x), & 0<x<\theta \\ 0, & \text{其他} \end{cases}$$

X_1，X_2，$\cdots$，X_n 为来自总体 X 的一个样本，求：

（1）参数 θ 的矩估计量；

（2）$\hat{\theta}$ 的方差 $D(\hat{\theta})$.

解 （1）由于

$$\mu_1=E(X)=\int_{-\infty}^{+\infty}xf(x)\mathrm{d}x=\int_0^1\frac{6x^2}{\theta^3}(\theta-x)\mathrm{d}x=\frac{6}{\theta^3}\left(\frac{\theta}{3}x^3-\frac{1}{4}x^4\right)\Big|_0^\theta=\frac{\theta}{2}$$

令 $\hat{\mu}_1=\overline{X}$，即 $\dfrac{\hat{\theta}}{2}=\overline{X}$，解得 θ 的矩估计量为 $\hat{\theta}=2\overline{X}$.

（2）由 $\hat{\theta}=2\overline{X}$ 知，$D(\hat{\theta})=D(2\overline{X})=4D(\overline{X})=\dfrac{4D(X)}{n}$，其中

$$D(X)=E(X^2)-[E(X)]^2=\int_{-\infty}^{+\infty}\frac{6x^3}{\theta^3}(\theta-x)\mathrm{d}x-\left(\frac{\theta}{2}\right)^2$$

$$=\frac{6}{\theta^3}\left(\frac{\theta}{4}x^4-\frac{1}{5}x^5\right)\Big|_0^\theta-\left(\frac{\theta}{2}\right)^2=\frac{\theta^2}{20}$$

所以

$$D(\hat{\theta}) = \frac{1}{5n}\theta^2$$

例 4　设 $X_1, X_2, \cdots, X_n$ 为抽自二项分布 $B(m, p)$ 的样本，试求参数 p 的矩估计和最大似然估计.

解　(1) 求参数 p 的矩估计.

由于 $X \sim B(m, p)$，因此总体的一阶原点矩为

$$\mu_1 = E(X) = mp$$

按矩法估计有

$$mp = \frac{1}{n}\sum_{i=1}^{n} X_i = \overline{X}$$

因此 p 的矩估计 $\hat{p} = \dfrac{\overline{X}}{m}$.

(2) 求参数 p 的最大似然估计.

参数 p 的最大似然函数为

$$L(p) = \prod_{i=1}^{n} C_m^{X_i} p^{X_i}(1-p)^{m-X_i} = \Big(\prod_{i=1}^{n} C_m^{x_i}\Big) p^{\sum_{i=1}^{n} X_i}(1-p)^{mn-\sum_{i=1}^{n} X_i}$$

$$\ln L(p) = \ln\Big(\prod_{i=1}^{n} C_m^{x_i}\Big) + \sum_{i=1}^{n} X_i \ln p + \Big(mn - \sum_{i=1}^{n} X_i\Big)\ln(1-p)$$

令

$$\frac{d\ln L(p)}{dp} = \frac{1}{p}\sum_{i=1}^{n} X_i + \frac{1}{p-1}\Big(mn - \sum_{i=1}^{n} X_i\Big) = 0$$

即

$$(p-1)n\overline{X} + p(mn - n\overline{X}) = 0$$

因此 p 的最大似然估计 $\hat{p} = \dfrac{\overline{X}}{m}$.

例 5　设总体为指数分布，其概率密度函数为

$$f(x) = \begin{cases} \lambda e^{-\lambda x}, & x \geqslant 0 \\ 0, & \text{其他} \end{cases}$$

求参数 λ 的矩估计和最大似然估计.

解　设 $X_1, X_2, \cdots, X_n$ 为 X 的一个样本.

(1) 求参数 λ 的矩估计.

因为总体为指数分布，因此总体的一阶原点矩为

$$\mu_1 = E(X) = \frac{1}{\lambda}$$

按矩法估计有

$$\frac{1}{\lambda} = \frac{1}{n}\sum_{i=1}^{n} X_i = \overline{X}$$

因此 λ 的矩估计 $\hat{\lambda} = \dfrac{1}{\overline{X}}$.

(2) 求参数 λ 的最大似然估计.

参数 λ 的最大似然函数为

$$L = \prod_{i=1}^{n} \lambda e^{-\lambda x_i} = \lambda^n e^{-\lambda \sum_{i=1}^{n} x_i}$$

$$\ln L = n \ln \lambda - \lambda \sum_{i=1}^{n} x_i$$

似然方程为

$$\frac{\partial \ln L(\lambda)}{\partial \lambda} = \frac{n}{\lambda} - \sum_{i=1}^{n} x_i = 0$$

解得

$$\hat{\lambda} = \frac{n}{\sum_{i=1}^{n} x_i} = \frac{1}{\bar{x}}$$

例 6 设总体为 $[0, \theta]$ 上的均匀分布,求参数 θ 的矩估计和最大似然估计.

解 设 $X_1, X_2, \cdots, X_n$ 为 X 的一个样本.

(1)求参数 θ 的矩估计.

总体的一阶原点矩为

$$\mu_1 = E(X) = \int_0^\theta x f(x) dx = \int_0^\theta \frac{x}{\theta} dx = \frac{\theta}{2}$$

按矩法估计有

$$\frac{1}{2}\theta = \frac{1}{n} \sum_{i=1}^{n} \xi_i = \bar{X}$$

因此 θ 的矩估计 $\hat{\theta} = 2\bar{X}$.

(2)求参数 θ 的最大似然估计.

由总体 X 的密度函数知 θ 的似然函数为

$$L(\theta) = \begin{cases} \frac{1}{\theta^n}, & 0 \leqslant X_i \leqslant \theta, i=1,2,\cdots,n \\ 0, & 其他 \end{cases} = \begin{cases} \frac{1}{\theta^n}, & \theta \geqslant \max\{X_1, X_2, \cdots, X_n\} \\ 0, & 其他 \end{cases}$$

由此可以看出,要使似然函数达到最大,必须

$$\theta = \max\{X_1, X_2, \cdots, X_n\}$$

所以 θ 的最大似然估计为

$$\hat{\theta} = \max\{X_1, X_2, \cdots, X_n\}$$

例 7 设总体为 $[\theta, 2\theta]$ 上的均匀分布,求参数 θ 的矩估计和最大似然估计.

解 设 $X_1, X_2, \cdots, X_n$ 为 X 的一个样本.

(1)求参数 θ 的矩估计.

总体的一阶原点矩为

$$\mu_1 = E(X) = \int_\theta^{2\theta} x f(x) dx = \int_\theta^{2\theta} \frac{x}{\theta} dx = \frac{2\theta}{3}$$

按矩法估计有

$$\frac{2}{3}\theta = \frac{1}{n} \sum_{i=1}^{n} \xi_i = \bar{X}$$

因此 θ 的矩估计 $\hat{\theta} = \frac{3\bar{X}}{2}$.

（2）求参数 θ 的最大似然估计.

由总体 X 的密度函数知 θ 的似然函数为

$$L(\theta)=\begin{cases}\dfrac{1}{\theta^n}, & \theta\leqslant X_i\leqslant 2\theta,\ i=1,2,\cdots,n \\ 0, & \text{其他}\end{cases}=\begin{cases}\dfrac{1}{\theta^n}, & \theta\geqslant\max\{X_1,X_2,\cdots,X_n\} \\ 0, & \text{其他}\end{cases}$$

$$=\begin{cases}\dfrac{1}{\theta^n}, & \theta\leqslant\min\{X_1,X_2,\cdots,X_n\},\ 2\theta\geqslant\max\{X_1,X_2,\cdots,X_n\} \\ 0, & \text{其他}\end{cases}$$

由此可以看出，要使似然函数达到最大，必须

$$\theta=\frac{1}{2}\max\{X_1,X_2,\cdots,X_n\}$$

所以 θ 的最大似然估计为

$$\hat{\theta}=\frac{1}{2}\max\{X_1,X_2,\cdots,X_n\}$$

例 8　假设 $X_1,X_2,\cdots,X_n$ 为来自正态总体 $N(\mu,\sigma^2)$ 的样本，其中 μ 已知，求 σ^2 的最大似然估计.

解　似然函数为

$$L(\sigma^2)=\prod_{i=1}^{n}\frac{1}{\sigma\sqrt{2\pi}}\exp\left[-\frac{1}{2\sigma^2}(x_i-\mu)^2\right]=\left(\frac{1}{2\pi\sigma^2}\right)^{\frac{n}{2}}\exp\left[-\frac{1}{2\sigma^2}\sum_{i=1}^{n}(x_i-\mu)^2\right]$$

于是

$$\ln L=-\frac{n}{2}\ln 2\pi-\frac{n}{2}\ln\sigma^2-\frac{1}{2\sigma^2}\sum_{i=1}^{n}(x_i-\mu)^2$$

似然方程为

$$\frac{\partial\ln L}{\partial\sigma^2}=\frac{1}{2\sigma^4}\sum_{i=1}^{n}(x_i-\mu)^2-\frac{n}{2\sigma^2}=0$$

解得 σ^2 的最大似然估计量为

$$\hat{\sigma}^2=\frac{1}{n}\sum_{i=1}^{n}(x_i-\overline{x})^2$$

例 9　设总体的概率密度函数为

$$f(x)=\begin{cases}\dfrac{1}{\theta}\mathrm{e}^{-\frac{x}{\theta}}, & x\geqslant 0 \\ 0, & \text{其他}\end{cases}$$

（这是指数分布的另一种形式）. 从该总体中抽出样本 X_1,X_2,X_3，考虑 θ 的如下四种估计

$$\hat{\theta}_1=X_1;\ \hat{\theta}_2=(X_1+X_2)/2;\ \hat{\theta}_3=(X_1+2X_2)/3;\ \hat{\theta}_4=\overline{X}$$

（1）这四个估计中，哪些是 θ 的无偏估计？

（2）试比较这些估计的方差.

解　（1）因为 X_1,X_2,X_3 是从总体中抽出的样本，所以

$$E(\hat{\theta}_1)=E(X_1)=\theta$$

$$E(\hat{\theta}_2)=E\left(\frac{X_1+X_2}{2}\right)=\frac{1}{2}[E(X_1)+E(X_2)]=\frac{1}{2}(\theta+\theta)=\theta$$

$$E(\hat{\theta}_3) = E\left(\frac{X_1 + 2X_2}{3}\right) = \frac{1}{3}[E(X_1) + 2E(X_2)] = \frac{1}{3}(\theta + 2\theta) = \theta$$

$$E(\hat{\theta}_4) = E(\overline{X}) = E\left(\frac{X_1 + X_2 + X_3}{3}\right) = \frac{1}{3}[E(X_1) + E(X_2) + E(X_3)] = \frac{1}{3}(\theta + \theta + \theta) = \theta$$

因此 $\hat{\theta}_1$，$\hat{\theta}_2$，$\hat{\theta}_3$，$\hat{\theta}_4$ 都是 θ 的无偏估计.

（2）$D(\hat{\theta}_1) = D(X_1) = \theta^2$

$$D(\hat{\theta}_2) = D\left(\frac{X_1 + X_2}{2}\right) = \frac{1}{4}[D(X_1) + D(X_2)] = \frac{1}{4}(\theta^2 + \theta^2) = \frac{1}{2}\theta^2$$

$$D(\hat{\theta}_3) = D\left(\frac{X_1 + 2X_2}{3}\right) = \frac{1}{9}[D(X_1) + 4D(X_2)] = \frac{1}{9}(\theta + 4\theta) = \frac{5}{9}\theta$$

$$D(\hat{\theta}_4) = D(\overline{X}) = D\left(\frac{X_1 + X_2 + X_3}{3}\right) = \frac{1}{9}[D(X_1) + D(X_2) + D(X_3)]$$

$$= \frac{1}{9}(\theta^2 + \theta^2 + \theta^2) = \frac{1}{3}\theta^2$$

由上述各式知：$D(\hat{\theta}_4) < D(\hat{\theta}_2) < D(\hat{\theta}_3) < D(\hat{\theta}_1)$.

例 10　设总体 X 的方差为 1，根据来自 X 容量为 100 的简单随机样本，测得样本的均值为 5，求 X 的数学期望的置信度近似等于 0.95 的置信区间.

解　尽管 X 不是正态总体，但是由于样本容量 $n = 100$ 属大样本，因此

$$Z = \frac{\overline{X} - \mu}{1/\sqrt{100}} \sim N(0, 1)$$

$$P(-1.96 < Z < 1.96) = 0.95$$

故 μ 的置信度为 0.95 的置信区间为

$$\left(\overline{X} - \frac{1}{10} \times 1.96, \ \overline{X} + \frac{1}{10} \times 1.96\right)$$

将 $\overline{X} = 5$ 代入上式得置信区间为 $(4.804, 5.196)$.

例 11　设 $0.50, 1.25, 0.80, 200$ 是来自总体 X 的简单随机样本值，已知 $Y = \ln X$ 服从正态分布 $N(\mu, 1)$.

（1）求 X 的数学期望 $E(X)$（记 $E(X) = b$）；

（2）求 μ 的置信度为 0.95 的置信区间；

（3）利用上述结果求 b 的置信度为 0.95 的置信区间.

解　（1）Y 的概率密度为

$$f(y) = \frac{1}{\sqrt{2\pi}} e^{-\frac{1}{2}(y - \mu)^2}, \quad -\infty < y < +\infty$$

于是，令 $t = y - \mu - 1$，则

$$b = E(X) = E(e^Y) = \frac{1}{\sqrt{2\pi}} \int_{-\infty}^{+\infty} e^y e^{-\frac{1}{2}(y - \mu)^2} \, dy$$

$$= \frac{1}{\sqrt{2\pi}} \int_{-\infty}^{+\infty} e^{-\frac{y^2 - 2(\mu + 1)y + \mu^2}{2}} \, dy = \frac{1}{\sqrt{2\pi}} \int_{-\infty}^{+\infty} e^{-\frac{[y - (\mu + 1)]^2 - (\mu + 1)^2 + \mu^2}{2}} \, dy$$

$$= \frac{1}{\sqrt{2\pi}} e^{\mu + \frac{1}{2}} \int_{-\infty}^{+\infty} e^{-\frac{t^2}{2}} \, dy = e^{\mu + \frac{1}{2}}$$

（2）当置信度为 $1-\alpha=0.95$ 时，$\alpha=0.05$，标准正态分布的水平为 $\alpha=0.05$ 的分位数等于 1.96，故由 $\overline{Y}\sim N\left(\mu,\frac{1}{4}\right)$，可得

$$P\left(\overline{Y}-1.96\times\frac{1}{\sqrt{4}}<\mu<\overline{Y}+1.96\times\frac{1}{\sqrt{4}}\right)=0.95$$

其中

$$\overline{Y}=\frac{1}{4}(\ln 0.5+\ln 0.8+\ln 1.25+\ln 2)=\frac{1}{4}\ln 1=0$$

于是

$$P(-0.98<\mu<0.98)=0.95$$

从而 $(-0.98,0.98)$ 就是 μ 的置信度为 0.95 的置信区间.

（3）由于 e^x 单调增，可见

$$0.95=P\left(-0.48<\mu+\frac{1}{2}<1.48\right)=P(e^{-0.48}<e^{\mu+\frac{1}{2}}<e^{1.48})$$

因此，b 的置信度为 0.95 的置信区间为 $(e^{-0.48},e^{1.48})$.

例 12　从正态总体 $N(3.4,6^2)$ 中抽取容量为 n 的样本，如果要求其样本均值位于区间 $(1.4,5.4)$ 内的概率不小于 0.95，问：样本容量 n 至少应多大？

解　以 $\overline{X}$ 表示样本均值，则

$$\frac{\overline{X}-3.4}{6}\sqrt{n}\sim N(0,1)$$

从而

$$P(1.4<\mu<5.4)=P(-2<\mu-3.4<2)$$

$$P(|\mu-3.4|<2)=P\left(\frac{|\mu-3.4|}{6}\sqrt{n}<\frac{2\sqrt{n}}{6}\right)=2\Phi\left(\frac{\sqrt{n}}{3}\right)-1\geqslant 0.95$$

故 $\Phi\left(\frac{\sqrt{n}}{3}\right)\geqslant 0.975$，由此得 $\frac{\sqrt{n}}{3}\geqslant 1.96$，即 $n\geqslant(1.96\times 3)^2\approx 34.57$，所以 n 至少取 35.

例 13　设从总体和总体 $Y\sim N(\mu_2,\sigma_2^2)$ 中分别抽取容量为 $n_1=10$，$n_2=15$ 的独立样，可计算得 $\overline{x}=82$，$s_x^2=56.5$，$\overline{y}=76$，$s_y^2=52.4$.

（1）若已知 $\sigma_1^2=64$，$\sigma_2^2=49$，求 $\mu_1-\mu_2$ 的置信水平为 95% 的置信区间；

（2）若已知 $\sigma_1^2=\sigma_2^2$，求 $\mu_1-\mu_2$ 的置信水平为 95% 的置信区间；

（3）求 σ_1^2/σ_2^2 的置信水平为 95% 的置信区间.

解　（1）在 σ_1^2，σ_2^2 都已知时，$\mu_1-\mu_2$ 的 $1-\alpha$ 的置信区间为

$$\left[\overline{x}-\overline{y}-z_{\frac{\alpha}{2}}\sqrt{\frac{\sigma_1^2}{n_1}+\frac{\sigma_2^2}{n_2}},\ \overline{x}-\overline{y}+z_{\frac{\alpha}{2}}\sqrt{\frac{\sigma_1^2}{n_1}+\frac{\sigma_2^2}{n_2}}\right]$$

经计算元 $\overline{x}-\overline{y}=6$，查表得 $z_{0.025}=1.96$，因而 $\mu_1-\mu_2$ 的置信水平为 95% 的置信区间为

$$\left[6-1.96\sqrt{\frac{64}{10}+\frac{49}{15}},\ 6+1.96\sqrt{\frac{64}{10}+\frac{49}{15}}\right]=[-0.0939,12.0939]$$

（2）当 $\sigma_1^2=\sigma_2^2$ 时，$\mu_1-\mu_2$ 的 $1-\alpha$ 的置信区间为

$$\left[\overline{x}-\overline{y}-\sqrt{\frac{n_1+n_2}{n_1 n_2}s_\omega^2}t_{1-\frac{\alpha}{2}}(n_1+n_2-2),\ \overline{x}-\overline{y}+\sqrt{\frac{n_1+n_2}{n_1 n_2}s_\omega^2}t_{1-\frac{\alpha}{2}}(n_1+n_2-2)\right]$$

这里

$$s_\omega^2 = \frac{(n_1-1)s_x^2 + (n_2-1)s_y^2}{n_1+n_2-2} = \frac{9\times56.5+14\times52.4}{23} = 54.0043$$

而 $t_{0.025}(23)=2.0687$，因而 $\mu_1-\mu_2$ 的置信水平为 95% 的置信区间为

$$\left[82-76-2.0687\sqrt{54.0043}\sqrt{\frac{10+15}{10\times15}},\; 82-76-2.0687\sqrt{54.0043}\sqrt{\frac{10+15}{10\times15}}\right]$$

$$=[-0.2063,\;12.2063]$$

(3) σ_1^2/σ_2^2 的置信水平为 95% 的置信区间为

$$\left[\frac{s_x^2}{s_y^2}\cdot\frac{1}{F_{\frac{\alpha}{2}}(n_1-1,\;n_2-1)},\; \frac{s_x^2}{s_y^2}\cdot\frac{1}{F_{1-\frac{\alpha}{2}}(n_1-1,\;n_2-1)}\right]$$

查表得 $F_{0.025}(9,14)=3.21$，$F_{0.975}(9,14)=\dfrac{1}{F_{0.025}(14,9)}$，因而 σ_1^2/σ_2^2 置信水平为 95% 的置信区间为

$$\left[\frac{56.5}{52.4}\times\frac{1}{3.21},\; \frac{56.5}{52.4}\times3.80\right]=[0.3359,\;4.0973]$$

五、习题选解

┌─────────┐
│ 习题 6.1 │
└─────────┘

1. 设 $X_1,X_2,\cdots,X_n$ 为总体 X 的样本，求下列各题概率密度函数或分布律中未知参数的矩估计量和最大似然估计量：

(1) $f(x;\theta)=\begin{cases}\theta x^{\theta-1}, & 0<x<1 \\ 0, & \text{其他}\end{cases}$，其中 $\theta>0$，θ 为未知参数.

(2) $f(x;\theta,\mu)=\begin{cases}\dfrac{1}{\theta}\mathrm{e}^{-\frac{x-\mu}{\theta}}, & x\geqslant\mu \\ 0, & \text{其他}\end{cases}$，其中 $\theta>0$，θ，μ 为未知参数.

(3) $f(x;\theta)=\begin{cases}\dfrac{1}{\theta}, & 0\leqslant x\leqslant\theta \\ 0, & \text{其他}\end{cases}$，其中 θ 为未知参数.

解　(1) 矩估计法：

$$E(X)=\int_0^1 x\theta x^{\theta-1}\mathrm{d}x=\frac{\theta}{\theta+1}$$

由 $A_1=\mu_1$ 得

$$\frac{\theta}{\theta+1}=\overline{X}\Rightarrow\hat{\theta}=\frac{\overline{X}}{1-\overline{X}}$$

最大似然估计法：

似然函数为

$$L(\theta)=\prod_{i=1}^{n}\theta x_i^{\theta-1}=\theta^n\left(\prod_{i=1}^{n}x_i\right)^{\theta-1}$$

对数似然函数为

$$\ln L(\theta) = n\ln\theta + (\theta - 1)\sum_{i=1}^{n}\ln x_i$$

令 $\dfrac{\mathrm{d}\ln L(\theta)}{\mathrm{d}\theta} = 0$，得

$$\frac{n}{\theta} + \sum_{i=1}^{n}\ln x_i = 0 \Rightarrow \hat{\theta} = -\frac{n}{\displaystyle\sum_{i=1}^{n}\ln x_i}$$

参数 θ 的极大似然估计量为

$$\hat{\theta} = -\frac{n}{\displaystyle\sum_{i=1}^{n}\ln X_i}$$

（2）矩估计法：

$$E(X) = \int_{\mu}^{+\infty} x\,\frac{1}{\theta}\mathrm{e}^{-\frac{x-\mu}{\theta}}\mathrm{d}x = -\int_{\mu}^{+\infty} x\,\mathrm{d}\mathrm{e}^{-\frac{x-\mu}{\theta}}$$

$$= -x\mathrm{e}^{-\frac{x-\mu}{\theta}}\Big|_{\mu}^{+\infty} + \int_{\mu}^{+\infty}\mathrm{e}^{-\frac{x-\mu}{\theta}}\mathrm{d}x = \mu + (-\theta\mathrm{e}^{-\frac{x-\mu}{\theta}})\Big|_{\mu}^{+\infty}$$

$$= \mu + \theta$$

$$E(X^2) = \int_{\mu}^{+\infty} x^2\,\frac{1}{\theta}\mathrm{e}^{-\frac{x-\mu}{\theta}}\mathrm{d}x = -\int_{\mu}^{+\infty} x^2\,\mathrm{d}\mathrm{e}^{-\frac{x-\mu}{\theta}}$$

$$= -x^2\mathrm{e}^{-\frac{x-\mu}{\theta}}\Big|_{\mu}^{+\infty} + 2\int_{\mu}^{+\infty} x\mathrm{e}^{-\frac{x-\mu}{\theta}}\mathrm{d}x = \mu^2 - 2\theta\int_{\mu}^{+\infty} x\,\mathrm{d}\mathrm{e}^{-\frac{x-\mu}{\theta}}$$

$$= \mu^2 - 2\theta x\mathrm{e}^{-\frac{x-\mu}{\theta}}\Big|_{\mu}^{+\infty} + 2\theta\int_{\mu}^{+\infty}\mathrm{e}^{-\frac{x-\mu}{\theta}}\mathrm{d}x = \mu^2 + 2\theta\mu + 2\theta^2$$

由 $A_1 = \mu_1$，$A_2 = \mu_2$ 得 $\mu + \theta = A_1$，$A_2 = \mu^2 + 2\theta\mu + 2\theta^2$，可知 $\hat{\theta} = \sqrt{B_2}$，$\hat{\mu} = \overline{X} - \sqrt{B_2}$.

（3）矩估计法：

$$E(X) = \int_{0}^{\theta} x\,\frac{1}{\theta}\mathrm{d}x = \frac{1}{2\theta}x^2\Big|_{0}^{\theta} = \frac{\theta}{2}$$

由 $A_1 = \mu_1$ 得

$$\frac{\theta}{2} = \overline{X} \Rightarrow \hat{\theta} = 2\,\overline{X}$$

最大似然估计法：

似然函数为 $L(\theta) = \displaystyle\prod_{i=1}^{n}\frac{1}{\theta^n}$，显然，$\theta$ 越小，似然函数值越大，而 θ 必须不小于这 n 个样本值的最大值，即 $\theta \geqslant \max(x_1, x_2, \cdots, x_n)$，所以参数 θ 的最大似然估计量为 $\hat{\theta} = X_{(n)} = \max(x_1, x_2, \cdots, x_n)$.

2.设总体 X 服从泊松分布 $P(\lambda)$，样本为 $X_1, X_2, \cdots, X_n$，求 $P(X=0)$ 的最大似然估计量.

解　最大似然估计法：

似然函数为

$$L(\lambda) = \prod_{i=1}^{n}\frac{\lambda^{x_i}}{x_i!}\mathrm{e}^{-\lambda} = \mathrm{e}^{-n\lambda}\prod_{i=1}^{n}\frac{\lambda^{x_i}}{x_i!} = \mathrm{e}^{-n\lambda}\frac{\lambda^{\sum\limits_{i=1}^{n}x_i}}{\displaystyle\prod_{i=1}^{n}x_i!}$$

上式两边取对数为

$$\ln L(\lambda) = \ln\left(e^{-n\lambda}\frac{\lambda^{\sum\limits_{i=1}^{n}x_i}}{\prod\limits_{i=1}^{n}x_i!}\right) = -n\lambda + \sum_{i=1}^{n}(x_i\ln\lambda - \ln x_i!)$$

即

$$\frac{\mathrm{d}\ln L(\lambda)}{\mathrm{d}\lambda} = -n + \frac{1}{\lambda}\sum_{i=1}^{n}x_i$$

令 $\dfrac{\mathrm{d}\ln L(\lambda)}{\mathrm{d}\lambda}=0$，得方程 $-n+\dfrac{1}{\lambda}\sum\limits_{i=1}^{n}x_i=0$，解得 $\lambda=\overline{x}$. 于是 $P(X=0)$ 的最大似然估计量
为 $e^{-\overline{x}}$.

3. 设总体 X 具有分布律

X	1	2	3
p_k	θ^2	$2\theta(1-\theta)$	$(1-\theta)^2$

其中，$\theta(0<\theta<1)$ 为未知参数，若取得了样本值 $x_1=1$，$x_2=2$，$x_3=1$，试求 θ 的最大似然估计值.

解　最大似然估计法：

给定的样本值似然函数为

$$L(\theta)=2\theta^5(1-\theta)$$

上式两边取对数为

$$\ln L(\theta)=\ln 2+5\ln\theta+\ln(1-\theta)$$

即

$$\frac{\mathrm{d}\ln L(\theta)}{\mathrm{d}\theta}=\frac{5}{\theta}-\frac{1}{1-\theta}=\frac{5-6\theta}{\theta(1-\theta)}$$

令 $\dfrac{\mathrm{d}\ln L(\theta)}{\mathrm{d}\theta}=0$，得方程 $5-6\theta=0$，解得 $\theta=\dfrac{5}{6}$. 于是 θ 的最大似然估计值为 $\hat{\theta}=\dfrac{5}{6}$.

4. 设总体 X 具有分布律

X	0	1	2	3
p_k	θ^2	$2\theta(1-\theta)$	θ^2	$1-2\theta$

其中，$\theta\left(0<\theta<\dfrac{1}{2}\right)$ 是未知参数. 利用总体 X 的样本值 3，1，3，0，3，1，2，3，求 θ 的矩估
计值和最大似然估计值.

解　矩估计法：

$$E(X)=0\times\theta^2+1\times 2\theta(1-\theta)+2\times\theta^2+3\times(1-2\theta)=3-4\theta$$

则 $\theta=\dfrac{1}{4}[3-E(X)]$. θ 的矩估计量为 $\hat{\theta}=\dfrac{1}{4}(3-\overline{X})$，根据给定的样本观察值计算

$$\overline{x}=\frac{1}{8}(3+1+3+0+3+1+2+3)=2$$

因此 θ 的矩估计值 $\hat{\theta}=\dfrac{1}{4}(3-\overline{x})=\dfrac{1}{4}$.

最大似然估计法：

给定的样本值似然函数为

$$L(\theta)=4\theta^6(1-\theta)^2(1-2\theta)^4$$

上式两边取对数为

$$\ln L(\theta)=\ln 4+6\ln\theta+2\ln(1-\theta)+4\ln(1-2\theta)$$

即

$$\frac{\mathrm{d}\ln L(\theta)}{\mathrm{d}\theta}=\frac{6}{\theta}-\frac{2}{1-\theta}-\frac{8}{1-2\theta}=\frac{24\theta^2-28\theta+6}{\theta(1-\theta)(1-2\theta)}$$

令 $\frac{\mathrm{d}\ln L(\theta)}{\mathrm{d}\theta}=0$，得方程 $12\theta^2-14\theta+3=0$，解得 $\theta=\frac{7-\sqrt{13}}{12}\left(\theta=\frac{7+\sqrt{13}}{12}>\frac{1}{2}\text{，不合题意}\right)$.

于是 θ 的最大似然估计值为 $\hat{\theta}=\frac{7-\sqrt{13}}{12}$.

5. 设总体 X 的概率密度为

$$f(x;\lambda)=\begin{cases}\lambda^2 x\mathrm{e}^{-\lambda x}, & x>0\\ 0, & \text{其他}\end{cases}$$

其中，$\lambda(\lambda>0)$ 未知，X_1，X_2，$\cdots$，X_n 是来自总体 X 的简单随机样本. 求：

(1) 参数 λ 的矩估计量；

(2) 参数 λ 的最大似然估计量.

解　矩估计法：

$$E(X)=\int_0^{+\infty}x\lambda^2 x\mathrm{e}^{-\lambda x}\mathrm{d}x=-\int_0^{+\infty}\lambda x^2\mathrm{d}\mathrm{e}^{-\lambda x}$$

$$=-x^2\lambda\mathrm{e}^{-\lambda x}\Big|_0^{+\infty}+2\int_0^{+\infty}\lambda x\mathrm{e}^{-\lambda x}\mathrm{d}x=-2\int_0^{+\infty}x\mathrm{d}\mathrm{e}^{-\lambda x}$$

$$=-2x^2\mathrm{e}^{-\lambda x}\Big|_0^{+\infty}+2\int_0^{+\infty}\mathrm{e}^{-\lambda x}\mathrm{d}x=\left(-\frac{2}{\lambda}\mathrm{e}^{-\lambda x}\right)\Big|_0^{+\infty}=\frac{2}{\lambda}$$

由 $A_1=\mu_1$ 得

$$\frac{2}{\lambda}=\overline{X}\Rightarrow\hat{\theta}=\frac{2}{\overline{X}}$$

最大似然估计法：

似然函数为

$$L(\lambda)=\prod_{i=1}^n\lambda^{2n}x_i\mathrm{e}^{-\lambda x_i}=\lambda^2\left(\prod_{i=1}^n x_i\right)\mathrm{e}^{-\lambda\sum_{i=1}^n x_i}$$

上式两边取对数为

$$\ln L(\lambda)=2n\ln\lambda+\sum_{i=1}^n\ln X_i-\lambda\sum_{i=1}^n x_i$$

令 $\frac{\mathrm{d}\ln L(\lambda)}{\mathrm{d}\lambda}=0$，得

$$\frac{2n}{\lambda}-\sum_{i=1}^n x_i=0\Rightarrow\hat{\theta}=\frac{2n}{\sum\limits_{i=1}^n x_i}=\frac{2}{\overline{x}}$$

故参数 θ 的极大似然估计量为

$$\hat{\theta} = \frac{2n}{\sum\limits_{i=1}^{n} x_i} = \frac{2}{\overline{X}}$$

6. 设总体 X 的概率密度为

$$f(x; \theta) = \begin{cases} \dfrac{\theta^2}{x^3} e^{-\frac{\theta}{x}}, & x > 0 \\ 0, & \text{其他} \end{cases}$$

其中，θ 为未知参数且大于零. $X_1, X_2, \cdots, X_n$ 为来自总体 X 的简单随机样本. 求：

(1) θ 的矩估计量；

(2) θ 的最大似然估计量.

解 (1) 矩估计法

$$E(X) = \int_{-\infty}^{+\infty} x f(x) \mathrm{d}x = \int_{0}^{+\infty} x \frac{\theta^2}{x^3} e^{-\frac{\theta}{x}} \mathrm{d}x = \theta \int_{0}^{+\infty} e^{-\frac{\theta}{x}} \mathrm{d}\left(-\frac{\theta}{x}\right) = \theta$$

令 $E(X) = \overline{X}$，故 θ 矩估计量为 $\overline{X}$.

(2) 最大似然估计法：

$$L(\theta) = \prod_{i=1}^{n} f(x_i; \theta) = \begin{cases} \prod\limits_{i=1}^{n} \dfrac{\theta^2}{x_i^3} e^{-\frac{\theta}{x_i}}, & x_i > 0 \\ 0, & \text{其他} \end{cases} = \begin{cases} \theta^{2n} \prod\limits_{i=1}^{n} \dfrac{1}{x_i^3} e^{-\frac{\theta}{x_i}}, & x_i > 0 \\ 0, & \text{其他} \end{cases}$$

当 $x > 0$ 时，

$$\ln L(\theta) = 2n \ln \theta - 3 \sum_{i=1}^{n} \ln x_i - \theta \sum_{i=1}^{n} \frac{1}{x_i}$$

令 $\dfrac{\mathrm{d}\ln L(\theta)}{\mathrm{d}\theta} = \dfrac{2n}{\theta} - \sum\limits_{i=1}^{n} \dfrac{1}{x_i} = 0$，得 $\theta = \dfrac{2n}{\sum\limits_{i=1}^{n} \dfrac{1}{x_i}}$，所以 θ 极大似然估计量为 $\hat{\theta} = \dfrac{2n}{\sum\limits_{i=1}^{n} \dfrac{1}{X_i}}$.

习题 6.2

1. 设总体 $X \sim N(\mu, \sigma^2)$，样本为 $X_1, X_2, \cdots, X_n$，试确定常数 c，使 $c \sum\limits_{i=1}^{n-1} (X_{i+1} - X_i)^2$ 为 σ^2 的无偏估计.

解
$$E\left[c \sum_{i=1}^{n-1} (X_{i+1} - X_i)^2\right] = c\left[\sum_{i=1}^{n-1} E(X_{i+1} - X_i)^2\right]$$
$$= c\left\{\sum_{i=1}^{n-1} D(X_{i+1} - X_i) + [E(X_{i+1} - X_i)]^2\right\}$$
$$= c \sum_{i=1}^{n-1} \{D(X_{i+1}) - D(X_i) + [E(X_{i+1}) - E(X_i)]^2\}$$
$$= c \sum_{i=1}^{n-1} (2\sigma^2 + 0^2) = c(2n-1)\sigma^2$$

当 $c = \dfrac{1}{2(n-1)}$ 时，$c \sum\limits_{i=1}^{n-1} (X_{i+1} - X_i)^2$ 为 σ^2 的无偏估计.

2. 设总体 X 服从参数为 λ 的泊松分布，X_1，X_2，$\cdots$，X_n 是取自总体 X 的一个样本，$\lambda > 0$ 且为未知参数.

(1) 设 A_1，A_2 分别表示样本的一阶、二阶原点矩，试确定常数 c_1，c_2，使得对任意的 $\lambda > 0$，$c_1 A_1 + c_2 A_2$ 均为 λ^2 的无偏估计；

(2) 求 λ^2 的最大似然估计量 $\hat{\lambda}^2$，并证明 $\hat{\lambda}^2$ 不是 λ^2 的无偏估计.

解　(1) 因为总体 X 服从参数为 λ 的泊松分布，所以

$$E(A_1) = E(\overline{X}) = \lambda$$

$$E(A_2) = E\left(\frac{1}{n} \sum_{i=1}^{n} X_i^2\right) = \lambda + \lambda^2$$

$$E(c_1 A_1 + c_2 A_2) = c_1 \lambda + c_2 (\lambda + \lambda^2) = (c_1 + c_2)\lambda + c_2 \lambda^2 \equiv \lambda^2$$

从而 $c_1 = -1$，$c_2 = 1$.

(2) 最大似然估计法：

似然函数为

$$L(\lambda) = \prod_{i=1}^{n} \frac{\lambda^{x_i}}{x_i!} e^{-\lambda} = e^{-n\lambda} \prod_{i=1}^{n} \frac{\lambda^{x_i}}{x_i!}$$

上式两边取对数为

$$\ln L(\lambda) = -n\lambda + \sum_{i=1}^{n} (x_i \ln\lambda - \ln x_i!)$$

令 $\dfrac{\mathrm{d}\ln L(\lambda)}{\mathrm{d}\lambda} = 0$，得

$$-n + \frac{1}{\lambda} \sum_{i=1}^{n} x_i = 0 \Rightarrow \hat{\lambda} = \overline{x}$$

故参数 θ 的极大似然估计量为 $\hat{\lambda} = \overline{X}$.

因为 $E(\overline{X}) = \lambda$，所以 $\hat{\lambda}^2$ 不是 λ^2 的无偏估计.

3. 设总体 X 的概率密度为

$$f(x) = \begin{cases} e^{-(x-\theta)}, & x \geqslant \theta \\ 0, & x < \theta \end{cases}$$

其中，θ 为未知参数，X_1，X_2，$\cdots$，X_n 是取自总体的样本.

(1) 求 θ 的矩估计 $\hat{\theta}_1$，并证明 $\hat{\theta}_1$ 是 θ 的无偏估计；

(2) 求 θ 的最大似然估计 $\hat{\theta}_2$，并证明 $\hat{\theta}_2$ 不是 θ 的无偏估计.

解　(1) 矩估计法：

$$E(X) = \int_{\theta}^{+\infty} x e^{-(x-\theta)} \mathrm{d}x = -\int_{\theta}^{+\infty} x \, \mathrm{d}e^{-(x-\theta)}$$

$$= -x e^{-(x-\theta)} \Big|_{\theta}^{+\infty} + \int_{\theta}^{+\infty} e^{-(x-\theta)} \mathrm{d}x$$

$$= \theta - e^{-(x-\theta)} \Big|_{\theta}^{+\infty} = \theta + 1$$

由 $A_1 = \mu_1$ 得

$$\theta + 1 = \overline{X} \Rightarrow \hat{\theta}_1 = \overline{X} - 1$$

因为 $E(\overline{X} - 1) = \theta + 1 - 1 = \theta$，所以 $\hat{\theta}_1$ 是 θ 的无偏估计.

（2）最大似然估计法：

似然函数为

$$L(\theta) = \prod_{i=1}^{n} e^{-(x_i-\theta)} = e^{-\sum_{i=1}^{n}x_i+n\theta}$$

上式两边取对数为

$$\ln L(\theta) = -\sum_{i=1}^{n} x_i + n\theta$$

由于 $\dfrac{d\ln L(\theta)}{d\theta}=n>0$，显然，$\theta$ 越大，似然函数值越大，而 θ 必须不大于这 n 个样本值的最大值，即 $\theta\leqslant\min(x_1,x_2,\cdots,x_n)$，所以参数 θ 的最大似然估计量为 $\hat{\theta}_2=X_{(1)}=\min(x_1,x_2,\cdots,x_n)$.

因为 $E(X_{(1)})=\theta+1\neq\theta$，所以 $\hat{\theta}_2$ 不是 θ 的无偏估计.

4. 设 $\hat{\theta}$ 是参数 θ 的无偏估计，且有 $D(\hat{\theta})>0$，证明：$\hat{\theta}^2=(\hat{\theta})^2$ 不是 θ^2 的无偏估计.

证明 依题意得

$$E(\hat{\theta})=\theta$$
$$E(\hat{\theta}^2)=D(\hat{\theta})+[E(\hat{\theta})]^2=D(\hat{\theta})+\theta^2>\theta^2$$

所以 $\hat{\theta}^2=(\hat{\theta})^2$ 不是 θ^2 的无偏估计.

5. 设 X_1,X_2,X_3 为总体 X 的样本，试说明 $\hat{\theta}_1=\dfrac{2}{5}X_1+\dfrac{1}{5}X_2+\dfrac{2}{5}X_3$，$\hat{\theta}_2=\dfrac{1}{6}X_1+\dfrac{1}{3}X_2+\dfrac{1}{2}X_3$，$\hat{\theta}_3=\dfrac{1}{7}X_1+\dfrac{3}{14}X_2+\dfrac{9}{14}X_3$ 都是总体均值 $E(X)$（假设其存在）的无偏计量，并判定哪一个方差最小.

解 （1）依题意知

$$E(\hat{\theta}_1)=E\left(\frac{2}{5}X_1+\frac{1}{5}X_2+\frac{2}{5}X_3\right)=\frac{2}{5}E(X_1)+\frac{1}{5}E(X_2)+\frac{2}{5}E(X_3)=E(X)$$
$$E(\hat{\theta}_2)=E\left(\frac{1}{6}X_1+\frac{1}{3}X_2+\frac{1}{2}X_3\right)=\frac{1}{6}E(X_1)+\frac{1}{3}E(X_2)+\frac{1}{2}E(X_3)=E(X)$$
$$E(\hat{\theta}_3)=E\left(\frac{1}{7}X_1+\frac{3}{14}X_2+\frac{9}{14}X_3\right)=\frac{1}{7}E(X_1)+\frac{3}{14}E(X_2)+\frac{9}{14}E(X_3)=E(X)$$

所以 $\hat{\theta}_1,\hat{\theta}_2,\hat{\theta}_3$ 均是 θ 的无偏估计量.

（2）依题意知

$$D(\hat{\theta}_1)=D\left(\frac{2}{5}X_1+\frac{1}{5}X_2+\frac{2}{5}X_2\right)=\frac{4}{25}D(X_1)+\frac{1}{25}D(X_2)+\frac{4}{25}D(X_3)=\frac{9}{25}D(X)$$
$$D(\hat{\theta}_2)=D\left(\frac{1}{6}X_1+\frac{1}{3}X_2+\frac{1}{2}X_3\right)=\frac{1}{36}D(X_1)+\frac{1}{9}D(X_2)+\frac{1}{4}D(X_3)=\frac{7}{18}D(X)$$
$$D(\hat{\theta}_3)=D\left(\frac{1}{7}X_1+\frac{3}{14}X_2+\frac{9}{14}X_3\right)=\frac{1}{49}D(X_1)+\frac{9}{196}D(X_2)+\frac{81}{196}D(X_3)=\frac{47}{98}D(X)$$

所以 $\hat{\theta}_2$ 方差最小.

6. 若从均值为 μ，方差为 $\sigma^2>0$ 的总体中，分别抽取容量为 n_1,n_2 的两独立样本，$\overline{X}_1$ 和 $\overline{X}_2$ 分别是两样本均值. 试证：对于任意常数 $a,b(a+b=1)$，$Y=a\overline{X}_1+b\overline{X}_2$ 都是 μ 的无

偏估计，并确定常数 a，b 使 $D(Y)$ 达到最小.

证明 因为 $E(Y)=E(a\overline{X}_1+b\overline{X}_2)=a\mu+b\mu=\mu$，所以对于任意常数 a，$b(a+b=1)$，$Y=a\overline{X}_1+b\overline{X}_2$ 都是 μ 的无偏估计.

$$D(Y)=D(a\overline{X}_1+b\overline{X}_2)=a^2\frac{\sigma^2}{n_1}+(1-a)^2\frac{\sigma^2}{n_2}=\mu=\left(\frac{n_1+n_2}{n_1n_2}a^2-\frac{2}{n_2}a+\frac{1}{n_2}\right)\sigma^2$$

由 $\dfrac{\mathrm{d}D(Y)}{\mathrm{d}a}=\left(\dfrac{n_1+n_2}{n_1n_2}2a-\dfrac{2}{n_2}\right)\sigma^2=0$ 得 $a=\dfrac{n_1}{n_1+n_2}$（唯一驻点），则 $b=1-a=\dfrac{n_2}{n_1+n_2}$ 时，使 $D(Y)$ 达到最小.

7. 设总体 X 的概率密度为

$$f(x)=\frac{1}{2\sigma}\mathrm{e}^{-\frac{1}{\sigma}|x|}$$

其中未知参数 $\sigma>0$.

（1）求 σ 的最大似然估计量 $\hat{\sigma}$；

（2）证明 $\hat{\sigma}$ 是 σ 的无偏估计.

解 （1）最大似然估计法：

似然函数为

$$L(\sigma)=\prod_{i=1}^{n}\frac{1}{2\sigma}\mathrm{e}^{-\frac{1}{\sigma}|x_i|}=\frac{1}{2^n\sigma^n}\mathrm{e}^{-\frac{1}{\sigma}\sum\limits_{i=1}^{n}|x_i|}$$

上式两边取对数为

$$\ln L(\sigma)=-n\ln 2-n\ln\sigma-\frac{1}{\sigma}\sum_{i=1}^{n}|x_i|$$

即

$$\frac{\mathrm{d}\ln L(\sigma)}{\mathrm{d}\sigma}=\frac{-n}{\sigma}+\frac{1}{\sigma^2}\sum_{i=1}^{n}|X_i|$$

令 $\dfrac{\mathrm{d}\ln L(\sigma)}{\mathrm{d}\sigma}=0$，解得 $\sigma=\dfrac{1}{n}\sum\limits_{i=1}^{n}|x_i|$. 即 σ 的最大似然估计量为 $\hat{\sigma}=\dfrac{1}{n}\sum\limits_{i=1}^{n}|X_i|$.

（2）$E\left(\dfrac{1}{n}\sum\limits_{i=1}^{n}|X_i|\right)=\dfrac{1}{n}\sum\limits_{i=1}^{n}E(|X_i|)=\dfrac{1}{n}n\sigma=\sigma$，即 $\hat{\sigma}$ 是 σ 的无偏估计.

8. 设 $\hat{\theta}_1$，$\hat{\theta}_2$ 是参数 θ 的两个独立的无偏估计，且 $D(\hat{\theta}_1)=kD(\hat{\theta}_2)$，$k$ 为已知正常数.试求常数 k_1，k_2，使 $k_1\hat{\theta}_1+k_2\hat{\theta}_2$ 是 θ 的无偏估计，且在所有这种形式的无偏估计中，方差最小.

解 由 $E(\hat{\theta})=E(k_1\hat{\theta}_1+k_2\hat{\theta}_2)=(k_1+k_2)\theta$ 可得 $k_1+k_2=1$. 而
$$D(\hat{\theta})=D(k_1\hat{\theta}_1+k_2\hat{\theta}_2)=k_1^2D(\hat{\theta}_1)+k_2^2D(\hat{\theta}_2)=kk_1^2+k_2^2$$
要使其最小，即要 $f=kk_1^2+k_2^2$ 满足条件 $k_1+k_2=1$ 即可使方差达到最小值.

令 $k_2=1-k_1$，代入 $f=kk_1^2+k_2^2$ 得 $f=kk_1^2+(1-k_1)^2$，得 $f'_{k_1}=2kk_1-2(1-k_1)=0$，解得 $k_1=\dfrac{1}{k+1}$，$k_2=\dfrac{k}{k+1}$.

习题 6.3

1. 设某种清漆的 9 个样品的干燥时间（以小时计）分别为

$$6.0 \quad 5.7 \quad 5.8 \quad 6.5 \quad 7.0 \quad 6.3 \quad 5.6 \quad 6.1 \quad 5.0$$

设干燥时间服从正态分布 $N(\mu, \sigma^2)$，求下述两种情况下 μ 的置信水平为 0.95 的置信区间：

(1) 由以往经验知 $\sigma = 0.6(\mathrm{h})$；

(2) σ 未知．

解　(1) μ 的置信度为 0.95 的置信区间为 $\left(\overline{X} \pm \dfrac{\sigma}{\sqrt{n}} z_{\frac{\alpha}{2}}\right)$，计算得 $\overline{X} = 6.0$，查表得 $z_{0.025} = 1.96$，$\sigma = 0.6$，故所求置信区间为

$$\left(6.0 \pm \frac{0.6}{\sqrt{9}} \times 1.96\right) = (5.608, 6.392)$$

(2) μ 的置信度为 0.95 的置信区间为 $\left(\overline{X} \pm \dfrac{S}{\sqrt{n}} t_{\frac{\alpha}{2}}(n-1)\right)$，计算得 $\overline{X} = 6.0$，查表得 $t_{0.025}(8) = 2.3060$．而

$$S^2 = \frac{1}{8}\sum_{i=1}^{9}(x_i - \overline{x})^2 = \frac{1}{8} \times 2.64 = 0.33$$

故所求置信区间为

$$\left(6.0 \pm \frac{\sqrt{0.33}}{3} \times 2.3060\right) = (5.558, 6.442)$$

2. 随机地取某种炮弹 9 发做试验，得炮口速度的样本标准差 $S = 11(\mathrm{m/s})$．设炮口速度服从正态分布．求这种炮弹速度的标准差 σ 的置信水平为 0.95 的置信区间．

解　σ 的置信度为 0.95 的置信区间为

$$\left(\sqrt{\frac{(n-1)S^2}{\chi^2_{\frac{\alpha}{2}}(n-1)}}, \sqrt{\frac{(n-1)S^2}{\chi^2_{1-\frac{\alpha}{2}}(n-1)}}\right) = \left(\frac{\sqrt{8} \times 11}{\sqrt{17.535}}, \frac{\sqrt{8} \times 11}{\sqrt{2.18}}\right) = (7.4, 21.1)$$

其中 $\alpha = 0.05$，$n = 9$．

查表知 $\chi^2_{0.025}(8) = 17.535$，$\chi^2_{0.975}(8) = 2.180$．

3. 研究火箭推进器的两种固体燃料燃烧率．设两者都服从正态分布，并且已知燃烧率的标准差均近似地为 0.05 cm/s．取样本容量为 $n_1 = n_2 = 20$，得燃烧率的样本均值分别为 $\overline{x}_1 = 18$ cm/s，$\overline{x}_2 = 24$ cm/s，求两燃烧率总体均值差 $\mu_1 - \mu_2$ 的置信水平为 0.99 的置信区间．

解　$\mu_1 - \mu_2$ 的置信度为 0.99 的置信区间为

$$\left(\overline{X}_1 - \overline{X}_2 \pm z_{\frac{\alpha}{2}}\sqrt{\frac{\sigma_1^2}{n_1} + \frac{\sigma_2^2}{n_2}}\right) = \left(18 - 24 \pm 2.58\sqrt{\frac{0.05^2 \times 2}{20}}\right) = (-6.04, -5.96)$$

其中 $\alpha = 0.01$，$z_{0.005} = 2.58$，$n_1 = n_2 = 20$，$\sigma_1^2 = \sigma_2^2 = 0.05^2$，$\overline{X}_1 = 18$，$\overline{X}_2 = 24$．

4. 随机地从 A 批导线中抽取 4 根，从 B 批导线中抽取 5 根，测得其电阻（单位为 Ω）：

A 批导线：0.140　0.142　0.143　0.137

B 批导线：0.140　0.142　0.136　0.138　0.140

设测试数据分别服从分布 $N(\mu_1, \sigma^2)$ 和 $N(\mu_2, \sigma^2)$，并且它们相互独立，又 μ_1，μ_2 及 σ^2 均为未知，试求 $\mu_1 - \mu_2$ 的置信水平为 95% 的置信区间．

解　这是两个正态总体均值差的区间估计，方差相等但未知的情形，其中置信区间为

$$\left(\overline{X}_1 - \overline{X}_2 \pm t_{\frac{\alpha}{2}}(n_1 + n_2 - 2) S_w \sqrt{\frac{1}{n_1} + \frac{1}{n_2}}\right)$$

其中

$$S_w^2 = \frac{(n_1-1)S_1^2 + (n_2-1)S_2^2}{n_1+n_2-2}$$

计算得

$$\overline{X}_1 = 0.141,\ \overline{X}_2 = 0.139,\ S_w^2 = 65 \times 10^{-5}$$

根据题意知 $n_1=4$，$n_2=5$，$\alpha=0.05$，$t_{\alpha/2}=1.96$，代入公式得所求置信区间为 $(-0.002,0.006)$.

总习题六

一、填空题

1. 设总体 X 的方差 σ^2 存在，$\frac{k}{n}\sum_{i=1}^{n}(X_i-\overline{X})^2$ 是 σ^2 的无偏估计量，则 $k=$ _____.

解
$$E\Big[\frac{k}{n}\sum_{i=1}^{n}(X_i-\overline{X})^2\Big] = \frac{k}{n}E\Big[\sum_{i=1}^{n}(X_i^2-2X_i\overline{X}+\overline{X}^2)\Big]$$
$$= \frac{k}{n}\Big[\sum_{i=1}^{n}E(X_i^2)-E(2\overline{X}\sum_{i=1}^{n}X_i-\overline{X}^2)\Big]$$
$$= \frac{k}{n}\Big[\sum_{i=1}^{n}(\mu^2+\sigma^2)-n\Big(\mu^2+\frac{\sigma^2}{n}\Big)\Big]$$
$$= \frac{k}{n}(n-1)\sigma^2 = \sigma^2$$

所以 $k=\frac{n}{n-1}$.

2. 设 X_1，X_2，$\cdots$，X_n 是来自总体 X 的样本，$E(X)=\mu$，$D(X)=\sigma^2$，$\overline{X}$，S^2 分别是样本均值和样本方差. 则当 $k=$ _____ 时，$(\overline{X})^2-kS^2$ 是 μ^2 的无偏估计.

解 $E(\overline{X}^2-kS^2)=E(\overline{X}^2)-E(kS^2)=\mu^2+\frac{\sigma^2}{n}-k\sigma^2=\mu^2$，所以 $k=\frac{1}{n}$.

4. 两位化验员 A，B 独立地对某种聚合物含氯量用相同的方法各做 10 次测定，测定值的样本方差分别为 $S_A^2=0.5419$，$S_B^2=0.6065$，设 σ_A^2，σ_B^2 分别为 A，B 所测定的总体方差，且总体均服从正态分布，则 $\frac{\sigma_A^2}{\sigma_B^2}$ 的置信水平为 0.95 的置信区间为 _____.

解 两正态总体均值未知，方差比 $\frac{\sigma_A^2}{\sigma_B^2}$ 的一个置信水平为 $1-\alpha$ 的置信区间为

$$\Big(\frac{S_A^2}{S_B^2}\times\frac{1}{F_{\alpha/2}(n_1-1,\ n_2-1)},\ \frac{S_A^2}{S_B^2}\times\frac{1}{F_{1-\alpha/2}(n_1-1,\ n_2-1)}\Big)$$

依题意 $n_1=10$，$n_2=10$，$1-\alpha=0.95$，$\alpha=0.05$，则

$$F_{\alpha/2}(n_1-1,\ n_2-1)=F_{0.025}(9,9)=4.03$$
$$F_{1-\alpha/2}(n_1-1,\ n_2-1)=F_{0.975}(9,9)=\frac{1}{F_{0.025}(9,9)}=\frac{1}{4.03}$$

$S_A^2=0.5419$，$S_B^2=0.6065$，则 $\frac{\sigma_A^2}{\sigma_B^2}$ 的置信水平为 0.95 的置信区间为 $(0.22,3.60)$.

三、计算题

1. 设总体 X 的概率分布为

X	0	1	2
P	θ	2θ	$1-3\theta$

其中 $\theta\left(0<\theta<\dfrac{1}{3}\right)$ 是未知参数，利用总体 X 的如下样本值：$1,2,2,0,1,0$，求 θ 的矩估计值和最大似然估计值.

　　解　矩估计法：
$$E(X)=0\times\theta+1\times2\theta+2\times(1-3\theta)=2-4\theta$$

则 $\theta=\dfrac{1}{4}[2-E(X)]$. θ 的矩估计量为 $\hat{\theta}=\dfrac{1}{4}(2-\overline{X})$，根据给定的样本观察值计算

$$\overline{x}=\frac{1}{6}(1+2+2+0+1+0)=1$$

因此 θ 的矩估计值 $\hat{\theta}=\dfrac{1}{4}(2-\overline{X})=\dfrac{1}{4}$.

　　最大似然估计法：

　　给定的样本值似然函数为
$$L(\theta)=\theta^2 4\theta^2(1-3\theta)^2=4\theta^4(1-3\theta)^2$$

对上式两边取对数得
$$\ln L(\theta)=\ln4+4\ln\theta+2\ln(1-3\theta)$$

即
$$\frac{\mathrm{d}\ln L(\theta)}{\mathrm{d}\theta}=\frac{4}{\theta}-\frac{6}{1-3\theta}$$

令 $\dfrac{\mathrm{d}\ln L(\theta)}{\mathrm{d}\theta}=0$，得方程 $\dfrac{4}{\theta}-\dfrac{6}{1-3\theta}=0$，解得 $\theta=\dfrac{2}{9}$.

　　于是 θ 的最大似然估计值为 $\hat{\theta}=\dfrac{2}{9}$.

2. 设总体 X 的分布函数为 $F(x,\beta)=\begin{cases}1-\dfrac{1}{x^\beta}, & x>1 \\ 0, & x\leqslant1\end{cases}$，其中未知参数 $\beta>1$，$X_1,X_2,\cdots,$

X_n 为来自总体 X 的简单随机样本，求 β 的矩估计量和最大似然估计量.

　　解　依题意得
$$f(x)=\begin{cases}\beta x^{-(\beta+1)}, & x>1 \\ 0, & x\leqslant1\end{cases}$$

　　（1）矩估计法：
$$E(X)=\int_{-\infty}^{+\infty}xf(x)\mathrm{d}x=\int_{1}^{+\infty}x\beta x^{-(\beta+1)}\mathrm{d}x=\int_{1}^{+\infty}\beta x^{-\beta}\mathrm{d}x=\left.\frac{\beta}{1-\beta}x^{-\beta+1}\right|_{1}^{+\infty}=\frac{\beta}{1-\beta}$$

令 $E(X)=\overline{X}$，故 θ 矩估计量为 $\hat{\beta}=\dfrac{\overline{X}}{\overline{X}+1}$.

　　（2）最大似然估计法：

　　给定样本值似然函数为

$$L(\beta) = \prod_{i=1}^{n} \beta x_i^{-(\beta+1)} = \beta^n \prod_{i=1}^{n} x_i^{-(\beta+1)}$$

对上式两边取对数得

$$\ln L(\beta) = n\ln\beta - (\beta+1)\sum_{i=1}^{n}\ln x_i$$

令 $\dfrac{\mathrm{d}\ln L(\beta)}{\mathrm{d}\beta} = \dfrac{n}{\beta} - \sum_{i=1}^{n}\ln x_i = 0$，得 $\theta = \dfrac{n}{\sum\limits_{i=1}^{n}\ln x_i}$，所以 θ 极大似然估计量 $\hat{\theta} = \dfrac{n}{\sum\limits_{i=1}^{n}\ln X_i}$.

3. 设从总体 $N(\mu_1, \sigma^2)$ 和 $N(\mu_2, \sigma^2)$ 中分别抽取容量为 n_1, n_2 的两个独立样本，其样本方差分别为 S_1^2, S_2^2. 试证：对任何常数 $a, b(a+b=1)$，$Z=aS_1^2+bS_2^2$ 都是 σ^2 的无偏估计，并确定 a, b，使 $D(Z)$ 达到最小.

证明　因为 $E(Z)=E(aS_1^2+bS_2^2)=a\sigma^2+b\sigma^2=\sigma^2$，所以对于任意常数 $a, b(a+b=1)$，$Z=aS_1^2+bS_2^2$ 都是 σ^2 的无偏估计.

又 $\dfrac{(n_1-1)S_1^2}{\sigma^2} \sim \chi^2(n_1-1)$，$\dfrac{(n_2-1)S_2^2}{\sigma^2} \sim \chi^2(n_2-1)$，可得 $D(S_1^2)=\dfrac{2\sigma^4}{n_1-1}$，$D(S_2^2)=\dfrac{2\sigma^4}{n_2-1}$，且 S_1^2, S_2^2 相互独立，则

$$D(Z)=a^2 D(S_1^2)+b^2 D(S_2^2)=a^2\frac{2\sigma^4}{n_1-1}+b^2\frac{2\sigma^4}{n_2-1}$$

$$=\left[\frac{n_1+n_2-2}{(n_1-1)(n_2-1)}a^2-\frac{2}{n_2-1}a+\frac{1}{n_2-1}\right]2\sigma^4$$

由于

$$\frac{\mathrm{d}D(Y)}{\mathrm{d}a}=\left[\frac{2(n_1+n_2-2)}{(n_1-1)(n_2-1)}a-\frac{2}{n_2-1}\right]2\sigma^4=0$$

得 $a=\dfrac{n_1-1}{n_1+n_2-2}$（唯一驻点），则 $b=1-a=\dfrac{n_2-1}{n_1+n_2-2}$ 时，使 $D(Y)$ 达到最小.

4. 某种零件的重量（单位：千克）服从正态分布 $N(\mu, \sigma^2)$，从中抽得容量为 16 的样本，样本均值 $\bar{x}=4.856$，样本方差 $S^2=0.04$.

(1) 若 $\sigma=0.24$，求 μ 的置信度为 0.95 的置信区间；

(2) 若 σ 未知，求 μ 的置信度为 0.95 的置信区间.

解　$n=16$，$\alpha=0.05$，$\dfrac{\alpha}{2}=0.025$，$u_{0.975}=1.96$，$t_{0.975}(15)=2.131$.

(1) $\bar{x}-\dfrac{\sigma}{\sqrt{n}}u_{0.975}=4.738$，$\bar{x}+\dfrac{\sigma}{\sqrt{n}}u_{0.975}=4.974$，则 μ 的置信度为 0.95 的置信区间为 $(4.738, 4.974)$.

(2) $\bar{x}-\dfrac{S}{\sqrt{n}}t_{0.975}(15)=4.749$，$\bar{x}+\dfrac{S}{\sqrt{n}}t_{0.975}(15)=4.963$，则 μ 的置信度为 0.95 的置信区间为 $(4.749, 4.936)$.

5. 设总体 $X \sim N(\mu, 133)$，欲使 μ 的置信水平 $1-\alpha=0.95$ 的置信区间长度不超过 5，试问样本容量最小应抽为多少？

解　由于方差已知，选取变量 $U=\dfrac{\bar{X}-u}{\sigma/\sqrt{n}} \sim N(0,1)$，令 $P(|U|\leqslant u_{a/2})=1-\alpha$，则总体

均值的置信度为 $1-\alpha=0.95$ 的置信区间为

$$\left[\overline{X}-\frac{\sigma}{\sqrt{n}}u_{\frac{\alpha}{2}},\ \overline{X}+\frac{\sigma}{\sqrt{n}}u_{\frac{\alpha}{2}}\right]$$

区间长度为

$$2\frac{\sigma}{\sqrt{n}}u_{\frac{\alpha}{2}}\leqslant 5 \Rightarrow n\geqslant\left(2u_{\frac{\alpha}{2}}\frac{\sigma}{5}\right)^2=\frac{4\sigma^2}{25}(u_{\frac{\alpha}{2}})^2=81.75$$

所以样本容量最小应抽为 82.

6. 某型号钢丝折断力(单位：牛顿)服从正态分布 $N(\mu,\sigma^2)$，随机抽取 10 根钢丝，其折断力的样本方差 $S^2=75.7$，求 σ^2 置信度为 0.95 的置信区间.

解　$n=10$，$\alpha=0.05$，$\dfrac{\alpha}{2}=0.025$，$\chi^2_{0.025}(9)=2.70$，$\chi^2_{0.975}(9)=19.02$，

$$\frac{(n-1)S^2}{\chi^2_{0.025}(9)}=35.858,\ \frac{(n-1)S^2}{\chi^2_{0.975}(9)}=252.333$$

则所求置信区间为(35.858，252.333).

四、证明题

设总体 X 的密度函数为 $f(x,\theta)=\begin{cases}\dfrac{3x^2}{\theta^3}, & 0<x<\theta \\ 0, & \text{其他}\end{cases}$，$X_1$，$X_2$ 是来自总体的样本.

证明：$T=\dfrac{2}{3}(X_1+X_2)$ 是参数 θ 的无偏估计量.

证明　因为 $E(X)=\displaystyle\int_0^\theta x\frac{3x^2}{\theta^3}\mathrm{d}x=\frac{3}{4\theta^3}x^4\Big|_0^\theta=\frac{3}{4}\theta$，所以对于任意常数 a，$b(a+b=1)$，$Y=a\overline{X}_1+b\overline{X}_2$ 都是 μ 的无偏估计.

$$E(T)=\frac{2}{3}E(X_1+X_2)=\frac{2}{3}E(X_1)+\frac{2}{3}E(X_2)=\frac{2}{3}\times\frac{3}{4}\theta+\frac{2}{3}\times\frac{3}{4}\theta=\theta$$

所以 $T=\dfrac{2}{3}(X_1+X_2)$ 是参数 θ 的无偏估计量.

第七章　假　设　检　验

一、基本要求

1.理解假设检验的基本思想；掌握假设检验的基本步骤；了解假设检验可能产生的两类错误.

2.了解单个正态总体均值和方差的假设检验，以及两个正态总体均值差与方差比的假设检验.

3.了解总体分布假设的 χ^2 检验法，会应用该方法进行分布拟合优度检验.

二、基本内容

1. 假设检验的基本概念及步骤

（1）假设检验的基本概念.

对总体的分布提出某种假设，然后利用样本所提供的信息，根据概率论的原理对假设作出"接受"还是"拒绝"的判断，这一类统计推断问题统称为假设检验.

假设检验所依据的原则是：小概率事件在一次试验中是几乎不可能发生的.

（2）假设检验的基本步骤.

① 建立原假设 H_0；

② 根据检验对象，选择合适的统计量；

③ 求出在假设 H_0 成立的条件下，该统计量服从的概率分布；

④ 选择显著性水平 α，确定临界值；

⑤ 根据样本值计算统计量的观测值，由此作出接受或拒绝 H_0 的结论.

（3）两类错误.

在根据样本作推断时，由于样本的随机性，难免会作出错误的决定.当原假设 H_0 为真时，而作出拒绝 H_0 的判断，称为犯第一类错误；当原假设 H_0 不真时，而作出接受 H_0 的判断，称为犯第二类错误.

控制犯第一类错误的概率不大于一个较小的数 $\alpha(0<\alpha<1)$，称为检验的显著性水平.

2. 单个正态总体参数的假设检验

设总体 $X \sim N(\mu, \sigma^2)$，单个正态总体参数的假设检验如下.

（1）单个正态总体均值 μ 的检验（见表 7-1）.

表 7 - 1

检验法	H_0	H_1	统计量	拒绝域
U 检验法 (σ^2 已知)	$\mu = \mu_0$ $\mu \leqslant \mu_0$ $\mu \geqslant \mu_0$	$\mu \neq \mu_0$ $\mu > \mu_0$ $\mu < \mu_0$	$U = \dfrac{\overline{X} - \mu_0}{\sigma / \sqrt{n}} \sim N(0,1)$	$\lvert U \rvert > z_{\alpha/2}$ $U > z_\alpha$ $U < -z_\alpha$
T 检验法 (σ^2 未知)	$\mu = \mu_0$ $\mu \leqslant \mu_0$ $\mu \geqslant \mu_0$	$\mu \neq \mu_0$ $\mu > \mu_0$ $\mu < \mu_0$	$T = \dfrac{\overline{X} - \mu_0}{S_n / \sqrt{n}} \sim t(n-1)$	$\lvert T \rvert > t_{\alpha/2}(n-1)$ $T > t_\alpha(n-1)$ $T < -t_\alpha(n-1)$

（2）单个正态总体方差 σ^2 的检验（见表 7 - 2）.

表 7 - 2

检验法	H_0	H_1	统计量	拒绝域
χ^2 检验法 (μ 已知)	$\sigma^2 = \sigma_0^2$ $\sigma^2 \leqslant \sigma_0^2$ $\sigma^2 \geqslant \sigma_0^2$	$\sigma^2 \neq \sigma_0^2$ $\sigma^2 > \sigma_0^2$ $\sigma^2 < \sigma_0^2$	$k^2 = \dfrac{\sum\limits_{i=1}^{n}(X_i - \mu)^2}{\sigma_0^2} \sim \chi^2(n)$	$k^2 > x_{\alpha/2}^2(n)$ 或 $k^2 < x_{1-\alpha/2}^2(n)$ $k^2 > x_\alpha^2(n)$ $k^2 < x_{1-\alpha}^2(n)$
χ^2 检验法 (μ 未知)	$\sigma^2 = \sigma_0^2$ $\sigma^2 \leqslant \sigma_0^2$ $\sigma^2 \geqslant \sigma_0^2$	$\sigma^2 \neq \sigma_0^2$ $\sigma^2 > \sigma_0^2$ $\sigma^2 < \sigma_0^2$	$k^2 = \dfrac{(n-1)S_n^2}{\sigma^2} \sim \chi^2(n-1)$	$k^2 > x_{\alpha/2}^2(n-1)$ 或 $k^2 < x_{1-\alpha/2}^2(n-1)$ $k^2 > x_\alpha^2(n-1)$ $k^2 < x_{1-\alpha}^2(n-1)$

3. 两个正态总体参数的比较检验

设总体 $X \sim N(\mu_1, \sigma_1^2)$，样本容量为 n_1；$Y \sim N(\mu_2, \sigma_2^2)$，样本容量为 n_2.

（1）两个正态总体均值的检验（见表 7 - 3）.

表 7 - 3

检验法	H_0	H_1	统计量	拒绝域
U 检验法 (σ_1^2, σ_2^2 已知)	$\mu_1 = \mu_2$ $\mu_1 \leqslant \mu_2$ $\mu_1 \geqslant \mu_2$	$\mu_1 \neq \mu_2$ $\mu_1 > \mu_2$ $\mu_1 < \mu_2$	$U = \dfrac{\overline{X} - \overline{Y} - (\mu_1 - \mu_2)}{\sqrt{\dfrac{\sigma_1^2}{n_1} + \dfrac{\sigma_2^2}{n_2}}}$	$\lvert U \rvert > z_{\alpha/2}$ $U > z_\alpha$ $U < -z_\alpha$
T 检验法 ($\sigma_1^2 = \sigma_2^2 = \sigma^2$ 未知)	$\mu_1 = \mu_2$ $\mu_1 \leqslant \mu_2$ $\mu_1 \geqslant \mu_2$	$\mu_1 \neq \mu_2$ $\mu_1 > \mu_2$ $\mu_1 < \mu_2$	$T = \dfrac{\overline{X} - \overline{Y} - (\mu_1 - \mu_2)}{S_w \sqrt{\dfrac{1}{n_1} + \dfrac{1}{n_2}}}$	$\lvert T \rvert > t_{\alpha/2}(n_1 + n_2 - 2)$ $T > t_\alpha(n_1 + n_2 - 2)$ $T < -t_\alpha(n_1 + n_2 - 2)$

（2）两个正态总体方差的检验（见表 7 - 4）.

表 7 - 4

检验法	H_0	H_1	统计量	拒绝域
F 检验法 (μ_1，μ_2 已知)	$\sigma_1^2=\sigma_2^2$ $\sigma_1^2\leqslant\sigma_2^2$ $\sigma_1^2\geqslant\sigma_2^2$	$\sigma_1^2\neq\sigma_2^2$ $\sigma_1^2>\sigma_2^2$ $\sigma_1^2<\sigma_2^2$	$F=\dfrac{n_1\sum\limits_{i=1}^{n_1}(x_i-\mu_1)^2}{n_2\sum\limits_{j=1}^{n_2}(y_j-\mu_2)^2}$	$F>F_{\frac{a}{2}}(n_1,n_2)$或 $F<F_{1-\frac{a}{2}}(n_1,n_2)$ $F>F_{1-a}(n_1,n_2)$ $F<F_a(n_1,n_2)$
F 检验法 (μ_1，μ_2 未知)	$\sigma_1^2=\sigma_2^2$ $\sigma_1^2\leqslant\sigma_2^2$ $\sigma_1^2\geqslant\sigma_2^2$	$\sigma_1^2\neq\sigma_2^2$ $\sigma_1^2>\sigma_2^2$ $\sigma_1^2<\sigma_2^2$	$F=\dfrac{S_1^2}{S_2^2}$	$F>F_{\frac{a}{2}}(n_1-1,n_2-1)$或 $F<F_{1-\frac{a}{2}}(n_1-1,n_2-1)$ $F>F_{1-a}(n_1-1,n_2-1)$ $F<F_a(n_1-1,n_2-1)$

4. 分布拟合检验

1）皮尔逊概率图纸法

原理：建立坐标系，其中横轴以自然单位为单位，纵轴以 $\Phi(x)$ 为单位.

结论：若总体的经验分布函数在正态概率图纸上大致是一条直线，则可以认为总体服从正态分布.

2）皮尔逊 χ^2-检验

设总体 X 的分布函数 $F(x)$ 未知，$F_0(x)$ 是已知的分布函数. 要检验总体是否服从该给定的分布，即检验

$$H_0:F(x)=F_0(x),\ H_1:F(x)\neq F_0(x)$$

构造一个服从 χ^2 分布的统计量

$$\chi^2=\sum_{i=1}^{m}\frac{(n_i-np_i)^2}{np_i}$$

则有结论：若 $\chi^2\geqslant\chi_{1-a}^2(m-r-1)$，则拒绝 H_0，否则接受 H_0. 其中 r 是分布中未知参数的个数.

三、释疑解难

1. 什么是显著性检验？其原则是什么？其基本思想是什么？其有什么缺陷？

答 显著性检验是指只考虑一个假设是否成立的检验.

其原则是：只要求犯第一类错误的概率不大于设定的 $\alpha(0<\alpha<1)$.

其基本思想是：根据小概率事件在一次试验中一般不应该发生的实际推断原理来检验假设是否成立.

其缺陷是：由于只有一个假设，不能评判显著性检验方法本身的好坏，因而对同一假设的众多显著性检验法难以评定优劣.

2. 对于实际问题的择一检验，原假设与备择假设的地位是否相等？应如何选择原假设与备择假设？

答 假设检验的指导思想是控制犯第一类错误的概率，所以检验本身对原假设起保护的作用，即绝不轻易拒绝原假设，因此原假设与备择假设的地位是不相等的. 常常把那些

保守的、历史的、经验的取为原假设，而把那些猜测的、可能的、预期的取为备择假设.

3. 参数的假设检验与区间估计之间有什么关系?

答　常见的区间估计与相应的参数的假设检验有着密切联系，一般某个参数的置信区间可以确定关于此参数的假设检验的接受域. 如 $X \sim N(\mu, \sigma^2)$, σ^2 已知，$X_1, X_2, \cdots, X_n$ 为一个样本. 对于给定置信度 $1-\alpha$, μ 的置信区间为 $\left(\overline{X} - Z_{\frac{\alpha}{2}} \frac{\alpha}{\sqrt{n}}, \overline{X} + Z_{\frac{\alpha}{2}} \frac{\alpha}{\sqrt{n}}\right)$. 而 μ 的显著性水平为 α 的拒绝域(假设 $H_0: \mu = \mu_0$)为 $(\overline{X} - \mu_0)\sqrt{n}/\sigma < Z_{\frac{\alpha}{2}}$. 从以上结果可以看出，置信度 $1-\alpha$ 的 μ 的置信区间与关于 μ 的假设的显著性水平为 α 的接受域是相呼应的，由它们中的一个可以确定另一个.

四、典型例题

例 1　在假设检验时，对于 $H_0: \mu = \mu_0$, $H_1: \mu \neq \mu_0$, 则称_____为犯第一类错误.

(A) H_1 真，接受 H_1 　　　　(B) H_1 不真，接受 H_1

(C) H_1 真，拒绝 H_1 　　　　(D) H_1 不真，拒绝 H_1

解　犯第一类错误时，即弃真错误时，H_0 为真，但拒绝 H_0, 也即 H_1 不为真，则接受 H_1, 故选(B).

例 2　关于总体 X 的统计假设 H_0, 属于简单假设的是_____.

(A) X 服从正态分布，$H_0: E(X) = 0$　(B) X 服从指数分布，$H_0: E(X) \leqslant 1$

(C) X 服从正态分布，$H_0: D(X) = 5$　(D) X 服从泊松分布，$H_0: D(X) = 3$

解　应用简单假设的定义:"该假设成立，总体分布完全确定"，即正确选项是(D). 因为泊松分布 $P(\lambda)$ 仅含唯一的未知参数 λ, 而且 $E(X) = D(X) = \lambda$, 所以当 H_0 成立时，$X \sim P(\lambda)$, 其他选项不成立，相应总体分布不能确定.

例 3　在假设检验中，显著性水平 α 的意义是_____.

(A) 原假设 H_0 成立，经检验被拒绝的概率

(B) 原假设 H_0 成立，经检验被接受的概率

(C) 原假设 H_0 不成立，经检验被拒绝的概率

(D) 原假设 H_0 不成立，经检验被接受的概率

解　显著性水平 α 是确定小概率事件的一个界限，由检验准则知，$P($拒绝 $H_0 | H_0$ 为真)，所以正确选项是(A). 选项(B)所说的概率是 $P($接受 $H_0 | H_0$ 为真$) = 1-\alpha$; 选项(D)是 $P($接受 $H_0 | H_0$ 不成立$) = P($犯第二类错误$) = \beta$; 选项(C)是 $P($拒绝 $H_0 | H_0$ 不成立$) = 1-\beta$.

例 4　已知某炼铁厂铁水含碳量在正常情况下服从正态分布 $N(4.52, 0.108^2)$, 现在测定了 5 炉铁水，其含碳量分别为

$$4.29, \quad 4.33, \quad 4.77, \quad 4.35, \quad 4.36$$

若标准差不变，给定显著性水平 $\alpha = 0.05$, 问:

(1) 现在所炼铁水总体均值 μ 有无显著性变化?

(2) 若有显著性变化，可否认为现在生产的铁水总体均值 $\mu < 4.52$?

解　(1) 提出假设:

$$H_0: \mu = 4.52, \ H_1: \mu \neq 4.52$$

选择统计量：

$$U = \frac{\overline{X} - \mu_0}{\sigma/\sqrt{n}} \sim N(0, 1)$$

在给定显著性水平 $\alpha = 0.05$ 下，取临界值 $z_{0.025} = 1.96$.

由于 $\sigma^2 = 0.108^2$，计算可得 $\overline{x} = 4.42$，

$$|u| = \left| \frac{\overline{x} - \mu_0}{\sigma/\sqrt{5}} \right| = \left| \frac{\sqrt{5}(4.42 - 4.52)}{0.108} \right| = 2.07 > 1.96$$

所以拒绝原假设 H_0，即认为现在所炼铁水总体均值 μ 有显著性变化.

（2）提出假设：

$$H_0: \mu \geq 4.52, \quad H_1: \mu < 4.52$$

选择统计量：

$$U = \frac{\overline{X} - \mu_0}{\sigma/\sqrt{n}} \sim N(0, 1)$$

在给定显著性水平 $\alpha = 0.05$ 下，取临界值 $z_{0.05} = 1.645$.

由于 $\sigma^2 = 0.108^2$，计算可得 $\overline{x} = 4.42$，

$$u = \frac{\overline{x} - \mu_0}{\sigma/\sqrt{5}} = \frac{\sqrt{5}(4.42 - 4.52)}{0.108} = -2.07 < -1.645$$

所以拒绝原假设 H_0，即认为现在生产的铁水总体均值 $\mu < 4.52$.

例 5　设某种灯泡的寿命服从正态分布，按规定其寿命不得低于 1500 小时，今从某日生产的一批灯泡中随机抽取 9 只灯泡进行测试，得到样本平均寿命为 1312 小时，样本标准差为 380 小时，在显著性水平 $\alpha = 0.05$ 下，能否认为这批灯泡的平均寿命显著地降低？

解　提出假设：

$$H_0: \mu \geq 1500, \quad H_1: \mu < 1500$$

选择统计量：

$$T = \frac{\overline{X} - \mu_0}{S/\sqrt{n}} \sim t(n-1)$$

在给定显著性水平 $\alpha = 0.05$ 下，取临界值 $t_{0.05}(n-1) = t_{0.05}(8) = 1.8595$.

由于 $s = 380$，计算可得 $\overline{x} = 1312$，

$$t = \frac{\overline{x} - \mu_0}{s/\sqrt{n}} = \frac{1312 - 1500}{380/3} = -1.48 > -1.8595$$

所以接受原假设 H_0，即认为这批灯泡的平均寿命没有显著地降低.

例 6　某维尼龙厂长期生产的维尼龙纤度（表示纤维粗细程度的量）服从正态分布 $N(\mu, 0.048^2)$. 由于近日设备的更换，技术人员担心生产的维尼龙纤度的方差会大于 0.048^2. 现随机地抽取 9 根纤维，测得其纤度分别为

　　　　1.38, 1.40, 1.41, 1.40, 1.41, 1.40, 1.35, 1.42, 1.43

给定显著性水平 $\alpha = 0.05$，问：这批维尼龙纤度的方差会大于 0.048^2 吗？

解　提出假设：

$$H_0: \sigma^2 \geq 0.048^2, \quad H_1: \sigma^2 < 0.048^2$$

选择统计量：

$$\chi^2 = \frac{(n-1)S^2}{\sigma^2} \sim \chi^2(n-1)$$

在给定显著性水平 $\alpha = 0.05$ 下，取临界值 $\chi^2_{0.95}(n-1) = \chi^2_{0.95}(8) = 2.733$.

由于 $s^2 = 0.000\,55$，$\sigma^2 = 0.048^2$，计算可得

$$\chi^2 = \frac{(n-1)s^2}{\sigma^2} = \frac{8 \times 0.000\,55}{0.048^2} = 1.91 < 2.733$$

所以拒绝原假设 H_0，即认为这批维尼龙纤度的方差会小于 0.048^2.

例 7　某厂生产的铜丝，要求其折断力的方差不超过 $16\ \mathrm{N}^2$. 今从某日生产的铜丝中随机抽取容量为 9 的样本，测得其折断力如下（单位：N）：

$$289, 286, 285, 286, 284, 285, 286, 298, 292$$

设总体服从正态分布，问：该日生产的铜丝的折断力的方差是否符合标准？$(\alpha = 0.05)$

解　提出假设：

$$H_0: \sigma^2 \leqslant 16,\ H_1: \sigma^2 > 16$$

选择统计量：

$$\chi^2 = \frac{(n-1)S^2}{\sigma^2} \sim \chi^2(n-1)$$

在给定显著性水平 $\alpha = 0.05$ 下，取临界值 $\chi^2_{0.05}(n-1) = \chi^2_{0.05}(8) = 15.507$，使得 $P(\chi^2 > \chi^2_\alpha(n-1)) = \alpha$.

由于 $n = 9$，$\sigma^2 = 16$，计算可得 $s^2 = 20.36$，

$$\chi^2 = \frac{(n-1)s^2}{\sigma^2} = \frac{8 \times 20.36}{16} = 10.18 < 15.507$$

所以接受原假设 H_0，即认为该日生产的铜丝的折断力的方差符合标准.

例 8　设某次考试的考生成绩服从正态分布，从中随机抽取 36 份考试成绩，算得平均分为 66.5 分，标准差为 15. 问：

(1) 在显著性水平 $\alpha = 0.05$ 下可否认为此次考试的平均成绩不低于 70 分？

(2) 在平均分低于 70 分的情况下误认为不低于 70 分的概率是多少？

解　(1) 提出假设：

$$H_0: \mu < 70,\ H_1: \mu \geqslant 70$$

选择统计量：

$$T = \frac{\overline{X} - \mu_0}{S/\sqrt{n}} \sim t(n-1)$$

拒绝域为

$$P(T > t_\alpha(n-1)) = \alpha$$

查表得 $t_\alpha(n-1) = t_{0.05}(35) = 1.6896$，计算可得

$$t = \frac{\overline{x} - 70}{s/\sqrt{n}} = \frac{66.5 - 70}{15/\sqrt{36}} = -1.4 < 1.6896$$

所以接受原假设 H_0，即不能认为此次考试的平均成绩不低于 70 分.

(2) 在对总体未知参数显著性假设检验中，显著性水平是犯弃真错误的概率，因此，按

本题要求，在 $H_0 : \mu < 70$ 为真的条件下，误认为 $H_1 : \mu \geqslant 70$ 的概率小于 0.05，即在平均分低于 70 分的情况下误认为不低于 70 分的概率小于 0.05.

例 9 测得两批电子器材的电阻样本值（单位：Ω）分别为

A 批：0.140，0.138，0.143，0.142，0.144，0.137

B 批：0.135，0.140，0.142，0.136，0.138，0.140

设两批电子器材的电阻分别服从正态分布 $N(\mu_1, a_1^2)$ 和 $N(\mu_2, a_2^2)$，试问：可否认为这两批电子器材的电阻平均值相等？（$\alpha = 0.05$）

解 先检验 $H_0' : \sigma_1^2 = \sigma_2^2$. 取统计量：

$$F = \frac{S_1^2}{S_2^2} \underset{(H_0' \text{为真})}{\sim} F(n_1 - 1, n_2 - 1) \quad (n_1 = n_2 = 6)$$

拒绝域为

$$P(F > F_{\frac{\alpha}{2}}(n_1 - 1, n_2 - 1)) + P(F < F_{1 - \frac{\alpha}{2}}(n_1 - 1, n_2 - 1)) = \alpha$$

查表得

$$F_{\frac{\alpha}{2}}(n_1 - 1, n_2 - 1) = F_{0.025}(5, 5) = 7.15$$

$$F_{1 - \frac{\alpha}{2}}(n_1 - 1, n_2 - 1) = \frac{1}{F_{\frac{\alpha}{2}}(n_2 - 1, n_1 - 1)} = \frac{1}{F_{0.025}(5, 5)} = 0.14$$

计算 F 值：

$$F = \frac{S_1^2}{S_2^2} = \frac{7.867 \times 10^{-6}}{7.1 \times 10^{-6}} = 1.108$$

可见 $0.14 < F < 7.15$，因此，接受原假设 H_0'，即认为 σ_1^2 和 σ_2^2 无显著差异.

再检验 $H_0 : \mu_1 = \mu_2$. 在 $\sigma_1^2 = \sigma_2^2$ 的假设下，当 H_0 成立时，取统计量：

$$T = \frac{\overline{X} - \overline{Y}}{S_w \sqrt{\dfrac{1}{n_1} + \dfrac{1}{n_2}}} \sim t(n_1 + n_2 - 2)$$

拒绝域为

$$P(|T| > t_{\frac{\alpha}{2}}(n_1 + n_2 - 2)) = \alpha$$

查表得

$$t_{\frac{\alpha}{2}}(n_1 + n_2 - 2) = t_{0.025}(10) = 2.131$$

计算可得

$$t = \frac{\overline{x} - \overline{y}}{s_w \sqrt{\dfrac{1}{n_1} + \dfrac{1}{n_2}}} = 1.39 < 2.131$$

所以接受原假设 H_0，即认为 μ_1 与 μ_2 无显著差异.

例 10 设总体 $X \sim N(0, 0.2^2)$（μ 未知）. 在零假设 $H_0 : \mu = \mu_0$（μ_0 为已知值）的显著性检验时，取接受域 $\{|\overline{X}_n - \mu_0| < 0.1\}$（$\overline{X}_n$ 是样本容量为 n 的样本均值），要使犯第一类错误（弃真错误）的概率不大于 0.05，问：样本容量至少为多少？

解 本题是在 X 为正态总体及已知方差的条件下，对未知参数 μ 的双侧检验问题. 拒绝域为 $\{|\overline{X}_n - \mu_0| \geqslant 0.1\}$. 在 H_0 为真的条件下，统计量 $U = \dfrac{\overline{X}_n - \mu_0}{0.2 / \sqrt{n}} \sim N(0, 1)$，犯第一类

错误(弃真错误)的概率为

$$P\left(|U|\geqslant\left|\frac{0.1}{0.2/\sqrt{n}}\right|\right)\leqslant 0.05$$

从而有 $\frac{0.1}{0.2/\sqrt{n}}=\frac{\sqrt{n}}{2}\geqslant 1.96$,解得 $n\geqslant 16$.

例 11 已知 X_1,X_2,$\cdots$,X_n 取自正态总体 $N(\mu,0.04)$ 的简单随机样本,对检验假设 $H_0:\mu=0.5$,$H_1:\mu=\mu_1>0.5$,取单边检验否定域 $C=\{(x_1,x_2,\cdots,x_n):\overline{x}\geqslant c\}$,其中 $\overline{x}$ 为样本均值.在 $\alpha=0.05$,$\mu_1=0.65$ 时,如果 $n=36$,求临界值 c 及犯第二类错误的概率 β;如果 n 未知,要使犯第二类错误的概率 $\beta\leqslant 0.05$,样本容量 n 至少应取多少?($\Phi(1.645)=0.95$,$\Phi(2.86)=0.9979$)

解 首先在 $\alpha=0.05$,$H_0:\mu=0.5$ 成立的条件下,求出否定域的临界值 c;然后在 $\mu=0.65$ 的条件下,求出 β,再令 $\beta\leqslant 0.05$,求得 n.

设 $H_0:\mu=0.5$ 成立,则

$$X\sim N(0.5,0.04),\overline{X}\sim N\left(0.5,\frac{0.04}{n}\right)$$

$$\alpha=0.05=P(\overline{X}\geqslant c)=\Phi\left(\frac{\sqrt{n}(c-0.5)}{0.2}\right)=0.95$$

$$\Phi\left(\frac{\sqrt{n}(c-0.5)}{0.2}\right)=0.95$$

其中 $\frac{\sqrt{n}(c-0.5)}{0.2}=1.645$.

当 $n=36$ 时,

$$c=0.5+\frac{0.2\times 1.645}{\sqrt{n}}=0.5+\frac{0.329}{6}=0.5548$$

在 $H_1:\mu=0.65$ 成立时,$\overline{X}\sim N\left(0.5,\frac{0.04}{n}\right)$,

$$\beta=P(接受\ H_0\mid H_1\ 成立)=P(\overline{X}<c)$$
$$=\Phi\left(\frac{\sqrt{n}(c-0.65)}{0.2}\right)=\Phi\left(\frac{6(0.5548-0.65)}{0.2}\right)$$
$$=\Phi(-2.856)=0.0021$$

当 n 未知时,将 $c=0.5+\frac{0.329}{\sqrt{n}}$ 代入上式,得

$$\beta=\Phi\left(\frac{0.329-0.15\sqrt{n}}{0.2}\right)=1-\Phi\left(\frac{0.15\sqrt{n}-0.329}{0.2}\right)$$

令 $\beta\leqslant 0.05$,得

$$\Phi\left(\frac{0.15\sqrt{n}-0.329}{0.2}\right)\geqslant 1-0.05=0.095\Rightarrow\frac{0.15\sqrt{n}-0.329}{0.2}\geqslant 1.645$$

解得 $\sqrt{n}\geqslant 4.387$,即 $n\geqslant 19.24$.

所以样本容量至少为 20.

五、习题选解

习题 7.1

1.某车间用一台包装机包装食盐,包得的袋装食盐重量 $X \sim N(\mu, 0.015^2)$.当机器工作正常时,其均值 $\mu = 0.5$ kg.某日开机工作后为检验包装机工作是否正常,随机抽取它所包装的 9 袋食盐,称得净重(单位:kg)为

$$0.497, 0.506, 0.518, 0.524, 0.498, 0.511, 0.520, 0.515, 0.512$$

问:包装机工作是否正常?($\alpha = 0.05$)

解　根据样本值判断 $\mu = 0.5$ 还是 $\mu \neq 0.5$,提出两个对立假设:

$$H_0: \mu = \mu_0 = 0.5, \ H_1: \mu \neq \mu_0$$

选择统计量:

$$U = \frac{\overline{X} - \mu_0}{\sigma / \sqrt{n}} \sim N(0, 1)$$

取定 $\alpha = 0.05$,则 $z_{\frac{\alpha}{2}} = z_{0.025} = 1.96$,又已知 $n = 9, \sigma = 0.015$,计算可得 $\overline{x} = 0.511, u = \frac{|\overline{x} - \mu_0|}{\sigma / \sqrt{n}} = 2.2 > 1.96$,于是拒绝原假设 H_0,即认为包装机工作不正常.

2.某食品厂加工一种袋装食品,要求标准重量为 15 g,假定实际加工的食品重量 X 服从正态分布 $X \sim N(\mu, 0.05^2)$.加工设备经过技术革新后,随机抽取 8 袋样品,测得重量(单位:g)如下:

$$14.7, 15.1, 14.8, 15.0, 15.3, 14.9, 15.2, 14.5$$

已知方差不变,在显著性水平 $\alpha = 0.05$ 下,试问:包装的平均重量是否仍为 15 g?

解　提出两个对立假设:

$$H_0: \mu = \mu_0 = 0.5, \ H_1: \mu \neq \mu_0$$

选择统计量:

$$U = \frac{\overline{X} - \mu_0}{\sigma / \sqrt{n}} \sim N(0, 1)$$

取定 $\alpha = 0.05$,则 $z_{\frac{\alpha}{2}} = z_{0.025} = 1.96$,又已知 $n = 8, \sigma = 0.05$,计算可得 $\overline{x} = 14.94$. $u = \frac{|\overline{x} - \mu_0|}{\sigma / \sqrt{n}} = 3.39 > 1.96$,于是拒绝原假设 H_0,即认为平均重量不是 15 g.

3.设 $X \sim N(\mu, 1)$,现从中抽取容量为 16 的样本,测得样本均值 $\overline{x} = 5.20$.问:在显著性水平 $\alpha = 0.05$ 下,能否认为总体均值 $\mu = 0.05$?

解　提出两个对立假设:

$$H_0: \mu = \mu_0 = 0.5, \ H_1: \mu \neq \mu_0$$

选择统计量:

$$U = \frac{\overline{X} - \mu_0}{\sigma / \sqrt{n}} \sim N(0, 1)$$

取定 $\alpha=0.05$，则 $z_{\frac{\alpha}{2}}=z_{0.05}=1.96$，又已知 $n=16$，$\sigma=1$，$\overline{x}=5.20$，计算可得 $u=\frac{|\overline{x}-\mu_0|}{\sigma/\sqrt{n}}=1.2<1.96$，于是接受原假设 H_0，即认为总体均值 $\mu=5.5$.

4. 设 $x_1,x_2,\cdots,x_n$ 是来自正态总体 $N(\mu,4)$ 的样本，考虑检验问题

$$H_0:\mu=6,\ H_1:\mu\neq6$$

拒绝域取为 $W=\left\{(x_1,x_2,\cdots,x_n)\,\big|\,|\overline{x}-6|>c\right\}$，试求 c，使得检验显著性水平为 $\alpha=0.05$，并求该检验在 $\mu=6.5$ 处犯第二类错误的概率 β.

解　在 H_0 为真的条件下，$\overline{x}\sim N\left(6,\frac{1}{4}\right)$，因而由 $P(|\overline{x}-6|\geqslant c\,|\,\mu=6)=0.05$ 得

$$P\left(\frac{|\overline{x}-6|}{0.5}\geqslant\frac{c}{0.5}\right)=1-\Phi(2c)=0.025$$

也就是 $\Phi(2c)=0.975$，$2c=1.96$，解得 $c=0.98$，即当 $c=0.98$ 时，检验的显著性水平为 $\alpha=0.05$.

该检验在 $\mu=6.5$ 处犯第二类错误的概率为

$$\beta=P(|\overline{x}-6|<0.98\,|\,\mu=6.5)=P\left(-2\times1.48<\frac{\overline{x}-6.5}{0.5}<2\times0.48\right)$$
$$=\Phi(0.96)-\Phi(-2.96)=\Phi(0.96)+\Phi(2.96)-1=0.83$$

习题 7.2

1. 一批轴承的钢珠直径（单位：cm）$X\sim N(\mu,2.6^2)$. 现从中抽取 100 粒钢珠，测得样本均值 $\overline{x}=9.2$ cm. 问：这些钢珠的平均直径 μ 能否认为是 10 cm？（$\alpha=0.05$）

解　提出假设：

$$H_0:\mu=10,\ H_1:\mu\neq10$$

这是一个双侧检验问题，拒绝域为

$$W=\left\{(x_1,x_2,\cdots,x_n)\,\bigg|\,\left|\frac{\overline{X}-10}{\sigma/\sqrt{n}}\right|>z_{\frac{\alpha}{2}}\right\}$$

取定 $\alpha=0.05$，查表得 $z_{\frac{\alpha}{2}}=z_{0.025}=1.96$，又 $n=100$，计算可得 $\overline{x}=9.2$，

$$|u|=\left|\frac{\overline{x}-10}{2.6/\sqrt{100}}\right|=3.08>1.96$$

所以拒绝原假设 H_0，即认为在显著性水平 $\alpha=0.05$ 下，这些钢珠的平均直径 μ 不是 10 cm.

2. 某钢丝车间生产的钢丝从长期的生产经验看，可以认为其折断力服从 $N(570,8^2)$（单位：kg）. 今换了一批原材料，从性能上看，估计折断力的方差不会有什么变化，现抽取容量为 10 的样本，测得折断力为

578,578,572,570,568,572,570,572,596,584

试判断折断力大小有无显著变化.（$\alpha=0.05$）

解　提出假设：

$$H_0:\mu=570,\ H_1:\mu\neq570$$

这是一个双侧检验问题，拒绝域为

$$W=\left\{(x_1,\ x_2,\ \cdots,\ x_n)\ \left|\ \left|\frac{\overline{X}-10}{\sigma/\sqrt{n}}\right|>z_{\frac{\alpha}{2}}\right.\right\}$$

取定 $\alpha=0.05$，查表得 $z_{\frac{\alpha}{2}}=z_{0.025}=1.96$，又 $n=10$，计算可得 $\overline{x}=576$，

$$|u|=\left|\frac{\overline{x}-570}{8/\sqrt{10}}\right|=2.37>1.96$$

所以拒绝原假设 H_0，即认为在显著性水平 $\alpha=0.05$ 下，折断力大小有显著变化.

3. 某器材厂生产一种铜片，其厚度服从均值为 0.15 mm 的正态分布，某日随机检查 10 片，发现平均厚度为 0.166 mm，标准差为 0.015 mm，问：该铜片质量有无显著变化？($\alpha=0.05$)

解　提出假设：

$$H_0:\mu=\mu_0=0.15,\ H_1:\mu\neq0.15$$

本题属于未知 σ^2 的情形，可用 T 检验，即选择检验统计量：

$$T=\frac{\overline{X}-\mu_0}{S/\sqrt{n}}\sim t(n-1)$$

取定 $\alpha=0.05$，则 $t_{\frac{\alpha}{2}}(n-1)=t_{0.025}(9)=2.2622$，又已知 $n=10$，$s=0.015$，$\overline{x}=0.166$，计算可得

$$t=\frac{|\overline{x}-\mu_0|}{s/\sqrt{n}}=3.3731>2.2622$$

所以拒绝原假设 H_0，即认为该铜片质量有显著变化.

4. 已知某针织品纤度在正常条件下服从正态分布 $N(\mu,0.048^2)$，某日抽取 5 个样品，测得其纤度为

$$1.55,\ 1.32,\ 1.40,\ 1.44,\ 1.36$$

问：这一天抽取样品的纤度的总体方差是否正常？($\alpha=0.10$)

解　提出假设：

$$H_0:\sigma^2=0.048^2,\ H_1:\sigma^2\neq0.048^2$$

选择检验统计量：

$$\chi^2=\frac{\displaystyle\sum_{i=1}^{5}(X_i-\overline{X})^2}{\sigma_0^2}\sim\chi^2(n-1)$$

拒绝域为

$$\chi^2>\chi_\alpha^2(n-1)=\chi_{0.05}^2(4)=9.488$$

计算可得 $\overline{x}=1.41$，

$$\chi^2=\frac{0.0362}{0.0023}=15.739>9.488$$

所以拒绝原假设 H_0，即认为该天抽取样品的纤度的总体方差不正常.

5. 某厂生产一批彩电显像管，抽取 10 根试验其寿命，结果（单位：月）如下：

$$42,75,65,71,57,59,55,54,68,78$$

问：是否可认为彩电显像管寿命的方差不大于 80？($\alpha=0.05$，彩电显像管寿命服从正态分布)

解　提出假设：

$$H_0 : \sigma^2 \leqslant 80, \ H_1 : \sigma^2 > 80$$

选择检验统计量：

$$\chi^2 = \frac{(n-1)S^2}{\sigma_0^2} \sim \chi^2(n-1)$$

由 $\alpha = 0.05$，$n-1 = 9$，查表得

$$\chi^2_{1-\alpha}(n-1) = \chi^2_{0.95}(9) = 16.919$$

计算可得 $\overline{x} = 62.4$，$s^2 = 121.8$，

$$\chi^2 = \frac{9 \times 121.8}{80} = 13.7025 \in (0, 16.919)$$

所以接受原假设 H_0，即认为彩电显像管寿命的方差不大于 80.

习题 7.3

1. 某苗圃采用两种育苗方案做杨树的育苗试验，平日苗高近似服从正态分布. 在两组育苗试验中，已知苗高的标准差分别为 20 和 18，现各抽取 60 株苗作为样本，算得苗高的样本平均数分别为 $\overline{x}_1 = 59.34 \ \text{cm}$，$\overline{x}_2 = 49.16 \ \text{cm}$，试判断两种试验方案对平均苗高的影响.（$\alpha = 0.05$）

解　提出假设：

$$H_0 : \mu_1 - \mu_2 = 0, \ H_1 : \mu_1 - \mu_2 \neq 0$$

选择检验统计量：

$$U = \frac{\overline{X}_1 - \overline{X}_2}{\sqrt{\dfrac{\sigma_1^2}{n_1} + \dfrac{\sigma_2^2}{n_2}}} \sim N(0,1)$$

取定 $\alpha = 0.05$，则 $z_{\frac{\alpha}{2}} = z_{0.025} = 1.96$.

由样本值计算出统计量的观测值：

$$u = \frac{\overline{x}_1 - \overline{x}_2}{\sqrt{\dfrac{\sigma_1^2}{n_1} + \dfrac{\sigma_2^2}{n_2}}} = \frac{59.34 - 49.16}{\sqrt{\dfrac{400}{60} + \dfrac{324}{60}}} = 2.93$$

因为 $|u| > z_{\frac{\alpha}{2}}$，所以拒绝原假设 H_0，即认为两种试验方案对平均苗高有影响.

2. 某烟厂生产甲、乙两种香烟，分别对它们的尼古丁含量（单位：mg）作了 6 次测定，得样本观测值如下：

甲：25，28，23，26，29，22

乙：28，23，30，21，27，25

假设两种香烟的尼古丁含量均服从正态分布且方差相等，试问：这两种香烟的尼古丁含量有无显著差异？（$\alpha = 0.05$）

解　提出假设：

$$H_0 : \mu_1 - \mu_2 = 0, \ H_1 : \mu_1 - \mu_2 \neq 0$$

选择检验统计量：

$$T = \frac{\overline{X} - \overline{Y}}{S_w \sqrt{\frac{1}{n_1} + \frac{1}{n_2}}} \sim t(n_1 + n_2 - 2)$$

取定 $\alpha = 0.05$，因为 $n_1 = n_2 = 6$，所以查表得 $t_{\frac{\alpha}{2}}(n_1 + n_2 - 2) = t_{0.025}(10) = 2.228$.

由样本值计算可得 $\overline{x} = 25.5$，$\overline{y} = 25.67$，

$$(n_1 - 1)s_1^2 = \sum_{i=1}^{6}(x_i - \overline{x})^2 = 37.54$$

$$(n_2 - 1)s_2^2 = \sum_{j=1}^{6}(y_j - \overline{y})^2 = 55.44$$

$$s_w = \sqrt{\frac{1}{10}(37.54 + 55.44)} = 3.049$$

进一步可计算出统计量 T 的观测值：

$$t = \frac{25.5 - 25.67}{3.049\sqrt{\frac{1}{6} + \frac{1}{6}}} = -0.097$$

因为 $|t| = 0.097 < 2.228$，所以接受原假设 H_0，即认为这两种香烟的尼古丁含量无显著差异.

3. 从甲、乙两种氮肥中，各抽取若干样品进行测试，其样本容量、含氮样本均值和样本方差如下：

甲种：$n_1 = 18$，$\overline{x}_1 = 0.230$，$s_1^2 = 0.1337$

乙种：$n_2 = 14$，$\overline{x}_2 = 0.1736$，$s_2^2 = 0.1736$

若两种氮肥的含氮量都服从正态分布，两总体的方差未知但知其相等，问：两种氮肥的平均含氮量是否相同？（$\alpha = 0.05$）

解 提出假设：

$$H_0 : \mu_1 - \mu_2 = 0, \ H_1 : \mu_1 - \mu_2 \neq 0$$

选择检验统计量：

$$T = \frac{\overline{X}_1 - \overline{X}_2}{S_w \sqrt{\frac{1}{n_1} + \frac{1}{n_2}}} \sim t(n_1 + n_2 - 2)$$

取定 $\alpha = 0.05$，因为 $n_1 = 18$，$n_2 = 14$，所以查表得

$$t_{\frac{\alpha}{2}}(n_1 + n_2 - 2) = t_{0.025}(30) = 2.0423$$

又 $\overline{x}_1 = 0.230$，$\overline{x}_2 = 0.1736$，$s_1^2 = 0.1337$，$s_2^2 = 0.1736$，计算可得

$$(n_1 - 1)s_1^2 = 2.2729$$

$$(n_2 - 1)s_2^2 = 2.2568$$

$$s_w = \sqrt{\frac{1}{30}(2.2729 + 2.2568)} = 0.1510$$

进一步可计算出统计量 T 的观测值

$$t = \frac{0.230 - 0.1736}{0.1510\sqrt{\frac{1}{18} + \frac{1}{14}}} = 1.0482$$

因为$|t|=1.0482<2.0423$，所以接受原假设H_0，即认为两种氮肥的平均含氮量是相同的.

4. 为了比较两种枪弹的速度(单位：m/s)，在相同的条件下各自独立地进行速度测定. 算得样本均值和样本标准差如下：

枪弹甲：$n_1=20$，$\overline{x}_1=2805$，$s_1=120.41$

枪弹乙：$n_2=20$，$\overline{x}_2=2680$，$s_2=105.00$

设两种枪弹的速度都服从正态分布. 问：在显著性水平$\alpha=0.05$下，这两种枪弹的平均速度有无显著差异？

解　提出假设：
$$H_0:\mu_1-\mu_2=0,\ H_1:\mu_1-\mu_0\neq 0$$

选择检验统计量：
$$U=\frac{\overline{X}_1-\overline{X}_2}{\sqrt{\dfrac{S_1^2}{n_1}+\dfrac{S_2^2}{n_2}}}\sim N(0,1)$$

取定$\alpha=0.05$，查表得$z_{\frac{\alpha}{2}}=1.96$.

计算可得
$$u=\frac{|2805-2680|}{\sqrt{\dfrac{120.41^2}{20}+\dfrac{105^2}{20}}}=3.50>1.96$$

所以拒绝原假设H_0，即认为这两种枪弹的平均速度有显著差异.

5. 某厂用 A、B 两种原料生产同一种产品，今分别从两种原料生产的产品中抽取 220 件和 205 件，测得数据如下：

A：$n_1=220$，$\overline{x}_1=2.46$，$s_1^2=0.57$

B：$n_2=205$，$\overline{x}_2=2.55$，$s_2^2=0.48$

设这两种产品重量都服从正态分布，且方差相同，问：在显著性水平$\alpha=0.05$下，能否认为 B 原料的产品平均重量比 A 原料的产品平均重量大？

解　提出假设：
$$H_0:\mu_A=\mu_B,\ H_1:\mu_A<\mu_B$$
$$H_0:\mu_1-\mu_2=0,\ H_1:\mu_1-\mu_2\neq 0$$

选择检验统计量：
$$T=\frac{\overline{X}-\overline{Y}}{S_w\sqrt{\dfrac{1}{n_1}+\dfrac{1}{n_2}}}\sim t(n_1+n_2-2)$$

由
$$P\left(\frac{\overline{X}-\overline{Y}}{S_w\sqrt{\dfrac{1}{n_1}+\dfrac{1}{n_2}}}<-t_{0.05}(423)\right)=0.05$$

查表得$-t_{0.05}(423)=-1.645$.

由样本值计算得

$$t = \frac{2.46 - 2.55}{\sqrt{\dfrac{219 \times 0.57^2 + 204 \times 0.48^2}{220 + 205 - 2}} \sqrt{\dfrac{1}{220} + \dfrac{1}{205}}} = -1.7556 < -1.645$$

所以拒绝原假设 H_0，即认为 B 原料的产品平均重量比 A 原料的产品平均重量大.

7. 设 A、B 两台机床生产同一种零件，其重量服从正态分布，分别取样 8 个和 9 个，得数据如下：

A：$n_1 = 8$，$\overline{x}_1 = 20.34$，$s_1 = 0.31$

B：$n_2 = 9$，$\overline{x}_2 = 20.32$，$s_2 = 0.16$

问：A、B 两台机床生产的零件的重量的方差有无区别？（$\alpha = 0.05$）

解 提出假设：

$$H_0 : \sigma_1^2 = \sigma_2^2, \ H_1 : \sigma_1^2 \neq \sigma_2^2$$

选择检验统计量：

$$F = \frac{S_1^2}{S_2^2} \sim F(n_1 - 1, \ n_2 - 1)$$

取定 $\alpha = 0.05$，因为 $n_1 = 8$，$n_2 = 9$，所以

$$F_{\frac{\alpha}{2}}(n_1 - 1, \ n_2 - 1) = F_{0.025}(7, 8) = 4.53$$

$$F_{1 - \frac{\alpha}{2}}(n_1 - 1, \ n_2 - 1) = \frac{1}{F_{\frac{\alpha}{2}}(n_2 - 1, \ n_1 - 1)} = 0.2041$$

当 $\dfrac{s_1^2}{s_2^2} < 0.2041$ 或 $\dfrac{s_1^2}{s_2^2} > 4.53$ 时，拒绝 H_0.

经计算得 $s_1^2 = 0.0961$，$s_2^2 = 0.0256$，从而 $F = \dfrac{s_1^2}{s_2^2} = 3.7539$，$0.2041 < F < 4.53$，故接受原假设 H_0，即认为 A、B 两台机床生产的零件的重量的方差无区别.

8. 某工厂用某种原料对针织品进行漂白试验，以考察温度对针织品断裂强度的影响，平日数据是服从正态分布的. 今在 70℃和 80℃的水温下分别做了 8 次试验，测得强度数据（单位：kg）如下：

70℃时：10.5，8.8，9.8，10.9，11.5，9.5，11.0，11.2

80℃时：7.7，10.3，10.0，8.8，9.0，10.1，10.2，9.1

问：强度是否有相同的方差？（$\alpha = 0.010$）

解 提出假设：

$$H_0 : \sigma_1^2 = \sigma_2^2, \ H_1 : \sigma_1^2 \neq \sigma_2^2$$

选择检验统计量：

$$F = \frac{S_1^2}{S_2^2} \sim F(n_1 - 1, \ n_2 - 1)$$

取定 $\alpha = 0.10$，因为 $n_1 = 8$，$n_2 = 8$，所以

$$F_{\frac{\alpha}{2}}(n_1 - 1, \ n_2 - 1) = F_{0.05}(7, 7) = 3.79$$

$$F_{1 - \frac{\alpha}{2}}(n_1 - 1, \ n_2 - 1) = \frac{1}{F_{\frac{\alpha}{2}}(n_2 - 1, \ n_1 - 1)} = 0.2639$$

当 $\dfrac{s_1^2}{s_2^2} < 0.2639$ 或 $\dfrac{s_1^2}{s_2^2} > 3.79$ 时，拒绝 H_0.

经计算得 $s_1^2=0.8857$，$s_2^2=0.8286$，从而 $F=\dfrac{s_1^2}{s_2^2}=1.0689$，$0.2639<F<3.79$，故接受原假设 H_0，即认为强度有相同的方差.

┌─────────────┐
│ **习题 7.4** │
└─────────────┘

2.检查了一本书的 100 页，记录各页中的印刷错误的个数，其结果如下：

错误个数	0	1	2	3	4	5	≥6
页数	35	40	19	3	2	1	0

试检验这批数据是否服从泊松分布.（$\alpha=0.05$）

解　提出假设：

$$H_0:X\sim P(\lambda),\quad H_1:X\ \text{不服从泊松分布}$$

在原假设成立时，λ 的最大似然估计为 $\hat{\lambda}=\overline{x}=1$，$H_0$ 的拒绝域为 $\chi^2=\sum\dfrac{\hat{f}_i^2}{n\hat{p}_i}-n>\chi_n^2(k-\gamma-1)$，因为 $n=100$，所以

$$\hat{P}_0=P(X=0)=\frac{\mathrm{e}^{-1}}{0!}=0.3679,\qquad \hat{P}_1=P(X=1)=\frac{1^1\mathrm{e}^{-1}}{1!}=0.3679$$

$$\hat{P}_2=P(X=2)=\frac{1^2\mathrm{e}^{-1}}{2!}=0.183\,97,\qquad \hat{P}_3=P(X=3)=\frac{1^3\mathrm{e}^{-1}}{3!}=0.061\,32$$

$$\hat{P}_4=P(X=4)=\frac{1^4\mathrm{e}^{-1}}{4!}=0.015\,33,\qquad \hat{P}_5=P(X=5)=\frac{1^5\mathrm{e}^{-1}}{5!}=0.003\,066$$

$$\hat{P}_6=1-\sum_{j=1}^{5}\hat{P}_j=0.000\,594$$

对于 $i>3$，$n\hat{P}_i<5$，将其合并得

$$\sum_{i=3}^{6}\hat{P}_i=8.023$$

合并后 $k=4$，$\gamma=1$，查表得

$$\chi_{0.05}^2(4-1-1)=5.991$$

计算可得

$$\chi^2=\frac{35^2}{36.79}+\frac{40^2}{36.79}+\frac{19^2}{18.397}+\frac{6^2}{8.023}-100=0.897$$

所以接受原假设 H_0，即认为这批数据服从泊松分布.

3.掷一颗骰子 60 次，出现的点数如下：

点数	1	2	3	4	5	6
次数	7	8	12	11	9	13

试在显著性水平 0.05 下，检验这颗骰子是否均匀.

解　提出假设：

$$H_0:P(X=i)=\frac{1}{6}(i=1,2,\cdots,6),\quad H_1:P(X=i)\neq\frac{1}{6}(i=1,2,\cdots,6)$$

选择检验统计量：

$$\chi^2 = \sum_{i=1}^{6} \frac{(m_i - np_i)^2}{np_i} \sim \chi^2(6-1),\ np_i = 60 \times \frac{1}{6} = 10$$

查表得

$$\chi^2_{0.05}(5) = 11.07$$

计算可得

$$\chi^2 = \frac{1}{10}\left[(-3)^2 + (-2)^2 + 2^2 + 1^2 + (-1)^2 + 3^2\right] = 2.8 < 11.07$$

所以接受原假设 H_0，即认为这颗骰子是均匀的.

总习题七

三、计算题

1. 已知某一试验，其温度 X 服从 $N(\mu, \sigma^2)$，现测得 5 个温度值，计算得样本均值 $\overline{x} = 1259$，样本标准差 $s = 11.937$，问：可否认为 $\mu = 1277$？（$\alpha = 0.05$）

解　提出假设：

$$H_0: \mu = \mu_0 = 1277,\ H_1: \mu \neq 1277$$

本题属于未知 σ^2 的情形，可用 T 检验，即选择检验统计量为

$$T = \frac{\overline{X} - \mu_0}{S/\sqrt{n}} \sim t(n-1)$$

取定 $\alpha = 0.05$，则 $t_{\frac{\alpha}{2}}(n-1) = t_{0.025}(4) = 2.7764$，又已知 $n = 5$，$s = 11.937$，$\overline{x} = 1259$，计算可得 $t = \frac{|\overline{x} - \mu_0|}{s/\sqrt{n}} = 3.3718 > 2.7764$，于是拒绝原假设 H_0，即不能认为 $\mu = 1277$.

3. 一骰子掷了 100 次，得结果如下：

点数	1	2	3	4	5	6
频数	13	14	20	17	15	21

在显著性水平 $\alpha = 0.05$ 下，试检验这颗骰子是否均匀.

解　提出假设：

$$H_0: P(X=i) = \frac{1}{6}\ (i=1,2,\cdots,6),\ H_1: P(X=i) \neq \frac{1}{6}\ (i=1,2,\cdots,6)$$

选择检验统计量：

$$\chi^2 = \sum_{i=1}^{6} \frac{(m_i - np_i)^2}{np_i} \sim \chi^2(6-1),\ np_i = 100 \times \frac{1}{6} = 16.67$$

查表得

$$\chi^2_{0.05}(5) = 11.07$$

计算可得

$$\chi^2 = \frac{1}{16.67}\left[(-3.67)^2 + (-2.67)^2 + 3.33^2 + 0.33^2 + (-1.67)^2 - 4.33^2\right] = 3.20 < 11.07$$

所以接受原假设 H_0，即认为这颗骰子是均匀的.

练 一 练

参 考 文 献

［1］　盛骤，谢式千，潘承毅．概率论与数理统计［M］．3 版．北京：高等教育出版社，2001．

［2］　魏宗舒．概率论与数理统计教程［M］．北京：高等教育出版社，1998．

［3］　李贤平，沈崇圣，陈子毅．概率论与数理统计［M］．上海：复旦大学出版社，2003．

［4］　涂平，贺丽娟．概率论与数理统计［M］．武汉：华中科技大学出版社，2016．

［5］　姚孟臣．概率论与数理统计学习指导［M］．北京：中国人民大学出版社，2006．

［6］　范玉妹，汪飞星，王萍，等．概率论与数理统计［M］．2 版．北京：机械工业出版社，2012．

［7］　许伯生，刘春燕．概率论与数理统计［M］．2 版．北京：清华大学出版社，2018．

［8］　张宇．概率论与数理统计 9 讲［M］．北京：高等教育出版社，2019．

［9］　李永乐，王式安，武忠祥，等．数学历年真题全精解析［M］．西安：西安交通大学出版社，2019．